打造国际化社区 让人才乐享所居

前海珑湾项目高质量开发与管理实践

QIANHAI LONGWAN XIANGMU GAOZHILIANG KAIFA YU GUANLI SHIJIAN

夏石泉 主编

中国建筑工业出版社

图书在版编目（CIP）数据

前海珑湾项目高质量开发与管理实践 / 夏石泉主编 .
北京：中国建筑工业出版社，2024. 12. -- ISBN 978-7-112-30626-8

Ⅰ. TU241

中国国家版本馆 CIP 数据核字第 2024SF0146 号

责任编辑：毕凤鸣
责任校对：赵　力

前海珑湾项目高质量开发与管理实践
夏石泉　主编
*
中国建筑工业出版社出版、发行（北京海淀三里河路 9 号）
各地新华书店、建筑书店经销
北京雅盈中佳图文设计公司制版
北京中科印刷有限公司印刷
*
开本：880 毫米 ×1230 毫米　1/16　印张：15　字数：343 千字
2024 年 12 月第一版　2024 年 12 月第一次印刷
定价：**188.00** 元
ISBN 978-7-112-30626-8
（44063）

编委会

前言 FOREWORD

高质量发展是全面建设社会主义现代化国家的首要任务。作为习近平总书记亲自谋划、亲自部署、亲自推动的国家级战略平台，深圳前海合作区是“特区中的特区”。随着《全面深化前海深港现代服务业合作区改革开放方案》《前海深港现代服务业合作区总体发展规划》相继发布，前海被赋予全面深化改革创新试验平台、高水平对外开放门户枢纽、深港深度融合发展引领区、现代服务业高质量发展高地的重要战略使命。前海正以建设国际一流城区为目标引领现代化国际化城市建设，成为当前全国乃至全球范围内城市建设高质量发展的前沿阵地。

前海的高质量发展离不开人才。深圳市前海珑湾国际人才公寓项目（以下简称珑湾项目）是贯彻落实国家、省、市对前海的战略定位，吸引和聚集高端创新人才以推动人才特区建设的重要举措。珑湾项目是深圳首个高端人才公寓，是桂湾高品质纯租赁国际生活社区，助力前海建设国际人才高地，为前海提速发展提供创新动力，实现前海人才高端产品体系全面覆盖。

珑湾项目面向港澳台及境外一流人才配租，采用国际一流的设计标准和建造技术、创新的服务式公寓运营管理模式及理念，致力于打造国际化高品质人才社区。在高定位、高标准、高品质的引领下，珑湾项目积极开辟高质量发展道路，通过实践创新，探索出“投、建、管、运”一体化全生命周期开发与管理模式。

全书综合项目业主、设计、施工、监理和前期运营顾问单位等多重视角，“复盘”了珑湾项目全生命周期的项目管理实践，从工程总体概况和前海战略背景出发，回顾了珑湾项目在投资模式、项目定位与产品创新、建设集成管理创新、设计创新、智能建造创新和运营管理创新六个方面的实践经验和典型做法，试图从项目实践中提炼出国际化社区项目高质量开发和管理的核心要素和中国智慧。项目的创新管理实践经验为未来人才公寓和国际化社区的开发与管理提供重要借鉴，为前海体制机制创新和深港合作提供重要参考。

本书主要面向从事同类工程设计、建设和运营以及项目管理领域的工程实践与学术研究相关人员。同时，本书亦可作为高校工程管理、城市建设等相关专业的案例教材和辅导用书。

由于作者水平有限，书中难免存在不妥之处，敬请专家、读者不吝指正。

本书编委会

2024.11

目录 CONTENTS

CHAPTER 1

第1章 工程总论

深圳市前海珑湾国际人才公寓项目（以下简称珑湾项目）是贯彻落实国家、省市对前海的战略定位，吸引和聚集高端创新人才以推动人才特区建设的重要举措。通过实践创新，珑湾项目建设探索了“投、建、管、运”一体化全生命周期开发与管理模式，在投资、设计、建设和运营管理方面为同类工程建设提供了重要借鉴。本章整体性回顾了珑湾项目的项目管理实践，介绍了珑湾项目的背景、建设历程、项目特色，从幕墙系统、装配式、BIM正向设计、结构造型、智能停车库和绿色可持续等6个方面提炼了设计亮点，总结了统筹开发一体化、组织管理科学化、施工过程智能化、BIM应用系统化和运维管理智慧化等核心管理特色，并从项目实践中凝练出珑湾项目的全生命周期开发与管理实践经验。珑湾项目的建成将为前海打造高端人才聚集地，并将为深圳市乃至全国开发超高层人才住房项目和管理国际化社区提供宝贵的借鉴。

1.1 项目背景

1.1.1 战略背景

开发建设前海深港现代服务业合作区（以下简称前海或前海合作区）是支持香港经济社会发展、提升粤港澳合作水平、构建对外开放新格局的重要举措。2010 年 8 月，国务院批复实施《前海深港现代服务业合作区总体发展规划（2010—2020 年）》，对前海联动香港发展现代服务业作出全面部署，拉开了前海开发开放的序幕。

2019 年 2 月，中共中央、国务院印发《粤港澳大湾区发展规划纲要》，专节对前海开发开放作出部署。2019 年 8 月，《中共中央 国务院关于支持深圳建设中国特色社会主义先行示范区的意见》提出进一步深化前海改革开放，以制度创新为核心，不断提升对港澳开放水平。2021 年 9 月，中共中央、国务院印发了《全面深化前海深港现代服务业合作区改革开放方案》（以下简称《前海方案》），进一步扩展前海发展空间，赋予前海打造全面深化改革创新试验平台、建设高水平对外开放门户枢纽的战略使命。2023 年 12 月，国务院批复实施《前海深港现代服务业合作区总体发展规划》（以下简称《前海总规》）。《前海总规》对前海作出了新的战略定位，即建设全面深化改革创新试验平台、高水平对外开放门户枢纽、深港深度融合发展引领区和现代服务业高质量发展高地。

《前海总规》要求，到 2035 年，前海高水平对外开放体制机制更加完善，营商环境达到世界一流水平，货物、资金、人才、技术、数据等要素便捷流动、高效配置，成为全球资源配置能力强、创新策源能力强、协同发展带动能力强的高质量发展引擎。为此，《前海总规》明确指出要建设高端创新人才基地，这包括实施更开放的引才机制、优化人才就业创业环境以及强化人才全流程服务。因此，研究制定具有前海特色的国际高端人才和港澳人才住房政策，提供人才公寓、国际化社区等多元化住房是十分必要且意义重大的。

1.1.2 项目由来

为贯彻落实国家、省、市对前海的战略定位，进一步推动人才特区建设，2017 年 11 月 13 日，深圳市前海深港现代服务业合作区管理局（以下简称前海管理局）2017 年第三十九次局长办公会审议通过，原则同意由深圳市前海开发投资控股有限公司（于 2021 年更名为深圳市前海建设投资控股集团有限公司，以下简称前海建投集团）全资设立深圳市前海人才乐居有限公司（以下简称前海乐居）。前海乐居的定位为专门从事前海合作区人才住房投资建设和运营管理等相关事务的国有企业，旨在逐步实现“投、建、管、运”一体化运作。

2018 年 10 月 19 日，为加快落实国家、省、市大力培育发展人才住房市场的战略部署，打造前海人才高地，主动引领人才住房市场健康、有序、繁荣发展，前海乐居成功竞得前海首宗自持的人才公寓用地。这是前海首个独立占地的人才住房项目，在 2019 年 10 月正式命名为“前海珑湾国际人才公寓”。前海珑湾项目是全国第一个装配率超 70% 且满足国标 A 级的超高层公寓，是深圳市第一个 BIM（建筑信息模型）电子招标投标系统试点项目、前海管理局 BIM 正向设计审批的试点工程项目。

2021 年 9 月 6 日，《前海方案》提出，要“打造国际一流营商环境”“为港澳青年在前海合作区学习、工作、居留、生活、创业、就业等提供便利”。建设前海珑湾项目正是前海建投集团落实《前海方案》的具体举措。

1.2 工程概况

1.2.1　项目简介

珑湾项目位于深圳市前海深港合作区（图 1-1），坐落于桂湾片区核心地段，桂湾二路南侧、梦海大道东侧（图 1-2）。珑湾项目定位为打造国际高端人才公寓，构筑前海国际居住社区，畅享前海人才品质生活。主要功能为公寓及相关配套商业、地下停车场。公寓由 T1、T2 两栋塔楼组成，外形平面轮廓呈“C”形左右对称布置（图 1-3），总建筑面积约 15 万平方米，其中地上建筑面积约 10.4 万平方米，地下建筑面积约 4.6 万平方米。设置 3 层地下室，建筑高度约 180 米。项目占地面积约 14695 平方米。

珑湾项目是前海乐居第一个“投建管运”一体化、全生命周期开发与管理的项目。作为前海管理局 BIM 正向设计审批的试点工程项目，珑湾项目采用 BIM 全流程应用、全领域协同、全部门参加（“三全”）设计。项目方案设计独特，采用单元式太空舱玻璃幕墙系统，绿色建筑评级达到国家二星级标准；同时也是全国第一个装配率超 70% 且满足国标 A 级的超高层公寓，2024 年 12 月竣工。落成后将为前海提供 1028 套人才住房，打造港式高端人才公寓，助力桂湾片区规划建设运营国际化提升，构建国际化生活服务体系。

1.2.2　建设历程

2018 年 10 月 19 日，为加快落实国家、省、市大力培育发展人才住房市场的战略部署，打造前海人才高地，主动引领人才住房市场健康、有序、繁荣发展，前海乐居竞得前海合作区“首宗自持的人才公寓用地”（即珑湾项目，于 2019 年 10 月正式命名为“前海珑湾国际人才公寓”）。

2019 年 5 月，珑湾项目开展前期设计国际竞赛，共收到全球 66 家设计机构报名，涵盖包赞巴克事务所、英国建筑师事务所 Foster+Partners（以下简称：福斯特）等当今建筑界最知名的设计大师、事务所和设计院，竞赛历时 2 个多月。在前海乐居各级领导鼎力支持和积极推动

图 1-1 珑湾项目所在前海合作区片区

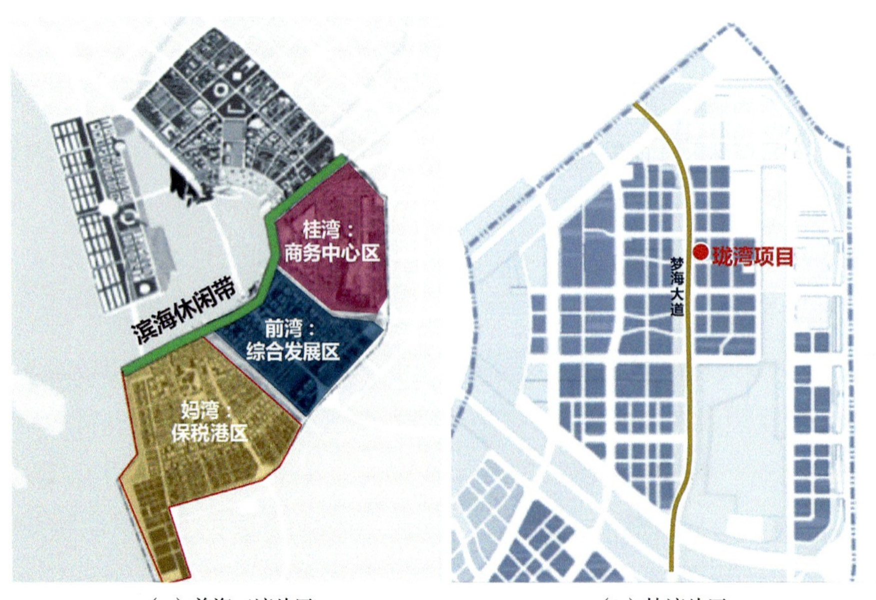

（a）前海三湾片区　　（b）桂湾片区

图 1-2 珑湾项目所在区位图

图 1-3　珑湾项目效果图

下，项目竞赛完成三级汇报并最终定标，确定由福斯特负责该项目的方案设计工作。

2019 年 6 月，前海乐居启动珑湾项目有奖征名活动，最终敲定“前海珑湾国际人才公寓”为项目预案名，并于 10 月 18 日成功取得《深圳市建筑物命名批复书》。由此，项目正式命名为“前海珑湾”。2019 年 8 月 16 日，前海乐居举行珑湾项目建设启动仪式。

2020 年，前海乐居坚持“台账化、项目化、数字化、责任化”的四化要求进行设计项目管理，珑湾项目先后通过方案设计审查、装配式建筑认定评审、超限高层建筑工程抗震设防专项审查等，桩基工程完成 80%。

2021 年 7 月 23 日，珑湾项目主体工程启动会在项目现场顺利举办，正式启动主体施工。12 月 24 日，珑湾项目局部地下室顶板浇筑，在关键线路上实现了局部地下室顶板出正负零的突破。

2022 年，珑湾项目主体施工进入高峰期，各专项设计同步推进，完成钢结构、幕墙等 7 项深化设计工作，T1 塔楼钢结构施工至 24 层，混凝土结构施工至 22 层，T2 塔楼钢结构施工至 19 层，混凝土结构施工至 17 层。

2023 年 5 月 5 日上午，珑湾项目首块单元体幕墙顺利上墙安装，前海乐居全体领导班子成员参加了幕墙工程首挂仪式。随着外立面逐步穿上“新衣”，标志着珑湾项目幕墙工程将正式进入“大干快上”阶段，项目将始终践行“精品”理念，力争打造成为城市精品工程。

2023 年 10 月 17 日，珑湾项目主体结构“喜封金顶”(图 1-4)，经过各参建单位的共同努力，以及项目部对进度的大力推动、积极协调，珑湾项目克服重重困难较计划提前近两个月完成封顶。主体结构封顶标志着项目进入全新阶段。

图 1-4 珑湾项目主体结构封顶仪式现场（2023 年 10 月 17 日）

2023 年 11 月，珑湾项目智能车库施工单位、擦窗机施工单位、自动扶梯安装单位、室内精装修单位以及智能化施工单位先后进场施工，完成了“深圳市建设工程安全生产与文明施工优良工地”初验和“广东省房屋市政工程安全生产文明施工示范工地”复验。12 月 25 日，珑湾项目完成精装修样板间的交付。

2024 年 1 月，T1 塔楼正式电梯（两台）通过特种设备验收，首台塔吊拆除完成，高低压变配电施工单位进场。3 月，室外工程开始施工，柜体类家具供货及安装进场。4 月，塔吊全部拆除完成，幕墙拉链口开始施工，施工电梯拆除，开始垂直运输设施转换。

2024 年 5 月 11 日主体结构分部工程完成验收，6 月公区精装修及景观绿化单位进场，2024 年 12 月竣工。

1.2.3 项目特色

1. 项目高定位

珑湾项目立足于服务国际化、高端化人才，着眼打造未来极具前海特色的高品质、纯租赁国际社区。珑湾项目面向前海人才开放租赁。该项目坐落于前海桂湾片区核心地段，处于前海“深港广场”轴线辐射带，可提供 90000 平方米的公寓面积作为人才住房使用。该项目定位为打造国际高端人才公寓，构筑前海国际居住社区具有前海特色的人才住房产品，配租对象主要为前海人才，尤其是港人港企，以进一步拓宽港人港企发展空间，让国际化、高端人才在前海安家、乐居、圆梦。

2. 设计建造高标准

珑湾项目采用国际一流的设计标准和建造技术，是全国首个装配率超 70% 的国标 A 级装配式超高层建筑。作为前海“人才”生活和工作的空间，其设计理念为“不是孤立的公寓单元，而是创新的垂直社区”，塑造景观庭院和共享社区空间。独特而创新的布局设计将重塑公寓的建筑形式，为高端人才提供舒适化、个性化的居住体验，使公寓用户和周边居民拥抱新的生活方式。同时珑湾项目采用国际先进建造技术，包括 BIM 正向设计、装配式、多种智能施工技术等，实现数字赋能全生命周期开发与管理。

3. 运营服务高品质

珑湾项目运营定位对标高端服务式公寓标准，实现拎包入住及全方位服务管理，采用创新的服务式公寓运营管理模式及理念，不仅致力于打造标杆典范产品，还将通过标准化、定制化设计，打造集生活、工作和社交于一体的综合性社区，为用户提供高品质、多元化产品及服务。珑湾项目将争取形成更多可复制、可推广的经验，为深圳乃至全国的国际化人才住房管理和运营提供样板。

1.2.4　参建单位

珑湾项目由前海乐居作为开发主体主导建设。在设计方面，由福斯特与香港华艺设计顾问（深圳）有限公司（以下简称华艺）联合设计。其中，福斯特负责建筑方案设计，华艺负责珑湾项目的主体设计。在监理方面，上海科瑞真诚建设项目管理有限公司（以下简称科瑞真诚）为监理单位。在施工方面，中国建筑第八工程局有限公司（以下简称中建八局）作为总承包单位承建施工，中建八局装饰工程有限公司负责专项幕墙工程。在运营方面，第一太平戴维斯（Savills）和逸兰酒店及公寓管理有限公司为珑湾项目提供前期运营及物业咨询顾问服务。珑湾项目的主要参建单位总结如表 1-1 所示。

珑湾项目主要参建单位　　表 1-1

项目组织	单位
建设单位	深圳市前海人才乐居有限公司
设计单位	英国建筑师事务所Foster+Partners
	香港华艺设计顾问（深圳）有限公司
监理单位	上海科瑞真诚建设项目管理有限公司
施工单位	中国建筑第八工程局有限公司
	中国建筑第八工程局装饰工程有限公司
前期运营及物业咨询顾问单位	第一太平戴维斯（Savills）
	逸兰酒店及公寓管理有限公司

1.3 设计亮点

珑湾项目是前海在装配化、绿色建筑、智能建造上的率先示范，其设计亮点体现在幕墙系统、装配式、BIM 正向设计、结构造型、智能停车库和绿色可持续等方面。

1.3.1 幕墙系统设计

珑湾项目的幕墙系统设计创新体现了现代建筑设计的前沿理念与实践。作为两栋约 180 米高的超高层双子塔楼，珑湾项目的外立面造型复杂且极具特色，包含多种幕墙系统，如单元式太空舱玻璃幕墙、框架式玻璃、铝板、格栅以及石材。这些系统通过精心组合，形成了一体化的幕墙工程，赋予建筑独特的视觉效果和功能性。

第一，项目幕墙设计中，四大主要元素相互融合，以“灵活”为核心概念，打造出极具标志性的太空舱玻璃单元。每个单元由铜色外框以及遮阳百叶窗、炭灰色哑面层间铝背板以及竖向格栅、中灰色铝板竖墙和双层 LOW-E 超白玻璃组成，提供了优越的隔热、防雨和视觉效果。这种设计不仅展示了现代建筑的艺术美感，也为建筑提供了卓越的性能。

第二，为了优化幕墙系统，项目引入了模数化设计理念。立面的模数化设计通过邻里单位的模块化预制幕墙单元，将室内空间设计与通风换气、隔绝噪声、卫生视觉和节能遮阳等功能统一集成到玻璃单元幕墙中。模数化设计在确保质量控制的同时，提高了施工效率，降低了成本。通过标准化制造单元式幕墙系统和铝板防雨幕墙系统，减少了材料浪费，节约了成本。立面方案优化后，项目外立面装饰工程极大程度上降低了成本，实现了经济效益与设计效果的双赢。

平面布局的模数化设计通过标准化和模块化构建，以扇形布置的方式在两个基地上重复排列，形成统一的标准层布局。这种设计不仅赋予建筑独特的外观特点，还确保了每个公寓都能享有最佳的景观资源。在具体户型设计上，项目遵循少规格、多组合的设计原则，通过不同的排列、镂空和交错，实现丰富建筑效果的同时，满足工业化建造需求。

珑湾项目幕墙系统的设计创新不仅提升了建筑的外观和功能，还通过模数化设计实现了成本控制和高效施工，为现代建筑设计树立了新的标杆。

1.3.2 装配式设计

珑湾项目作为前海建筑产业化的先行示范，通过创新的装配式设计，实现了超高层建筑的工业化和现代化。项目装配率高达 70%，被评为符合国家标准《装配式建筑评价标准》（GB/T 51129—2017）的 A 级装配式建筑。该结构体系不仅满足了超高层建筑的安全和稳定性需求，还通过独特的设计理念和技术应用，为后续超高层及其他建筑项目提供了可借鉴的模式和路径。

第一，在具体应用上，项目在楼板体系中采用了钢筋桁架楼承板，这种半成品组合模板不仅提高了施工速度，还简化了传统支架现浇的施工程序，提升了楼板施工效率。在钢梁柱体系中，项目采用了 H 型钢梁、箱形钢梁和箱形钢柱，结合混凝土及钢材的优势，提高了结构强度和抗震性能，同时缩短了工期。装修和机电体系采用管线分离设计，水暖电设备点位全部预留到位，并在预制构件中做好预埋部件。套内设备与管线尽量设置在吊顶，充分合理地利用空间，实现了装修的标准化、集成化和模块化。

第二，项目在深化设计流程中，严格遵守钢结构设计规范，确保构件质量和施工的便利性。通过周例会技术交流、驻场工程师旁站验收及突击检查等措施，确保了装配式建筑的高质量和高效率。

通过这些装配式设计创新，珑湾项目不仅实现了建筑的工业化和现代化，还提升了居住的舒适度和美学体验。项目的成功实施将为装配式建筑的高质量发展提供宝贵的经验和参考，引领未来建筑产业化的发展方向。

1.3.3 BIM正向设计

珑湾项目是前海管理局作为 BIM 正向设计审批的试点工程项目，同时也是前海首个明确提出正向设计要求的项目。

第一，在设计管理综合策划阶段，珑湾项目面临全专业高要求、全生命周期应用、正向设计和高装配率等重难点问题。项目制定了详尽的 BIM 实施规划，确保设计、施工和运营全过程的有效管理和控制。通过 BIM 技术，项目实现了各阶段的协同设计、进度控制、造价控制、质量安全控制和信息化管理，达成了全方位的管理目标。

第二，在方案设计阶段，项目制定了详细的 BIM 设计工作方案与技术标准，建立了 BIM 正向设计管控流程，并通过设计管理协同平台进行有效的设计协同。BIM 模型用于三维建模、场地分析、建筑性能模拟分析和可视化展示，辅助方案比选与优化，确保设计决策的科学性和合理性。

第三，初步设计阶段，项目逐步实现 BIM 设计出图，通过三维可视化设计覆盖全专业，提高设计精度和效率。通过管线综合和净高分析优化机电管线排布，确保建筑使用功能。多方案比选，如塔冠建筑、玻璃幕墙和室内精装选型，通过 BIM 模型进行详细分析和对比，最终确定最优方案。

第四，施工图阶段，BIM 技术用于工程量计算、碰撞检测和装配式建筑构件的虚拟建造及 3D 打印。工程量计算为招标投标提供数据支持，碰撞检测实现空间协调，3D 打印辅助复杂装配式建筑的施工模拟和预拼装可行性验证，确保施工过程的高效和精准。

珑湾项目通过 BIM 正向设计实现了全过程的协同与优化，树立了前海 BIM 技术应用的标杆，为未来项目提供了宝贵的经验和参考。

1.3.4 结构造型设计

作为超高层建筑的典范，珑湾项目采用了创新的结构造型设计，突破了传统建筑的限制。珑湾项目为“双子塔”呈左右“C”字对称布置，是超高层装配式钢混结构公寓，结构造型新颖且复杂。具体而言，项目由两栋约180米高的商务公寓组成，共53层地上建筑及3层地下室。项目整体设计理念聚焦于创造自由灵动的生活空间，实现户型的灵活性和美学的完美融合。项目以独特的“双C环抱”形态为标志，通过C形左右对称布置的塔楼和分散布置于C形内侧的五个核心筒，形成了独特且富有艺术感的外观。这不仅提升了建筑的视觉冲击力，也契合了内部空间的自由分割理念，确保户内视觉流畅，无梁柱暴露，提高了居住的舒适度与美学体验。

为了满足超高层建筑的安全性和稳定性需求，项目创新地采用了钢管混凝土柱+钢梁框架+混凝土剪力墙的混合结构体系。这种结构体系在T1塔楼3层及以上和T2塔楼4层及以上的楼层中，核心筒之间设置钢板墙，内灌自密实混凝土，核心筒外为型钢梁+钢筋桁架楼承板+现浇混凝土楼板，确保了结构的刚度和稳定性。预制构件如钢梁、钢管混凝土柱、钢板剪力墙及钢筋桁架楼承板，实现了免模施工，大大提升了施工效率和质量。通过这些创新设计，珑湾项目不仅实现了功能性和美观性的高度融合，也为后续超高层及其他建筑项目提供了可借鉴的模式和路径。

1.3.5 智能停车库设计

智能停车库的设计、建设和使用是珑湾项目的一大亮点。全自动智能立体停车库在提高空间利用率、优化建筑功能、使用管理便捷、减少能耗和人性化安全等方面都有极大的灵活性和优越性，通过智能化手段实现了停车场的信息化、网络化和智能无人化管理。通过建造智能停车库，珑湾项目全面提高了用户的使用体验。这不仅能够改善珑湾项目及其周边地区的交通状况，同时也为解决城市停车问题提供了有力支持。

第一，智能停车库的设计和建设是珑湾项目以土地空间集约利用等为目标，综合考虑项目及其周边使用需求和实际地形等因素的成果。第二，在选型设计方面，珑湾项目地面首层以人车分流和商业价值最大化为首要设计原则，地下一层则旨在充分利用地下商业价值，增加经营收益。第三，智能停车库采用了多种关键智能建造技术，包括频射识别、智能无线传感、视频识别、地理信息系统、数据库和网络通信等，针对运营商、停车设施和车主的需求实现了多种智能功能。

相比于传统的停车库，本项目的智能停车库在土建空间利用率、人性化和车辆安全系数、用户舒适性与安全性、低碳绿色与环保节能、通风和照明投入、使用效率和便捷性、对建筑功能和空间划分的灵活性、对建筑工程师的设计便利性以及提升建筑主体形象品位等方面都带来了极大的提升。

1.3.6 绿色可持续设计

珑湾项目在设计中严格按照《绿色建筑评价标准》（GB/T 50378—2019）二星级标准，全面实现了绿色低碳设计，体现了现代建筑的可持续发展理念。项目在规划设计阶段引入“整合设计方法”，综合考虑水资源、能源使用、建筑材料、废弃物、内环境与健康、空间质量以及交通机动性，制定了相应的可持续建筑策略，涵盖了高能源利用率的建筑、环境友好的区域性解决方案、安全且健康的居住区域、社会和生态可持续的区域。

第一，在具体设计方面，珑湾项目采用垂直绿化和先进的节能与光伏设计。利用垒土科技实现垂直绿化，垒土材料不仅生态环保、可固化成型，而且具有保水吸水性强、轻质化、可塑性强等优点，常用于生态屋顶、生态绿墙等，实现了多维空间种植。在节能设计方面，项目在幕墙上安装了遮阳百叶，显著降低了外窗的太阳能热系数，并通过优化公共空间的照明设计，提高了能源利用效率，减少了光污染。同时，项目采用智慧低碳建造理念，结合空中步道设置光伏系统，可直接满足地下商业公共区域的日常用电需求，有助于进一步降低项目的运营成本。

第二，项目还引入了海绵城市的设计理念，设置了雨水基础生态设施，如下凹绿地、雨水花园、透水铺装、开口路缘石和雨水收集利用系统。通过这些措施，项目实现了雨水的自然积存、自然渗透和自然净化，有效控制了雨水径流，缓解了城市雨水管网的泄洪压力，达到了内涝灾害防控、径流污染控制和雨水资源化利用的多目标环境生态效益，促进了城市建设开发与水文生态的和谐发展。同时，珑湾项目采用下凹绿地、雨水花园、透水铺装、开口路缘石和雨水收集利用系统五项措施实现海绵设计，满足深圳海绵城市的典范项目要求。

珑湾项目的绿色可持续设计创新不仅提升了建筑的环境友好性和能源效率，还为居住者提供了舒适、安全的居住环境，展示了未来城市建设的方向，为其他建筑项目树立了可持续发展的典范。

1.4 管理特色

珑湾项目实现了全生命周期高质量的开发与管理，这尤其体现在一体化的统筹开发、科学化的组织管理、智能化的工程施工、系统化的全生命周期 BIM 应用以及智慧化的运维管理等方面。

1.4.1 统筹开发一体化

前海合作区的统筹开发一体化体现在交通组织、街坊形象、地上地下公共空间和商业服务设施、市政景观等城市规划建设的各个方面。珑湾项目及其周边配套设施采用统筹开发模式，按功能整体布局的合理性进行统一规划和开发，多主体全程参与、协商与合作。在统筹开发一体化的思想下，珑湾项目综合考虑了规划功能布局、交通网络优化、公共配套设施完善及自然生态保护等多重因素。

第一，在统筹用地布局和开发强度方面，珑湾项目充分整合刚性规划要求与地块实际开发需求，灵活调整用地布局，打造开放空间形成了完善的立体慢行系统格局，更好地平衡了各空间景观的分配，实现了功能协同与利益均衡。

第二，在制定分期实施方案时，项目贯彻共建共享理念，综合计划难易程度以及公共服务设施建设要求等因素，注重多方主体协同参与，通过优先保障关键交通道路，有效提升了片区的整体功能和居民的生活质量。

综上，通过政府统筹、规划引领、多方协同等措施，珑湾项目实现了土地集约利用、街坊形象统一、公共设施功能系统化等目标，极大地提升了项目价值及其所在桂湾片区土地价值与空间环境品质，并确保了珑湾项目从建设向运营的顺利过渡。这一实践也为深圳乃至全国的未来城市建设提供了宝贵经验。

1.4.2 组织管理科学化

珑湾项目通过科学化的组织管理，结合先进的数字化技术和系统化的制度建设，实现了全生命周期的高效集成管理。

第一，项目采用“投、建、管、运”一体化理念，由前海乐居公司主导，将项目生命周期中的各个阶段进行集成管理，统筹协调跨阶段、跨主体的工作内容界面。通过监理单位的嵌入和各阶段顾问单位的协同，结合 BIM 及其他数字化技术，构建了高效的信息共享和管理模式。

第二，在组织结构方面，项目部内明确了各部门和岗位的职责分工，包括设计管理组、招采成本管理组、工程管理组等，确保各阶段管理工作的顺畅进行。此外，项目在招标工作完成后成立了 BIM 团队，对 BIM 技术的应用进行全生命周期的统一管理，确保从设计阶段开始到施工和运营阶段的无缝衔接和高效运作。

第三，在制度建设方面，珑湾项目制定了一系列管理制度和指引，包括前期管理、设计管理、采购管理、成本合约管理、施工管理及综合管理等方面的规范，确保项目管理的科学性和合规性。这些制度为项目管理提供了明确的指导和保障，促进了全生命周期集成管理的有效实施。

第四，在技术支撑方面，项目广泛应用了 BIM、数字孪生技术、物联网（IoT）和射频识别（RFID）技术，构建了高度精确和智能化的项目管理环境。通过这些技术的融合，项目团队能够实时监测和优化项目的各个阶段，提高运营效率和响应速度。综上，珑湾项目通过多种科学化的组织管理手段，实现了全生命周期集成管理的高效运作，提升了项目管理的整体水平和效率。

1.4.3 施工过程智能化

智能建造技术在珑湾项目施工过程中应用十分广泛，极大地提升了建筑项目的效率、安全性和质量。

第一，通过基于 BIM 的数字化技术，优化设计与施工流程，通过三维模拟和数据分析确保设计精准与施工效率。BIM 的应用在珑湾项目中不仅提高了图纸的准确性和施工的协调性，还通过模拟施工进度和碰撞检测，有效预防了施工过程中的问题。

第二，珑湾项目实现构配件工厂化生产与机械化施工。钢构件和幕墙的工厂化生产保证了施工质量和速度，降低了现场施工的复杂度和人力需求。机械化如使用自动化的焊接机器人和智能抹灰机，大大提升了施工速度和质量控制，降低了劳动力成本和物理劳动强度。

第三，通过平层施工的创新方法，如“混凝土梁”施工方式，结合核心筒与钢结构的同步建设，优化了传统超高层建筑的施工流程，提高了结构安全和施工效率。

第四，珑湾项目的智慧工地通过集成视频监控、人脸识别、物联网、大数据等技术，实现了项目管理的实时监控和决策支持。这不仅增强了现场管理的透明度和响应速度，还提升了整体安全和质量管理。

第五，珑湾项目实现智能化安全与质量控制，通过智能设备和系统进行实时监控与风险预警，智慧工地技术能够及时识别潜在风险并迅速响应，有效保障施工现场的安全和工程质量。

通过这些智能化措施，珑湾项目不仅优化了建设过程，还为未来城市建设提供了宝贵的经验和示范，推动了建筑行业向数字化、自动化和智能化的转型。

1.4.4　BIM应用系统化

珑湾项目采用全流程应用、全领域协同、全部门参加的“三全”原则进行 BIM 正向设计。

第一，以业主方 BIM 管理为核心，珑湾项目围绕项目全生命周期进行统一协调管理设计、施工及运营单位 BIM 团队，建立了以业主方为主导、科瑞真诚 BIM 咨询团队配合整体实施的 BIM 管理平台，实现全领域协同、全部门参与。

第二，在项目开始之初，提前开展建筑策划，明确设计需求及 BIM 正向设计工作方式和应用成果，并且对于建设、运营期间可能产生的 BIM 模型要求进行充分考虑并予以预留。珑湾项目是全国首个设计 BIM 招标的项目。

第三，珑湾项目在方案设计阶段、初步设计阶段、施工图设计阶段应用 BIM 技术。在项目进展前期，重点收集、分析相关信息，提前决策，给设计单位下达合理的设计要求与指令，避免在设计及建设过程中出现反复的修改，造成时间及经济上的损失。

第四，施工阶段的 BIM 技术应用重点则是根据设计单位蓝图和设计 BIM 模型进行深化设计工作，以便进一步提高施工图纸及 BIM 模型的准确性、可校核性。在此阶段建立以施工总承包 BIM 团队为核心的工作小组，整合其他专业的 BIM 模型与成果。

第五，珑湾项目建成投入运营后也将通过系统应用 BIM 技术构建智慧化运维框架。

1.4.5　运维管理智慧化

珑湾项目的运维管理智慧化主要体现在六个方面。

第一，通过 BIM 和物联网技术，珑湾项目构建了数字孪生模型，实现了建筑信息的实时数字化管理。这种技术支持运维团队在虚拟环境中模拟实际情况，有效提升建筑的安全性和运维效率。

第二，珑湾项目系统集成了智能化消防系统，实现火警的即时监控与快速响应。物联网技术的运用使得火灾的检测和定位更为精确，显著提高了应急处理的速度。

第三，珑湾项目构建了智能化 BIM 运维框架，智慧建筑运维系统和 BIM 运维系统分别由智能化子系统、集成的软硬件设备系统及功能展示平台等三个部分组成。这一框架实时记录了建筑的全生命周期数据，使整栋楼的运行状态更加直观。

第四，采用三维可视化技术展示建筑和消防设施的布局与状态，帮助运维团队快速识别和解决问题。

第五，通过以上平台，珑湾项目能够动态更新应急预案，并通过系统定时演练，确保预案的有效性和团队的熟练操作。同时，持续的培训和技术支持以确保运维人员有效使用智慧运维系统。

第六，利用系统的数据分析功能，项目人员持续监控运维效果，并根据反馈及时调整管理策略。这些策略共同构成了珑湾项目运维管理的核心，为智慧建筑运维提供了有力的技术支持和有效的管理方法。

1.5 基本经验

1.5.1 社会主体投资引领的投资创新

前瞻性区位选址、稳健的社会投资模式以及独特的地块开发性质等不仅是珑湾项目的投资亮点，更是珑湾项目实现项目目标、创造社会和经济效益的关键优势。

第一，选址决策是珑湾项目投资的重要环节，是对交通、地理位置、职住平衡、自然景观以及未来发展潜力等多方面因素综合考虑的结果。珑湾项目地处金融服务业聚集的桂湾片区，毗邻前海湾，这为国际人才提供了丰富的金融资源和发展潜力、更多的职业机会以及更高的生活品质与档次，从而成为珑湾项目吸引高端人才、提升竞争力的关键。

第二，珑湾项目采用社会主体投资引领的创新模式。珑湾项目凭借 100% 的社会主体投资实现资金自给自足，这不仅确保财务的独立性和自主性，更为未来珑湾项目运营构建了一个稳定且可持续的资金支持体系。这赋予珑湾项目更高的灵活性和议价能力，为项目运营提供更稳定、可持续的资金保障。这种社会主体投资减轻了政府的财政压力，降低了项目财务风险，通过更高效地分配政府财政资金优化了资源配置。在这种市场化运作模式下，珑湾项目的实施和运营更加灵活高效，注重需求和价值导向，能够更快地适应市场变化和创新。

第三，作为商业用地，珑湾项目天然具备多功能性，这使得其能够承载多种业态，更好地形成人才聚集效应，不仅是为人才提供高品质的居住空间，更与周边商业、文化、教育等设施形成有机的整体，为人才构筑国际化、现代化、功能完善和生活便利的生活社区。

1.5.2　高定位、全方位的产品创新

珑湾项目定位为深圳首个高端人才公寓、桂湾高品质纯租赁国际生活社区，服务于高层次、高素质、高需求、高要求的人才群体，同时以海内外国际化人才为特色，旨在打造高品质、舒适、健康、便捷和高效的生活空间。通过规划商业配套和街区型开放式商业区，珑湾项目将提供前海商务 CBD 精品商业产品，满足生活、商务、休闲、娱乐等多维需求，与周边环境相连，构成桂湾 CBD 商务片区中高端商业圈。

第一，在项目规划过程中，项目团队深度分析前海高端国际化人才的集聚情况，明确了其居住需求，通过对国内外多个高品质住房案例的剖析，提出了独特的产品定位与设计理念。

第二，在形象定位上，力求高标准、高要求与引领性，结合前海的战略定位和顶级配套，打造高端人才公寓，满足高层次、高素质、高需求、高要求的目标客群。居住空间设计上，珑湾项目运用“每三层一邻里”的外立面设计、“太空舱”式的幕墙设计等构建了垂直社区生态；利用口袋空间和碎片空间实现个性化定制，提供了新型共享式绿色生活空间。因此，珑湾项目突破传统公寓的固定格局，打造了自由可分割、功能自定义、极具可塑性和适应性的居住空间，满足了个性化、舒适化的居住需求。

第三，在科技应用方面，珑湾项目构建了智慧运维平台和智能家居系统，通过物联网等技术手段，实现了智能门禁、安防等功能，提升居住的安全性和舒适性，为居民提供了高效、便捷的智慧生活环境。

第四，多元化商业配套设施助力珑湾项目打造一站式高品质生活服务，注重商业、休闲、健身、文化和社交设施的全方位布局，不仅促进了人才住户的身心健康，而且成为社交互动、文化交流的重要场所，营造充满活力、和谐共处的高端人才生活圈。

通过精心的规划和设计，珑湾项目不仅打造了一个高品质的居住社区，还为住户创造了一个充满活力和社区感的生活空间，为前海建设国际人才高地提供有力支持。

1.5.3　数字赋能、全生命周期集成的管理模式

珑湾项目引入数字化技术，构建了“投、建、管、运”一体化的全生命周期集成管理模式。该模式将投资、建设、管理、运营各阶段有机整合，实现管理效率和质量的系统性提升。项目在设计之初便开展价值导向的建筑策划，借助建筑师负责制和综合的工程咨询服务统筹项目全生命周期的设计、建设与运营工作，确保各阶段无缝衔接。

第一，数字化技术是珑湾项目集成管理的重要支撑。通过 BIM 技术，项目实现了从设计到运营的信息共享与协调，提升了管理效率。BIM 技术不仅提供三维模型支持设计和施工，还可结合数字孪生技术创建项目的动态虚拟镜像，实时监测与优化设施状态。物联网（IoT）和射频识

别（RFID）技术在设备和设施的智能化管理中发挥了重要作用，实时收集和监测设备运行状态，为项目运营提供及时有效的信息支持。

第二，集成管理制度建设也是该模式的关键。珑湾项目根据行业规范和公司内部管理手册，建立了覆盖前期管理、设计管理、采购管理、成本合约管理、施工管理及综合管理等方面的制度指引，明确了各阶段的标准流程和具体工作内容。这些制度保障了项目各环节的科学性、合规性和可操作性，确保管理工作的规范化和高效性。

第三，在成本管理方面，珑湾项目采用基于精益思想的集成成本管理，贯穿项目全生命周期。通过精益设计、精益生产、精益采购等策略，项目团队实现了全过程、全方位的成本控制，提升了项目的经济性。BIM 技术在成本管理中的应用，使得成本核算更为精确透明，有效保障了项目的投资效益。

通过数字赋能和全生命周期的集成管理，珑湾项目成功打造出符合国际化社区需求的全生命周期生态链，实现了从建设过程向使用需求的转变，为前海合作区的建设树立了标杆。

1.5.4 基于BIM的全过程设计协同与优化

珑湾项目在设计阶段采用了 BIM 技术，通过三维的设计管理协同平台实现正向设计，大幅提高了设计质量和效率，减少了变更。项目在设计管理中面对全专业应用 BIM、全生命周期管理、正向设计和高装配率等挑战，通过制定详细的 BIM 实施规划和技术标准，确保项目目标的实现。BIM 设计管理协同平台用于模型、图纸和资料的存储与管理，提升了各参与方的沟通与协作效率。

第一，在具体设计中，珑湾项目利用 BIM 技术进行方案阶段的模型校核、场地分析、建筑性能模拟分析、可视化展示和初步设计阶段的出图、协同设计与空间协调。通过 BIM 模型输出各专业施工图纸、净高分析图、管线综合图等，辅助项目中的各种应用需求。

第二，在施工图阶段，BIM 技术用于工程量计算、碰撞检测、装配式建筑构件的虚拟建造及 3D 打印，确保设计和施工的可行性与准确性。尤其是利用 BIM 模型进行玻璃幕墙、铝板幕墙、石材幕墙等系统的工程量分析，为后续招标投标提供数据支持。

第三，项目在幕墙设计中采用了模数化理念，通过预制幕墙单元和标准化部件的应用，实现了施工效率和质量的提升。模数化设计不仅降低了成本，还提高了建筑构件的通用性和互换性，减少了现场施工的次数。

第四，在精装修设计中，珑湾项目引入了服务设计和标准化理念，通过 BIM 技术促进信息共享和协同，提供高品质、智能化的居住环境。项目采用全装修标准一体化设计和智能家居系统，注重细节设计和用户体验，确保装修效果满足住户的健康和舒适性需求。

综上，珑湾项目通过以 BIM 正向设计为主导的多种方式，实现了全生命周期的设计协同及优化，为提升项目的功能性、质量管理、成本效益和可持续性提供了有力支持，成为 BIM 技术应用的示范项目。

1.5.5 高装配率、高标准智能建造

珑湾项目在智能建造领域的创新实践，为超高层建筑提供了可参考、可推广的“前海经验”。通过应用装配式建设技术、BIM 技术和智能施工技术，珑湾项目实现了 70% 的装配率，并达到了国家 A 级标准。本项目采用了独特的钢管混凝土柱 + 钢梁框架 + 混凝土剪力墙结构体系，在保障结构安全和稳定性的同时，提高了装配率，为未来同类项目提供了可借鉴的模式。

第一，在装配式建设方面，项目创新地采用了多框筒钢混组合结构，满足了超高层建筑的安全和工业化需求。通过窄空间设计、多框筒布置、钢梁与钢筋桁架楼承板的结合，实现了免模施工，提升了施工效率和质量。此外，项目还采用了预制构件，如钢梁、钢管混凝土柱和钢板剪力墙，进一步提高了施工的工业化水平。

第二，在 BIM 技术应用方面，珑湾项目通过建立三维协同设计，提高了图纸深化设计的效率和准确性。利用 BIM 进行施工模拟和进度管理，有效控制了施工进度和质量，减少了返工，提高了施工效率。BIM 技术还支持项目的智慧工地建设，通过实时监控、人员风险管理、机械设备管理和质量安全跟踪等功能，提升了施工现场的管理水平。

第三，在智能施工技术应用方面，项目实现了构配件的工厂化生产和施工机械化操作。项目采用了智能焊接机器人、墙面处理机器人和智能抹灰机等设备，提高了施工的自动化和标准化水平，减少了人工依赖，提升了施工效率和质量。平层施工的创新通过优化施工流程，实现了“六天一层”的施工，确保了项目的高质量推进。

综上，珑湾项目通过智能建造技术的综合应用，不仅提升了项目管理的效率和品质，还为超高层装配式建筑的发展提供了宝贵经验，为建筑行业的数字化转型和高质量发展树立了典范。

1.5.6 以终为始的高品质智慧运营管理

运营阶段是“投、建、管、运”一体化管理模式的关键环节。在前海全面深化改革开放的背景下，珑湾项目团队以其前瞻性的运营管理理念与策划，致力于打造国际化高品质人才社区。从运营管理的前置参与到资产管理的精细化，再到基于数字孪生的智慧运维，不仅提高了管理效率，更赋予了社区智能化的服务能力。

第一，自前期定位和设计阶段伊始，珑湾项目就以运营需求为导向，以终为始，将运营管理工作前置。统筹投资、建设、运营与管理，从设计阶段便考虑到后期运营需求，实现各环节的无缝衔接。通过嵌入具有专业经验的第三方运营顾问，珑湾项目实现在各个阶段从运营管理的角度对项目环境布局、功能规划、楼宇设计、材料选用、户型设计等多方面进行分析、监督和优化，旨在确保项目设计和建造质量能够最终实现打造国际化人才社区的运营目标。

第二，在资产管理方面，珑湾项目引入国际化管理标准，通过系统化的过程管理和现代技术应用，优化资源配置，提升设施使用效率，确保投资回报最大化。细致的资产管理策略涵盖了资

产采购、使用、维护和更新等全过程，保障了社区的长期保值与增值。

第三，在智慧运维方面，珑湾项目建立了基于数字孪生技术的智慧运维系统，通过 BIM 模型的轻量化处理和物联网技术，实现了建筑设施的实时监测和智能管理。该系统不仅提高了消防管理的响应速度和精确度，还优化了应急资源配置，提升了社区的整体安全性。

第四，在高品质服务方面，珑湾项目将以客户导向、卓越品质、全方位服务、诚信与透明以及持续改进为服务原则，通过高标准、高要求的精装修、现代化、定制化的商业配套以及全天候一站式服务，打造高品质服务智慧社区。智慧社区的建设理念通过数字化赋能、数据驱动决策和持续创新发展，确保珑湾项目在前海国际化人才社区建设中发挥示范引领作用。

综上，通过这些创新举措，珑湾项目不仅提升了人才社区的整体运营水平，更为未来社区的可持续发展奠定了坚实基础。

CHAPTER 2

第 2 章 前海战略、方案与政策

珑湾项目作为前海人才住房的重要组成部分，是提升前海营商环境的关键因素之一，因此，深入了解前海相关的战略与政策可以为珑湾项目建设提供重要的指导意义与政策保障，有助于珑湾项目的顺利推进。本章总体性梳理了关于前海的国家战略与人才相关政策，介绍了《前海总规》中关于前海合作区的四大战略定位，从打造全面深化改革创新试验平台和建设高水平对外开放门户枢纽两个方面阐述了《前海方案》，最后总结了前海在人才吸引和人才服务方面的相关政策创新。

2.1 前海战略定位

2010 年 8 月 26 日，深圳经济特区建立 30 周年之日，国务院批复实施《前海深港现代服务业合作区总体发展规划（2010—2020 年）》，前海合作区横空出世。该规划对前海的定位包括四个方面，即现代服务业体制机制创新区、现代服务业发展集聚区、香港地区与内地紧密合作的先导区和珠三角地区产业升级的引领区。

经过 13 年的快速发展，2023 年 12 月 21 日，国务院批复实施《前海总规》，对前海合作区的定位、目标、产业规划等一系列内容进一步深化，其中战略定位升级体现在以下四个方面。

第一，全面深化改革创新试验平台。坚持以制度创新为核心，在区域治理、营商环境、现代服务业发展、科技创新等重要领域和关键环节先行先试，打造一批首创性、标志性改革品牌，形成一批可复制、可推广的制度创新成果。

第二，高水平对外开放门户枢纽。坚持“引进来”和“走出去”相结合，强化开放前沿、枢纽节点、门户联通功能，重点扩大贸易、航运、金融、法律事务等领域对外开放，进一步增强对全球资源要素的吸引力，不断提升投资贸易自由化便利化水平。

第三，深港深度融合发展引领区。坚持依托香港、服务香港，加快推进规则机制一体化衔接、基础设施一体化联通、民生领域一体化融通，促进粤港澳青少年广泛交往、全面交流、深度交融，为香港经济发展进一步拓展空间。深港融合的关键，在于充分利用香港与深圳的比较优势。香港的比较优势在于服务业，而服务业的核心是规则、规制、管理、标准的开放。香港作为一个自由贸易港，金融、法律服务、知识产权保护、高等教育、社会服务等方面的规则规制都领先世界。深圳，乃至整个大湾区的优势是制造业，是科技成果的转化，以及劳动力、土地等要素的相对低成本。

第四，现代服务业高质量发展高地。巩固提升现代金融、法律服务、信息服务、贸易物流等优势领域，积极开拓海洋经济、数字经济等服务业新技术新业态新模式，推动现代服务业和先进制造业深度融合，携手香港地区推动现代服务业蓬勃发展。其中，现代服务业高质量发展的关键在于妥善协调制造业与服务业之间的关系，避免两者之间的对立和割离。服务业的繁荣在很大程度上依赖于其对制造业的支持，这种支持能够显著提升服务业的附加值。

为贯彻落实国家对前海的战略定位，进一步推动人才特区建设，2017 年 11 月，前海管理局同意全资设立前海乐居，其定位为专门从事前海合作区人才住房投资建设和运营管理等相关事务的国有企业，旨在逐步实现“投、建、管、运”一体化运作。作为探索这种一体化运作模式的重要载体，珑湾项目的建设促进了前海合作区人才要素流动与配置，进而推进前海高水平对外开放体制机制的完善，这是前海战略定位的重要体现。

2.2 前海方案

2021 年 9 月，中共中央、国务院印发《前海方案》。该方案旨在支持香港地区经济社会发展、提升粤港澳合作水平、构建对外开放新格局，同时为推动前海合作区全面深化改革开放，在粤港澳大湾区建设中更好发挥示范引领作用。《前海方案》主要包括两个方面：打造全面深化改革创新试验平台和建设高水平对外开放门户枢纽。

2.2.1 打造全面深化改革创新试验平台

1. 推进现代服务业创新发展

建立健全联通港澳、接轨国际的现代服务业发展体制机制。建立完善现代服务业标准体系，开展标准化试点示范。联动建设国际贸易组合港，实施陆海空多式联运、枢纽联动。培育以服务实体经济为导向的金融业态，积极稳妥推进金融机构、金融市场、金融产品和金融监管创新，为消费、投资、贸易、科技创新等提供全方位、多层次的金融服务。加快绿色、智慧供应链发展，推动供应链跨界融合创新，建立与国际接轨的供应链标准。在深圳前海湾保税港区整合优化为综合保税区基础上，深化要素市场化配置改革，促进要素自主有序流动，规范发展离岸贸易。探索研究推进国际船舶登记和配套制度改革。推动现代服务业与制造业融合发展，促进“互联网 +”、人工智能等服务业新技术新业态新模式加快发展。

2. 加快科技发展体制机制改革创新

聚焦人工智能、健康医疗、金融科技、智慧城市、物联网、能源新材料等港澳优势领域，大力发展粤港澳合作的新型研发机构，创新科技合作管理体制，促进港澳和内地创新链对接联通，推动科技成果向技术标准转化。建设高端创新人才基地，联动周边区域科技基础设施，完善国际人才服务、创新基金、孵化器、加速器等全链条配套支持措施，推动引领产业创新的基础研究成果转化。积极引进创投机构、科技基金、研发机构。联合港澳探索有利于推进新技术新产业发展的法律规则和国际经贸规则创新，逐步打造审慎包容监管环境，促进依法规范发展，健全数字规则，提升监管能力，坚决反对垄断和不正当竞争行为。集聚国际海洋创新机构，大力发展海洋科技，加快建设现代海洋服务业集聚区，打造以海洋高端智能设备、海洋工程装备、海洋电子信息（大数据）、海洋新能源、海洋生态环保等为主的海洋科技创新高地。构建知识产权创造、保护和运用生态系统，推动知识产权维权援助、金融服务、海外风险防控等体制机制创新，建设国家版权创新发展基地。

3. 打造国际一流营商环境

用好深圳经济特区立法权，研究制定前海合作区投资者保护条例，健全外资和民营企业权益保护机制。用好深圳区域性国资国企综合改革试验相关政策，加快国有资本运营公司改革试点，加强国有资本市场化专业化运作能力，深入落实政企分开、政资分开原则，维护国有企业市场主体地位和经营自主权，切实增强前海合作区国有经济竞争力、创新力、控制力、影响力、抗风险能力。完善竞争政策框架，建立健全竞争政策实施机制，探索设立议事协调机构性质的公平竞争委员会，开展公平竞争审查和第三方评估，以市场化法治化国际化营商环境支持和引导产业发展。依法合规探索减少互联网融合类产品及服务市场准入限制。创建信用经济试验区，推进政府、市场、社会协同的诚信建设，在市场监管、税收监管、贸易监管、投融资体制、绿色发展等领域，推进以信用体系为基础的市场化改革创新。推进与港澳跨境政务服务便利化，研究加强在交通、通信、信息、支付等领域与港澳标准和规则衔接。为港澳青年在前海合作区学习、工作、居留、生活、创业、就业等提供便利。支持港澳和国际高水平医院在前海合作区设立机构，提供医疗服务。建立完善外籍人才服务保障体系，实施更开放的全球人才吸引和管理制度，为外籍人才申请签证、居留证件、永久居留证件提供便利。

4. 创新合作区治理模式

推进以法定机构承载部分政府区域治理职能的体制机制创新，优化法定机构法人治理结构、职能设置和管理模式。积极稳妥制定相关制度规范，研究在前海合作区工作、居留的港澳地区和外籍人士参与前海区域治理途径，探索允许符合条件的港澳地区和外籍人士担任前海合作区内法定机构职务。推进行业协会自律自治，搭建粤港澳职业共同体交流发展平台。开展政务服务流程再造，推进服务数字化、规范化、移动化、智能化。深化“放管服”改革，探索符合条件的市场主体承接公共管理和服务职能，健全公共服务供给机制。提升应对突发公共卫生事件能力，完善公共卫生等应急物资储备体系，增强应对重大风险能力。推动企业履行社会责任，适应数字经济发展，在网络平台、共享经济等领域探索政府和企业协同治理模式。

2.2.2 建设高水平对外开放门户枢纽

1. 深化与港澳服务贸易自由化

在不危害国家安全、风险可控前提下，在内地与香港地区、澳门地区关于建立更紧密经贸关系的安排框架内，支持前海合作区对港澳扩大服务领域开放。支持前海合作区在服务业职业资格、服务标准、认证认可、检验检测、行业管理等领域，深化与港澳规则对接，促进贸易往来。在前海合作区引进港澳及国际知名大学开展高水平合作办学，建设港澳青年教育培训基地。在审慎监管和完善风险防控前提下，支持前海打造面向海外市场的文化产品开发、创作、发行和集散基地。支持港澳医疗机构集聚发展，建立与港澳接轨的开放便利管理体系。推动对接港澳游艇出入境、活动监管、人员货物通关等开放措施，在防控常态化条件下研究简化有关船舶卫生控制措施证书和担保要求。

2. 扩大金融业对外开放

提升国家金融业对外开放试验示范窗口和跨境人民币业务创新试验区功能，支持将国家扩大金融业对外开放的政策措施在前海合作区落地实施，在与香港金融市场互联互通、人民币跨境使用、外汇管理便利化等领域先行先试。开展本外币合一银行账户试点，为市场主体提供优质、安全、高效的银行账户服务。支持符合条件的金融机构开展跨境证券投资等业务。支持国际保险机构在前海合作区发展，为中资企业海外经营活动提供服务。深化粤港澳绿色金融合作，探索建立统一的绿色金融标准，为内地企业利用港澳市场进行绿色项目融资提供服务。探索跨境贸易金融和国际支付清算新机制。支持前海推进监管科技研究和应用，探索开展相关试点项目。支持香港交易所前海联合交易中心依法合规开展大宗商品现货交易。依托技术监测、预警、处置等手段，提升前海合作区内金融风险防范化解能力。

3. 提升法律事务对外开放水平

在前海合作区内建设国际法律服务中心和国际商事争议解决中心，探索不同法系、跨境法律规则衔接。探索完善前海合作区内适用香港地区法律和选用香港地区作仲裁地解决民商事案件的机制。探索建立前海合作区与港澳区际民商事司法协助和交流新机制。深化前海合作区内地与港澳律师事务所合伙联营机制改革，支持鼓励外国和港澳地区律师事务所在前海合作区设立代表机构。支持前海法院探索扩大涉外商事案件受案范围，支持香港法律专家在前海法院出庭提供法律查明协助，保护进行跨境商业投资的企业与个人的合法权益。建设诉讼、调解、仲裁既相互独立又衔接配合的国际区际商事争议争端解决平台。允许境[①]外知名仲裁等争议解决机构经广东省政府司法行政部门登记并报国务院司法行政部门备案，在前海合作区设立业务机构，就涉外商事、海事、投资等领域发生的民商事争议开展仲裁业务。探索在前海合作区开展国际投资仲裁和调解，逐步成为重要国际商事争议解决中心。

4. 高水平参与国际合作

健全投资保险、政策性担保、涉外法律服务等海外投资保障机制，充分利用香港全面与国际接轨的专业服务，支持前海合作区企业走出去。加强与国际港口和自由贸易园区合作，建设跨境贸易大数据平台，推动境内外口岸数据互联、单证互认、监管互助互认，开展双多边投资贸易便利化合作。支持在前海合作区以市场化方式发起成立国际性经济、科技、标准、人才等组织，创新国际性产业和标准组织管理制度。发展中国特色新型智库，建设粤港澳研究基地。稳妥有序扩大文化领域对外开放，建设多种文化开放共荣的文化交流互鉴平台，打造文化软实力基地。支持深圳机场充分利用现有航权，不断与共建“一带一路”国家和地区扩大合作。支持深圳机场口岸建设整车进口口岸。依托深圳国际会展中心，推动会展与科技、产业、旅游、消费的融合发展，打造国际一流系列会展品牌，积极承办主场外交活动。支持“一带一路”新闻合作联盟在前海合作区创新发展。

建设前海珑湾项目可以“为港澳青年在前海合作区学习、工作、居留、生活、创业、就业等提供便利”，进而可以为将前海合作区打造成“国际一流营商环境”“全面深化改革创新平台”贡献力量，是落实《前海方案》的具体举措。

---

① 本书中境指关境。

2.3 前海人才及其配套服务支持政策

2.3.1 人才政策

前海合作区战略目标的实现，离不开人才。促进深港合作、打造人才高地对于前海合作区的发展至关重要。《前海总规》在人才方面的战略要求是将前海深港现代服务业合作区打造成为高端创新人才基地，具体措施包括如下三条。

一是，实施更开放的引才机制。聚焦重点产业和新兴产业发展需求，建设海外人才离岸创新创业平台，建立离岸柔性引才新机制，优化前海紧缺人才清单，靶向引进具有国际一流水平的领军人才和创新团队。加强“前海国际人才合伙人”引进力度，构建完善的国际人才吸引网络、技术转移服务平台和跨境联合孵化平台。深入实施深港联合招才引智计划，鼓励深港联合培养优秀青年人才。

二是，优化人才就业创业环境。建立国际职业资格认可清单，制定境外专业人才执业管理规定。推动符合条件具有港澳地区或国际职业资格的金融、税务、规划、文化、旅游等领域专业人才备案或注册后在前海提供服务，并认可其境外从业经历。优化港澳医师短期行医执业注册审批流程。为持港澳永久性居民身份证的高层次人才来大湾区内地九市洽谈商务、任职工作提供办理长期签证或居留许可便利。

三是，强化人才全流程服务。通过人才补贴、创新人才奖等方式建立对人才的持久激励机制。为前海创新企业办理往来港澳商务登记备案，以及创新创业人才办理往来港澳签注提供便利。支持在前海工作、生活的香港居民以及在前海投资的香港商户取得香港机动车临时入境机动车号牌和行驶证后，通过深圳湾口岸多次驾驶机动车往返深港。研究制定具有前海特色的国际高端人才和港澳地区人才住房政策，提供人才公寓、国际化社区等多元化住房。

除了《前海总规》中对人才支持的战略目标，政府对于人才的具体政策支持力度随着深港合作的不断深入也越来越大，并且政策效益显著。2012 年，《国务院关于支持深圳前海深港现代服务业合作区开发开放有关政策的批复》（国函〔2012〕58 号），其中第三条第二款规定：“对在前海工作、符合前海规划产业发展需要的境外高端人才和紧缺人才，取得的暂由深圳市人民政府按内地与境外个人所得税负差额给予的补贴，免征个人所得税”，为前海实施特殊财税优惠政策提供了依据。

基于《国务院关于支持深圳前海深港现代服务业合作区开发开放有关政策的批复》，深圳市人民政府印发了《深圳前海深港现代服务业合作区境外高端人才和紧缺人才个人所得税财政补贴暂行办法》（深府〔2012〕143 号），实施了“前海境外人才个税 15%”优惠政策，并于 2019 年再次修订。据统计，该政策实施 4 年间，共补贴境外高端人才和紧缺人才 453 人次，补贴金额合计超过 1.73 亿元。“前海境外人才个税 15%”优惠政策在吸引境外人才方面成效明显：在个人所得税方面对标香港"标准税率 15%"的标准，打造了前海"类香港"的税收环境，认定港籍[①]人才约占总认定人数的 50%，深港合作有了着力点；有效降低企业在前海的运营成本，促进一大批聘用境外人才较多的企业落户前海；个税补贴直接返补到个人，吸引境外高端人才在前海聚集。从整体上看，"前海境外人才个税 15%"优惠政策是国务院批复前海规划的重要组成，是前海乃至深圳市吸引境外高端人才和紧缺人才的重要抓手，在实施过程中也备受企业、人才重视，影响力逐步提升，引才聚才效应大幅显现。

2023 年 7 月，深圳市前海管理局发布了更细致的人才政策，即《深圳市前海深港现代服务业合作区管理局关于支持港澳青年在前海就业创业发展的十二条措施》(深前海规〔2023〕7 号)，并在 2024 年 6 月对部分条款进行了修订（即深前海规〔2024〕12 号）(以下简称《十二条措施》)。《十二条措施》旨在深度对接香港特区政府《青年发展蓝图》，支持港澳青年在前海发展，支持港澳青年融入国家发展大局。《十二条措施》由申请对象、奖补措施、奖补申领程序、其他共四部分组成，针对港澳青年在前海工作生活的方方面面，力争全方位支持港澳青年在前海发展。《十二条措施》对人才大力支持的政策亮点主要体现在四个方面。

一是，施策更加精准。《十二条措施》将各项支持举措提炼为 12 条简洁有力、更易理解的措施。①支持的对象更加聚焦，精准施策，支持有意向到内地发展的港澳永久性居民；②奖补集中，针对港澳青年就业创业初期的基础性问题、关键性困难重点扶持，为港澳青年"雪中送炭"。

二是，增强港澳联动。《十二条措施》深度对接香港特区政府《青年发展蓝图》，有效协同港澳特区政府推出的港澳青年实习计划、青年就业计划、创新创业资助计划等项目，应港澳所需、尽前海所能，助力港澳青年融入粤港澳大湾区发展，促进两地资源共享和互利共赢。

三是，政策衔接有序。《十二条措施》部分奖补措施与前海企业所得税优惠政策及深圳市已出台的人才生活补贴、创业担保贷款贴息、上市奖励等政策内容有机结合，同时充分考虑前海扩区因素，与南山区、宝安区政策形成错位支持，有利于汇集各方力量，共同支持港澳青年就业创业。

四是，体现前海温度。《十二条措施》切实从港澳青年需求出发，降低初来前海发展的港澳青年就业创业发展门槛，提供一系列暖心服务，持续为港澳青年在前海生活居住等提供保障，为港澳青年创新创业注入"强心剂"。

2.3.2　人才配套服务支持政策

前海人才配套服务支持政策包括教育、医疗、保险、法治保障和安居工程等方面。根据《前海合作区党工委 深圳市前海管理局印发〈关于以全要素人才服务 加快前海人才集聚发展的若干措施〉的通知》(深前海党工委〔2019〕52 号)，营造前海人才发展宜居宜业环境，体现在以下五个方面。

① 港籍、澳籍、台籍指我国香港地区、澳门地区、台湾地区户籍。

1. 推动扩大人才教育开放合作

加快建设前海国际学校，引进境外优质教育资源，举办高水平示范性中外合作办学机构。争取市、区支持，保障前海高层次人才子女在义务教育阶段的就读需求，允许港澳青少年与市民同等积分入学。创新内地与港澳地区合作办学方式，支持设立港澳独资或合资非学历教育培训机构，引进港澳国际化特色课程，共建职业资格培训、专业技能培训等非学历教育培训基地。

2. 提升国际化人才医疗服务

引进优质医疗资源，鼓励社会资本发展高水平医疗机构，推进国内外医疗资源合作。推动港澳台地区居民和外籍高端人才及配偶、子女购买和享受医疗保险。鼓励港澳服务提供者以独资、合资或合作等方式设立医院、诊所等专业医疗机构，探索港澳已上市但内地未上市的药品、医疗器械在前海特定医疗机构使用。

3. 创新人才商业保险保障制度

利用前海金融先行先试优势，通过“金融＋人才”模式支持人才创新创业。针对人才群体创新保险业务，鼓励前海保险机构建立人才创新创业风险补偿机制，探索设立与香港接轨的律师、医生、会计师、建筑师等职业责任保险产品，为跨境人才提供定制化的执业、健康、养老等保险保障及增值服务。

4. 构建人才法治保障创新体系

加快建设中国特色社会主义法治示范区，健全知识产权保护机制和知识产权生态系统。探索推进前海涉港因素商事合同选择适用香港法律，持续提升执法司法和公共法律服务能力水平，形成与国际化现代化新城区相适应的综合执法体系，为人才发展营造公开透明、公平有序的法治环境。

5. 实施具有前海特色的人才安居政策

充分发挥前海人才住房专营机构的平台作用，支持其通过自建、购买等多渠道筹集建设人才住房，着力解决来前海就业、创业的相关人才的住房需求。探索开展住房租赁券计划，鼓励更多人才群体通过住房租赁市场实现安居。允许香港居民按规定享有与市民同等购房待遇。进一步推广为前海外籍及港澳台地区高层次人才聘雇的外籍家政服务人员申请居留许可，加大力度营造国际化生活居住环境。

作为深圳首个高端人才公寓、桂湾高品质纯租赁国际生活社区，珑湾项目充分落实了“研究制定具有前海特色的国际高端人才和港澳人才住房政策，提供人才公寓、国际化社区等多元化住房”等政策导向，前瞻性地考虑了前海未来的产业发展与人才结构特点和居住需求，为促进将前海深港现代服务业合作区打造成为高端创新人才基地提供重要支持。

CHAPTER 3

第3章 前海珑湾国际化人才社区项目投资模式

本章主要围绕珑湾项目投资的相关内容进行阐述，涵盖了投资的必要性、可行性、国际化社区投资开发经验借鉴和投资亮点四大核心部分。在投资必要性部分，深入分析了前海的发展现状和未来规划，并与本书第二章的相关内容相结合，详细探讨了珑湾项目与前海发展之间的协同效应。这种协同效应不仅有助于前海区域的综合发展，也为珑湾项目带来了巨大的发展机遇。在投资可行性部分，从多个角度对项目进行了全面的评估。通过对人才引进、前海建设、标杆示范作用以及企业可持续发展四个维度的剖析，充分论证了珑湾项目的社会效应；其次，从项目地价和税费等关键经济要素出发，对项目的经济效益进行了分析，进一步印证了项目的投资可行性。在国际化社区投资开发经验借鉴部分从筹资机制、管理主体、供给模式三个角度对新加坡组屋、英国公共住房、瑞典公共租赁住房进行分析，总结了国际化人才社区投资开发的相关经验。最后，在投资亮点创新部分强调了由社会主体投资引领的创新模式，这一模式为项目的长期发展注入了强大的动力；此外，珑湾项目独具前瞻性的选址、项目定位契合的地块性质与出让方式，也构成了项目的投资亮点，使得珑湾项目成为一个具有投资潜力和长期发展前景的优质项目。

3.1 前海珑湾国际化人才社区投资必要性

3.1.1 前海发展现状及规划

1. 前海发展现状

自前海合作区设立以来，前海始终坚持支持香港融入国家发展大局，开发建设取得了重要成效。深港全方位合作成果丰硕，与香港规则衔接、机制对接不断增强，2022 年港资占实际使用外资比例达 95.7%。改革创新取得标志性成果，截至 2022 年底累计推出制度创新成果 765 项，在全国复制推广 76 项。对外开放合作迈出坚实步伐，搭建起通达全球 25 个国家的港口网络，联通世界五大洲 60 多个境外城市的国际航空网络，吸引 42 个共建“一带一路”国家在前海投资。经济高质量发展成效显著，金融业、现代物流、信息服务、科技服务和专业服务等现代服务业增加值占比达 52.5%。城市建设初具规模，现代化国际化城市发展实现“一年一个样”的变化。

进入新时代，奋进新征程，前海迎来扩区赋能的重大利好。将宝安、南山部分区域划入合作区后，前海区位优势、交通优势更加明显，具备深中通道、深圳机场、深圳港西部港区等重大交通设施；发展综合实力显著增强，高端资源聚合力、要素组织运筹力、科技创新牵引力更加强劲；经济和人口承载力大幅提升，为打造优质生产、生活、生态空间提供了坚实基础。前海作为我国改革开放前沿阵地和粤港澳大湾区重大合作平台，具有率先扩大规则、规制、管理、标准等制度型开放良好基础，同时也面临制度创新系统集成不够、与香港衔接有待深化等问题，进一步深化改革扩大开放任重道远。

2. 前海发展规划

《前海规划》提出了未来前海发展的宏伟蓝图。通过分析该规划的关键要点有助于理解前海的整体发展方向，也能进一步揭示珑湾项目在前海发展规划中所扮演的重要角色。

（1）积极发展建筑及相关工程领域服务业

便利香港工程、建筑、测量、园林环境领域专业机构及专业人士在前海备案执业，完善投标配套措施，支持香港已备案企业和专业人士在规划设计等阶段提供服务。探索在招标投标、建设监管、工程计价计量等领域，形成符合国际通行规则的建设工程管理制度。扩大试行香港工程建设管理模式范围，稳步推进建筑师负责制，打造规划设计集聚区。

（2）建设高端创新人才基地

为进一步提升前海的人才吸引力，建设高端创新人才基地，将采取以下措施。

一是，创新引才策略，专注于重点与新兴产业的需求，构建海外人才离岸创新创业平台，并探索离岸柔性引才的新路径。同时，优化紧缺人才清单，精准引进国际顶尖人才和创新团队。

二是，扩大国际合作范围，加大“前海国际人才合伙人”的引进力度，建立完善的国际人才吸引网络、技术转移服务平台和跨境联合孵化平台。此外，还将深化与香港的合作，共同实施招才引智计划，鼓励联合培养优秀青年人才。

三是，提升就业创业环境，通过建立国际职业资格认可清单和制定境外专业人才执业管理规定，吸引更多具有港澳地区或国际职业资格的专业人才到前海提供服务。同时，优化港澳地区医师短期行医执业注册审批流程，并为外籍高层次人才提供办理长期签证或居留许可的便利。

四是，强化人才全流程服务，通过提供人才补贴、创新人才奖等方式，建立持久的激励机制。为前海的创新企业和人才提供往来港澳的便利，并制定具有前海特色的国际高端人才和港澳地区人才住房政策，以满足各类人才的住房需求。

（3）建设更为安全的韧性城区

一是，提升城市建筑安全水平。加强办公楼宇、高密度居住社区等建筑空间安全保障，提高抗御自然灾害能力。创新高层建筑安全管理长效机制，建立高层建筑定期体检制度，完善超高层建筑安全监测制度。持续开展高层建筑消防安全管理标准化建设。

二是，加强城市生命线系统建设。健全能源保障体系，规划建设油氢气电混合的综合能源补给设施，优化油气设施布局，完善综合能源供应系统。建设更加灵活的城市配电网，供电可靠性保持领先。打造全面入户的高品质供水系统。构建先进的污水、垃圾收集和处理系统，打造健康城区“代谢系统”。高效集约推进地下综合管廊系统建设。

三是，全面提升防灾应急能力。开展海绵城市建设，推动广场、滨水区域等大型公共空间的海绵化改造，提高城市面临洪涝灾害的弹性应对能力。提升防洪（潮）排涝工程标准，到2035年实现区域防洪能力达200年一遇及以上，西部海堤实现1000年一遇防潮能力，内涝防治重现期达到100年一遇。动态化精细化制定城市安全风险清单，开展城区灾害防御恢复和应急能力评估。完善深港应急救援协调联动机制，加强战略物资和应急物资保障。

（4）建设运转高效的智慧城区

一是，建设面向未来的新型基础设施和数据服务体系。适度超前布局新型信息基础设施，推动互联网协议第六版（IPv6）规模化应用和第五代移动通信（5G）网络深度覆盖，建设国际一流5G网络和万兆无源光网络，超前布局第六代移动通信（6G）、量子通信等前沿技术，构建新一代高速通信网络体系。加强物联网传感器在城市治理、公共服务等领域布局，构建全域覆盖的智能感知体系。构建开放安全的国际数据环境，建立规范统一的数据资源开放目录和标准，稳步推进公共数据资源开发利用试点。研究推进深港数据跨境流动合作，拓展深港数据融合应用。

二是，培育多场景智慧城市应用生态。推进数字技术在城市运行中应用，构建统一指挥的城市信息管理智能中枢。以跨部门数据融合智慧应用场景为突破，推动城市治理一网统管。推广BIM、城市信息模型（CIM）技术应用。以机场、港口、物流园区等为场景，建设智能网联汽车、无人机、无人船的海陆空全空间无人管理平台，适度拓展无人机低空飞行空域范围。建设智慧应急平台，强化重要基础设施和重点区域的动态监测和智慧管控。

综合上述内容，前海在过去几年里取得了显著的发展成果，不仅深化了与香港地区的合作，推动了现代服务业的快速发展，还在城市建设、人才吸引、科技创新等方面取得了重要突破。随着扩区赋能的推进，前海在区位优势、交通优势、发展综合实力等方面得到了进一步提升，为其未来发展奠定了坚实的基础。根据《前海总规》提出的发展蓝图，前海将继续在多个领域发力，包括积极发展建筑及相关工程领域服务业、建设高端创新人才基地、建设更为安全的韧性城区以及建设运转高效的智慧城区等。珑湾项目作为前海发展规划的重要组成部分，将在前海未来的发展中扮演重要角色。通过积极参与和推动前海的发展规划实施，珑湾项目将助力前海核心竞争力的提升，成为具有国际影响力的现代服务业中心和创新高地。

3.1.2 珑湾项目与前海发展的协同效应

1. 人才吸引与聚集：构建人才高地

珑湾项目作为前海国际化人才社区的核心，其独特的定位和完善的配套设施，为人才提供了高品质的生活和工作空间。这种高品质的生活体验不仅满足了人才的基本需求，更在精神层面给予人才归属感和认同感。

首先，珑湾项目致力于提供优质的居住环境。包括宽敞明亮的居住空间、绿色生态的居住环境以及便捷舒适的交通条件。通过精心规划和设计，项目为高端创新人才打造了一个舒适、安全、宜居的生活空间。这不仅满足了人才的基本生活需求，也让他们在忙碌的工作之余能够享受高品质的居住体验。其次，珑湾项目注重完善配套设施。包括现代化的健身房、丰富的文化娱乐设施以及便捷的购物餐饮场所等。这些设施的完善不仅提升了人才的生活品质，也为他们提供了更加多元化、便捷化的生活方式。同时，这些配套设施也为人才之间的交流与互动提供了平台。

2. 产业创新与发展：驱动经济发展

珑湾项目的建设，为前海的产业创新与发展提供了强有力的支持。首先，人才聚集加速了产业的创新与升级。这些高端创新人才在前海工作、生活，带来了先进的理念和技术，推动了前海产业的快速发展。同时，他们之间的交流与合作也促进了知识的共享与传递，为产业的创新提供了源源不断的动力。在这种人才与产业的良性互动下，前海将逐渐形成具有国际竞争力的产业集群。

此外，随着项目的建成和运营，周边区域也将逐渐形成集居住、商业、文化、娱乐等多功能于一体的综合性社区。这种综合性的社区不仅提升了前海的城市形象和品质，更为前海产业和经济的发展提供了有力支撑。

3. 城市建设与品质提升：塑造城市新典范

珑湾项目的建设，不仅提升了前海的城市形象和品质，更以其前瞻性的规划和创新性的实践，成为引领城市建设与品质提升的标杆。项目采用先进的建筑理念和设计，注重绿色生态和智能化建设，为前海的城市建设树立了新的典范。在绿色生态方面，项目通过采用绿色建筑材料、节能技术等手段，实现了低碳、环保的建设目标；在智能化建设方面，项目采用先进的智能化技术和系统，实现了智能化管理、智能化服务等目标。

珑湾项目的这些创新实践展示了城市建设的新思路和新方向，即注重生态环保和智能化发展，以实现城市的可持续发展和人民生活品质的全面提升。而这种高品质国际人才社区的建设将引领城市走向更加美好的未来，成为未来城市新典范。

4. 智慧社区建设与科技应用：注入城市新动力

在前海的发展规划中，智慧社区构建是提升城市核心竞争力、实现可持续发展的重要一环。作为前海规划的重要组成部分，珑湾项目不仅致力于提供高品质的居住环境，更积极融入智慧社区建设体系，通过科技融合提升居住体验与管理效率，推动社区治理现代化。

前海积极推进新型信息基础设施和智慧城区建设，为珑湾项目融入智慧社区建设体系提供了强有力的支撑。一方面，新型信息基础设施与数据服务体系的建设为智慧社区的发展提供了有力支撑。前海通过加快 5G 网络、物联网、云计算等新型信息基础设施的建设，为智慧社区的发展提供了坚实的网络基础。同时，数据服务体系的建设也实现了数据的整合与共享，为智慧社区的应用提供了丰富的数据资源。另一方面，前海智慧城区的建设为珑湾项目智慧社区应用生态的培育与发展注入了新的活力。前海积极引进和培育具有创新能力的科技企业，推动智慧城市应用的研发与推广，这些企业可以为珑湾项目提供先进的技术支持。

在智慧社区构建方面，珑湾项目充分结合现代科技手段，打造智慧化的居住环境。通过引入物联网、大数据、人工智能等先进技术，实现社区的智能化管理。不仅增强了社区的安全性，也为居民带来了更加便捷、舒适的生活体验。

在科技应用方面，珑湾项目积极推进智能家电、智能家居等设备的普及，使居民能够享受更加智能化、个性化的服务。此外，珑湾项目致力于实现社区信息的实时采集、处理与共享。这不仅提高了社区治理的透明度和参与度，也为住户提供了更加高效、便捷的信息获取和交互方式，满足了住户对高品质生活的追求。

3.2 前海珑湾国际化人才社区投资可行性

3.2.1 项目社会效益分析

1. 人才引进对深圳建设创新型城市有重大意义

深圳，作为我国改革开放的前沿阵地，一直以来都秉持着开放包容、创新进取的精神，吸引着来自世界各地的优秀人才。这些人才不仅是城市的活力源泉，更是推动深圳持续发展的重要动力。他们带来了创新的思维、先进的技术和丰富的经验，为深圳注入了无限的可能性。

作为第一资源和创新的核心要素，人才更是成了推动这一进程的关键力量。他们是推动深圳科技创新、经济发展和社会进步的重要力量。正是因为有了这些高端人才的集聚，深圳的科技创新成果才能如井喷般涌现，创新型经济才能成为推动深圳经济发展的新引擎。

然而，随着深圳经济的快速发展，一些问题也逐渐显现出来。其中最引人关注的，是住宅价格的持续上涨和入市门槛的提高。这使得一些原本打算来深圳发展的人才望而却步，导致人才吸引力下降。这不仅影响了深圳的科技创新和经济发展，也对城市的可持续发展构成了威胁。

为了解决这一问题，深圳市人民政府出台了一系列人才住房政策。这些政策旨在通过供给侧结构性改革，降低人才的居住成本，从而增强深圳对人才的吸引力。而珑湾项目的落地，正是响应这些政策的重要举措，它将为人才提供优质的住房条件，降低生活成本，使他们能够更加专注于工作和创新。

从更宏观的角度来看，珑湾项目的实施不仅有助于解决深圳当前面临的人才问题，更将对深圳的城市发展和经济繁荣产生深远的影响。将有力推动人才落户深圳、建设深圳，为深圳的可持续发展注入新的动力。同时，也将进一步提升深圳在全球创新链上的地位，使其成为全球创新的重要高地。

2. 为加快前海建设提供重要助力

首先，珑湾项目的推进，响应了前海国际人才服务中心建设的战略需求。通过打造高品质、国际化的居住环境，为前海吸引大量的国内外高端人才，进一步优化前海的人才结构，提升人才发展环境。这些人才的聚集，为前海的产业发展提供了强大的人才保障和人才服务，为前海的科技创新、金融发展、总部经济等领域注入了新的活力。

其次，前海作为深港特别合作区域，其独特的地理位置和政策优势使得人才住房的建设显得尤为重要。珑湾项目正是针对这一需求，为港澳地区及外籍人才提供了专业、舒适的居住保障。这不仅增强了前海对全球人才的吸引力，也进一步提升了前海在国际舞台上的地位和影响力。

此外，人才住房的建设还有利于降低企业的经营成本。对于许多企业来说，高昂的住房成本往往成为阻碍其发展的一个重要因素，而珑湾项目通过提供高品质的住房资源，有效降低了企业的用人成本，使得更多企业能够选择入驻前海，从而推动前海产业的快速发展。

3. 珑湾项目作为前海区域首个高端人才社区项目，标杆示范效果明显

珑湾项目作为前海区域的首个高端人才社区项目，其标杆示范效果无疑是非常显著的。这一项目的诞生，不仅体现了前海地区对于吸引和留住高端人才的决心，也展现了其对于提升区域整体生活品质和环境质量的重视。

得益于桂湾片区优越的地理位置和丰富的资源条件，该区域正在稳步发展成为前海的经济、文化和科技中心。随着桂湾片区及其周边一系列重要项目的相继落成和投入使用，大量的就业机会应运而生，预计未来就业人口将持续显著增加。

在这样的背景下，珑湾项目的建设时机显得尤为关键。它的建成不仅满足桂湾片区及前海地区日益增长的高端人才需求，更为整个区域提供了一个高品质、国际化的生活环境。作为前海首个高端人才社区项目，前海珑湾无疑为后续的类似项目树立了标杆，其设计理念、建设标准和服务模式都将成为未来人才社区建设的参考和借鉴。

此外，珑湾项目的意义体现在其对于区域整体形象的提升上。项目的建成将使前海在吸引高端人才方面更具竞争力，同时也为区域的整体发展注入了新的活力。它不仅是一个居住社区，更是一个展示前海地区国际化、现代化形象的重要窗口。

4. 珑湾项目有助于实现企业资产保值增值，助推企业可持续发展

珑湾项目不仅在前海区域发展中扮演了举足轻重的角色，同时对于前海乐居自身而言，也具有深远的战略意义。该项目以出租经营的运营模式为核心，不仅满足了高端人才的居住需求，还为前海乐居带来了一定的资产回报，有助于实现资产的保值增值。

在当前房地产市场的发展趋势下，增量市场逐渐饱和，存量市场的管理和运营将成为房地产企业竞争的关键。珑湾项目正是抓住了这一市场转变的契机，通过精心策划和高效运营，将项目打造成为核心城市的优质资产。这种运营模式不仅确保了项目的长期收益稳定，还为企业未来的可持续发展奠定了坚实的基础。

从企业战略的角度来看，珑湾项目投入运营后将成为企业核心竞争力的重要组成部分。随着存量市场管理经验的不断积累，企业在房地产行业的地位将进一步巩固，市场竞争力也将得到显著提升。这种核心竞争力的形成，将有助于企业在激烈的市场竞争中脱颖而出，实现更加稳健和可持续的发展。

此外，珑湾项目还为企业带来了良好的品牌形象和社会声誉。作为一个高品质、国际化的人才社区，该项目不仅吸引了众多高端人才的关注，也获得了社会各界的广泛认可。这种认可将进一步增强企业的社会影响力，为企业未来的业务拓展和合作创造更多机会。

未来房地产市场将从增量市场逐渐变为存量市场，存量市场的运营管理将成为未来房地产类企业非常重要的版块，运营成熟后将成为企业的核心竞争力，成为非常重要的可持续发展动力。

3.2.2　项目经济效益分析

1. 地价优惠

珑湾项目以低于周边市场的价格取得了土地使用权。这一优惠显著减轻了项目的经济负担，使其在财务规划上更具可行性。通过降低土地成本，珑湾项目能够将更多的资金投入建筑质量、社区配套设施和绿色环保技术等方面的提升，从而打造出更高品质的住房。同时，地价优惠也使项目在市场上具备了价格优势，能够以更具吸引力的价格提供住房，增强市场竞争力。更重要的是，这一优惠政策支持了深圳市的人才战略，使项目能够以合理的租金价格吸引和留住高素质人才，为城市的长远发展创造了有利条件。通过有效利用地价优惠，珑湾项目不仅提升了自身的经济效益，还为深圳市住房保障体系的完善和社会经济的可持续发展作出了积极贡献。

2. 税费优惠

依据财政部、税务总局和住房城乡建设部联合发布的《关于完善住房租赁有关税收政策的公告》(2021年第24号)(以下简称《公告》),珑湾项目可以享受一系列税收优惠政策。这些优惠政策主要涵盖增值税、房产税等多个方面。这不仅减轻了项目的财务负担,也为其可持续发展提供了有力支持。

(1)增值税优惠

首先,珑湾项目在增值税方面能够享受到显著的优惠。根据《公告》,住房租赁企业(包括增值税一般纳税人和小规模纳税人)向个人出租住房时,可选用简易计税方法,按照5%的征收率减按1.5%计算缴纳增值税,选择简易计税方法后将大幅度降低增值税,从而提高项目的盈利能力。对于项目运营商而言,选择简易计税方法将大幅度降低其增值税负担,从而提高项目的盈利能力和市场竞争力。此外,如果项目选择预缴增值税,同样可以享受减按1.5%预征率预缴增值税的优惠,进一步减轻了企业的资金压力。

(2)房产税优惠

《公告》第二条规定了针对企事业单位、社会团体以及其他组织向个人出租住房的房产税优惠政策。具体而言,房产税的征收税率将减按4%征收。这对于珑湾项目具有重要意义,因为它可以显著降低房产税负担,进一步减少项目运营成本,提升租赁业务的整体竞争力。

3.2.3 项目综合效益总结

珑湾项目作为深圳的住房保障体系的重要组成部分,在推动深圳建设创新型城市、加快前海建设以及实现资产保值增值等方面均展现出显著的综合效益。首先,珑湾项目通过提供高品质的人才住房,解决了高昂住房成本对人才吸引力的制约问题,为深圳持续吸引和留住全球高端人才提供了有力保障。这些人才带来的创新思维和技术,为深圳建设创新型城市注入了强大动力,提升了城市的国际竞争力。同时,项目响应前海国际人才服务中心的战略需求,为区域内外高端人才提供了优质的居住环境,优化了前海的人才结构。通过降低企业用人成本,进一步促进前海区域产业发展和科技创新。作为前海区域首个高端人才社区项目,珑湾项目在设计理念、建设标准和服务模式上树立了标杆,为后续类似项目提供了参考和借鉴,有助于提升区域整体生活品质和环境质量。

在经济效益方面,珑湾项目以低于市场的价格取得土地使用权,极大降低了土地成本,为项目的经济负担减轻,提升了财务可行性。此外,项目享受包括增值税、房地产税等在内的税收优惠,降低了项目的财务成本,提升了项目运营效率。

除此之外,珑湾项目作为深圳人才住房创新项目,开创性探索了有效模式,积累了宝贵的经验。这些探索不仅为深圳其他类似项目提供了实践样本,也为全国范围内的人才住房建设提供了参考。项目致力于打造国际化人才社区,通过高标准的设计和建设,创造了一个符合国际化高端人才需求的居住环境，提升了深圳在全球人才市场的竞争力。通过出租经营的运营模式，项目实现了高品质租赁住房的有效管理和运营，确保了长期稳定的收益。这种模式的成功实践为未来类似项目的运营管理提供了可复制的经验。

在可持续发展方面，项目以出租经营模式为核心，实现了资产的保值增值，为前海乐居的可持续发展提供了坚实的财务基础。通过在存量市场的管理和运营，企业在房地产行业的竞争力和市场地位进一步提升。作为高品质人才社区的示范项目，珑湾项目树立了良好的品牌形象和社会声誉，增强了企业的社会影响力，为未来业务拓展和合作创造了更多机会。

综上所述，珑湾项目在社会、经济、示范与创新等多方面都展现出显著的综合效益。项目不仅为深圳建设创新型城市和前海发展提供了强大支持，也为企业的可持续发展注入了新动力。未来，珑湾项目将继续发挥其示范引领作用，为社会的和谐稳定和经济的持续发展作出更大贡献。

3.3 国际化人才社区投资开发经验借鉴

国际化社区的建设以人才需求为导向，坚持“宜居宜业典范区”的高点定位，具有定位高、规模大、系统复杂、需求多样化的特点，给项目的投资开发与管理工作带来了一定的挑战。国际化社区以租赁为主，是面向符合规定条件的国际人才群体提供的高品质生活社区，是一类特殊的公共租赁住房。从投资开发模式来看，国际化社区和公共租赁住房均涉及政府和市场二元主体，具有一定的相似性。由于国际化社区仍处于初步发展阶段缺乏建成及运营的实践案例，所以本小节选择新加坡组屋、英国公共住房、瑞典公共租赁住房等作为研究对象进行案例分析，从筹资机制、管理主体、供给模式等方面为国际化社区的投资开发提供经验借鉴。

3.3.1　新加坡组屋——政府主导的开发模式

新加坡政府一直优先发展公共住房，建屋发展局（Housing and Development Board，HDB）于1964年推出了“居者有其屋计划”（Home Ownership Scheme），于1968年推出了“中央公积金核准建屋计划”。在20世纪70年代，住房政策目标扩大到中等收入家庭。1997年亚洲金融危机后，新加坡政府放松了住房政策。尽管新加坡的住房政策不断变化但始终将居者有其屋政策放在首位，形成了以组屋为主、私宅为辅的住房供给结构。

1. 筹资机制

资金支持来自于政府贷款和补助金。一方面，政府向建屋发展局（HDB）提供低息贷款。根据《住房发展法（the Housing and Development Act）》，建屋发展局从政府获得两种类型的贷款，即住房发展贷款和抵押融资贷款。另一方面，政府提供公积金住房补助金。新加坡的中央公积金是一种强制性的社会保障储蓄计划，已逐渐被采用为住房融资的工具，以确保公共住房购买和供应的可负担性。放宽使用中央公积金的规定，提高了居民的负担能力，并促进了组屋建设的财政资源供应。

2. 管理主体

建屋发展局是唯一的法定公共住房机构，融合政府机构和开发商的双重角色，拥有建设和管理新加坡组屋的权力和资源。由于强大的政治支持，建屋发展局可以在必要时获得直接的政府补贴和立法支持；同时，建屋发展局管理组屋项目的整个周期，是在财务、人事和其他管理事务上拥有自主权的自治机构。此外，建屋发展局获准以低于市场的价格收购土地，从而确保组屋建设有充足的土地供应。

3. 供给模式

采用“市场定价结合市场折扣”的定价方式、转售转租市场封闭管理等方式，旨在保障住房需求的同时抑制组屋交易套利。在定价方面，建屋发展局通过邻近可比转售组屋价格来确定待售组屋的市场价格，然后给予一定市场折扣以确保组屋价格可负担性。这一阶段，组屋价格与买家的承受能力挂钩，即在转售市场价格不断上涨时，组屋的市场折扣也会相应增加以确保组屋价格的稳定性和可负担性。在交易机制方面，建屋发展局限制购房资格并整体向刚需家庭倾斜，同时在组屋出租和出售环节设置了诸多限制条件以限制组屋套利。

3.3.2 英国公共住房——市场主导的开发模式

1909 年颁布的《住房与城镇规划诸法》(Housing，Town Planning，etc. Act）标志着英国政府直接干预住房市场的开始。第二次世界大战后，政府推行社会公房项目（Social Housing Program）的住房改革政策，公共住房建设飞速发展。20 世纪 80 年代，政府大规模推行“公房私有化”政策，鼓励公共住房的租户以优惠的价格购买其住房，并从金融政策上予以支持，公共住房比例开始显著下降。21 世纪初，英国政府逐步加大了对住房协会的建房补贴，通过金融税收政策调节房地产市场，同时鼓励房地产开发商建设公共住房，加强了住房保障。

1. 筹资机制

英国政府面向住房协会提供补贴，并通过 1980 年颁布的《Housing Act 1980》完善了补贴资金的分配方式。基本过程如下：中央财政预算计划决定下年度的政府补贴拨款额度；各住房协会提交补贴申请方案；根据各地住房需求指数、地方议会的优先倾向、各住房协会提供的投标方案等主要因素进行评估；政府优先选择需求度高、补贴额度较低、管理规范的方案。这种引入竞争性分配政府资源的做法，增加了住房协会之间的良性竞争，降低了住房协会补贴的平均比例，缓解了政府财政压力。此外，英国政府也开始引导市场资金进入政府保障领域，一方面，允许私人资本通过发放贷款、购买抵押贷款证券等方式参与公共住房开发；另一方面，支持住房协会发放债券或申请贷款。

2. 管理主体

住房协会和政府之间本质上是一种委托与代理关系，政府是委托人，将社会住房服务委托于住房协会运营，中央政府扮演着资金补贴者的角色，地方议会为住房协会提供土地来源支持，住房协会则需从私人金融市场筹集剩余资金，并以市场化的方式进行项目开发，从而为特定的人群提供住房服务。其中，租户由地方议会制定的准入标准决定，租金受政府控制。

3. 供给模式

英国公共住房供给大致经历了三个阶段：公共住房投入阶段、政府直接投资助推阶段以及住房私有化阶段。从市场主导、政府补贴，到政府主导，最后再回到市场主导、社会力量补充。目前形成了以私人企业提供的住房为核心，民间自治的住房协会成为重要补充的供给模式。从政府直接供应转变为市场供应，从以租赁方式为主转变为住房私有化，从政府供应转变为通过非营利组织实施，既保证了公共住房的有效供给，也提高了供给的效率。

3.3.3　瑞典公共租赁住房——政府主导的开发模式

“所有的居民都应以合理的价格享有高质量的住宅”是瑞典住房政策体系的宗旨。第二次世界大战后，瑞典政府出台住房政策并为市政住房公司（Municipal Housing Corporations，MHC）提供补贴贷款，旨在以合理的价格为每个人提供优质住房。公共租赁住房建设主要发生在“百万住宅计划”时期（1965—1974 年），在住房保障领域发挥了重要作用。1980 年以后，存量公共租赁住房规模庞大，住房短缺缓解，开始推行社区更新和维护工作。

1. 筹资机制

瑞典公共租赁住房建设的投资主体呈现多元化，分为三类：政府主持并直接投资、合作组织投资、私人投资。其中住房保障主要体现在政府投资建房和合作社建房。市政住房公司建设公共租赁住房所需的资金主要由瑞典中央政府和地方政府通过发放无息或低息贷款提供。贷款金额能够 100% 覆盖公共租赁住房建设成本，地方政府还有权以其财政收入为市政住房公司举债建设公共租赁住房提供担保。住房合作社建设共有产权住房所需资金主要来源于合作社会员一次性缴纳入社金和定期缴纳的会费、政府和银行提供的贷款以及会员在住房合作社协会银行的储蓄存款。获得住房的合作社会员还需另外采取分期付款的方式支付其住房的成本价格。

2. 管理主体

市政住房公司隶属于地方政府，是瑞典住房政策的重要工具。市政住房公司直接投资建设公共租赁住房，并负责维护与管理，与地方政府共同制定福利性住房的分配规则并负责实施。市政住房公司首要任务和目标是满足当地居民居住需求，所需资金由市政当局提供，唯一收入来源是公共租赁住房的租金收入，且不追求盈利。此外，住房合作社是由民众自发组织建立的社会非营利组织，社员集资建设共有产权的合作住房，合作社负责房屋的分配、管理与维护。

3. 供给模式

瑞典公共租赁住房供给呈现多主体、多产权类型的特点。市政公司作为地方政府代表直接投资建设公共租赁住房，住房合作社是居民自发集资建设共有产权住房的非营利性社会组织，私人租赁住房则提供了更为市场化的选择机制。政府、社会和市场三者结合，提供了多种产权类型的公共租赁住房。瑞典政府通过管控所有租赁住房（包括公共租赁住房和私人租赁住房）的租金，以及为不同产权类型的市场制定差异化的税收政策，对瑞典住房保障体系进行有效监管。

3.3.4 经验总结与启示

发达国家的公租房投资开发模式主要分为完全政府主导、政府干预和市场机制相结合以及充分发挥市场机制作用三种模式。从筹资机制来看，新加坡和瑞典由政府主导，其中新加坡中央公积金制度很好地解决了租房和购房的资金问题；英国为政府干预和市场机制相结合，住房金融体系具有较强的稳定性。从管理主体和供给模式来看，英国为市场主导，以市场供给为核心，政府调控力度相对较弱；而新加坡和瑞典则以政府为主导，市场参与程度较低，但其导致的结果仍有区别，新加坡住房的自有率远高于发达经济体平均，而瑞典则远低于平均，其原因在于瑞典有大量的住房合作社提供居住权，存在限制居民通过购房出租来获利的机制。

基于案例分析，对于国际化社区的开发管理，需要构建多主体、多渠道的参与机制，加强政府之外的市场化组织和社会非营利组织的参与。国际化社区以及高品质公租房项目的资金筹集、建设、管理等内容涉及多个方面，依靠政府单一力量是不充分的，多方参与、市场化、社会化的发展趋势有利于减轻政府财政负担，也有助于激发市场和社会组织活力，提高市场透明化和高效运转。但并不意味着政府职能的减弱，反而更需要政府在多元参与机制中发挥作用。政府可合理整合政策、财政、土地等给予相应的资源导入与倾斜，保障市场化组织和非营利组织参与国际化社区项目建设的基本收益，为其可持续运营提供必要的营利空间，并建立长期有效的监管机制。

3.4 前海珑湾国际化人才社区投资亮点

3.4.1 独具前瞻性的项目选址与区域优势

经过项目建设前期调研发现：合作区的人才对于居住环境的交通便利性有着极高的期待，其中地铁和公交成为他们日常通勤的主要选择，且期望通勤时间控制在 1 小时以内。根据这一需求，理想的人才住房选址应满足地铁站点 20 分钟接驳时间的要求，或在 7 个公交站点的范围内，以确保通勤效率。基于以上前提，决定选择以月亮湾大道西侧、宝安大道南侧、广深沿江高速东

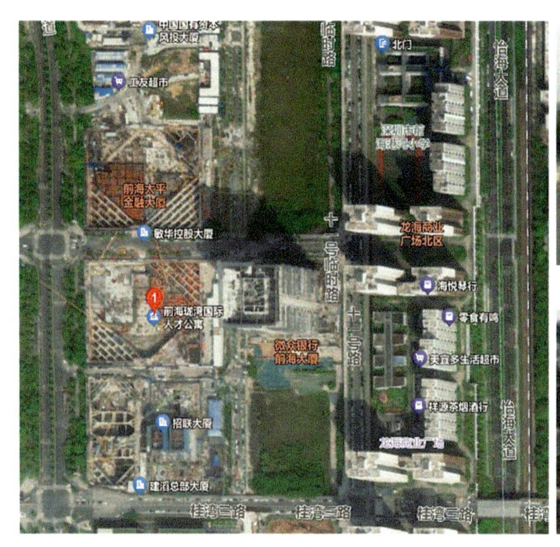

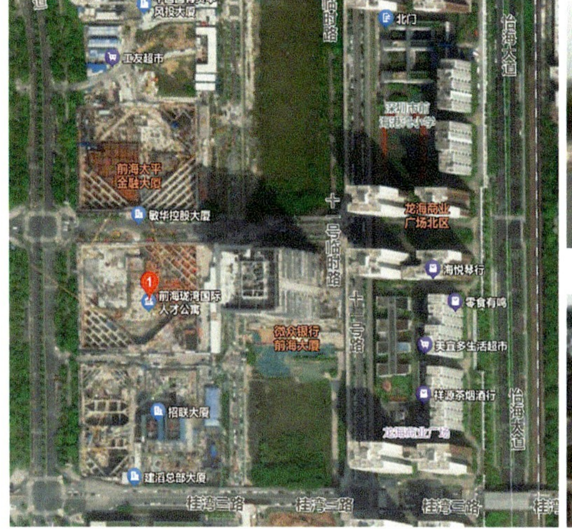
(a) 项目及周边情况

(b) 北临桂湾二路

(c) 南侧招联大厦、建滔总部大厦

(d) 西侧梦海大道

(e) 东侧龙海商业广场

图 3-1　项目选址周边情况

侧的地块作为项目选址，如图 3-1 所示。

该地块坐拥得天独厚的地理位置，距离梦海大道仅 110 米的直线距离，不仅极大地提升了出行的便捷性，还紧邻地铁“前海湾”站与“鲤鱼门”站，为居住及办公人员提供了多元化的快速通勤选择，确保了日常出行的高效与灵活。地块的东侧紧邻龙海商业广场，这一布局为居住及办公人员带来了极大的生活购物便利，满足了日常所需，进一步提升了区域的综合生活品质。同时，地块南侧即将迎来一系列重大规划项目的落成，包括创新十五街的崭新布局、招联大厦的崛起以及建滔总部大厦的矗立，这些高端商业大厦的建设预示着该区域将成为集商务、创新、交流于一体的新地标。项目团队的选址决策，不仅是对当前交通优势的精准把握，更是对未来城市发展趋势的深刻洞察与前瞻性思考。

除了交通优势外，该选址还具有其他诸多优势。地块所在的桂湾片区，作为前海金融服务业的聚集地，拥有丰富的金融资源和发展潜力。这意味着未来这里将汇聚大量的金融人才和机构，为项目的长期发展提供了有力支撑。此外，周边正在建设的高品质写字楼项目，预示着未来这里将成为商务活动的热点，为人才提供更多的职业发展机会。项目紧邻前海核心商务区，通过便捷的交通网络（如地铁、公交等）与商务区紧密相连，有效缩短了居住与工作的通勤时间，实现了职住平衡的“近距离”要求，降低了居民的通勤成本，提升了生活品质。

值得一提的是，地块西侧毗邻壮丽的前海湾，为高层住宅提供了得天独厚的自然景观资源，这不仅为居住者提供了宜人的生活环境，更是提升了项目的整体品质与档次。这样无疑将使珑湾项目在众多人才住房项目中脱颖而出，成为吸引高端人才、提升项目竞争力的关键因素之一。

综上所述，珑湾项目的选址决策充分考虑了人才的通勤需求、地理位置、职住平衡、自然景观以及未来发展潜力等多方面因素。这一前瞻性的决策不仅为项目的成功奠定了坚实的基础，更为人才的居住和职业发展提供了有力保障。

3.4.2 社会主体投资引领的创新模式

1. 资金自给自足，确保稳健运营

珑湾项目凭借其100%的社会主体资金投资，实现了资金上的自给自足。这一模式不仅确保了项目在财务上的独立性和自主性，更为其稳健运营奠定了坚实的基础。

首先，资金自给自足使珑湾项目在资金运用上更加灵活高效。无须受制于外部融资的种种限制和条件，项目团队能够迅速响应市场变化，根据实际需求调整资金配置，确保项目建设和运营的顺利进行。这种灵活性不仅提升了项目的执行效率，也增强了其应对市场挑战的能力。

其次，自有资金的使用降低了项目的融资成本和财务风险。外部融资往往伴随着高昂的利息支出和复杂的融资条款，增加了项目的财务负担和不确定性。而珑湾项目通过自有资金投资，避免了这些额外的成本支出，降低了财务风险，为项目的长期稳健运营提供了有力支持。

综上所述，资金自给自足是珑湾项目稳健运营的重要保障，不仅提升了项目的灵活性和效率，还降低了融资成本和财务风险。

2. 节省财政资金，优化资源配置

社会主体投资珑湾项目，不仅为项目的顺利实施提供了资金保障，更在宏观层面实现了财政资金的节省与资源配置的优化，具有较好的社会与经济效益。

首先，社会主体投资有效减轻了财政压力。在传统模式下，政府往往需要承担大量公共项目的资金投入，这不仅给财政带来了沉重的负担，也限制了政府在其他重要领域的投入。而社会主体投资的引入，使得珑湾项目通过市场化运作筹集资金，从而大大减轻了政府的财政压力。

其次，社会主体投资使得政府能够更高效地利用有限的财政资金。在财政资金有限的情况下，政府需要精心规划，确保每一分钱都用在刀刃上。通过引入社会主体投资，政府得以将更多的财政资金投入其他急需的公共建设领域，如教育、医疗、环保等，从而满足社会更广泛的需求，提升公众福祉。

最后，社会主体投资还优化了资源配置。在市场经济条件下，资源总是流向能够产生最大效益的领域。社会主体投资珑湾项目，正是基于对项目未来收益的预期和信心。这种投资模式使得资源得以更加高效、合理地配置，提高了公共资金的使用效率。

综上所述，社会主体投资珑湾项目在节省财政资金、优化资源配置方面发挥了重要作用。这种投资模式不仅有助于减轻政府财政压力，提高公共资金的使用效率，还能够推动项目的顺利实施和长期发展，实现社会效益和经济效益的双赢。

3. 创新引领，提升效率

社会主体投资在推动珑湾项目的发展中，不仅注入了资金，更带来了灵活性和创新力，为项目的成功实施和长远发展注入了强大动力。

社会主体投资的引入使得珑湾项目的运作模式更加灵活高效。相较于传统的政府主导模式，社会主体投资更加注重市场需求和效益导向，能够更加灵活地调整项目规划和运营策略。这种灵活性使得项目能够快速响应市场变化，抓住发展机遇，为高端人才提供更加优质的居住环境和配套服务。

同时，社会主体投资带来了创新活力。社会主体往往具有敏锐的市场洞察力和丰富的行业经验，能够为项目带来创新的理念和模式。在珑湾项目中，社会主体投资通过引入先进的设计理念、智能化的管理系统等创新元素，提升了项目的品质和竞争力，满足了高端人才对于高品质生活的追求。

此外，社会主体投资还促进了项目与市场的深度融合。社会主体通常具有广泛的市场资源和渠道，能够为项目提供更加精准的市场定位和营销策略。通过与市场的紧密对接，项目能够更好地满足市场需求，提升项目的知名度和影响力，吸引更多的高端人才聚集。

综上所述，社会主体投资为珑湾项目带来了灵活性和创新活力，使得项目能够快速响应市场变化，满足高端人才的居住需求，为项目的成功实施和长远发展奠定了坚实基础。

3.4.3　契合项目定位的地块性质与出让方式

珑湾项目的用地属于商业性质，通过市场化的挂牌方式进行土地出让。这种方式契合“打造深圳首个高端人才公寓，桂湾最高品质纯租赁国际生活社区”的项目定位，具有诸多优势。

一是，有利于打造高端人才社区。商业用地的开发能够为高端人才提供便利的生活和工作环境。完善的商业配套、高品质的休闲娱乐设施以及便捷的交通网络，都是吸引和留住高端人才的重要因素。通过打造集购物、餐饮、娱乐、文化等多功能于一体的商业综合体，能够满足高端人才的多元化需求，进一步促进人才的聚集和社区的持续发展。

二是，可以促进业态融合与创新。商业用地的多功能性使其能够承载多种业态，如零售、餐饮、娱乐等。这种多样性不仅为区域提供了丰富的服务和就业机会，更促进了不同业态之间的融合与创新。在珑湾项目中，通过合理规划商业布局，引入创新业态和品牌，可以形成独特的商业特色，增强项目的市场竞争力，为区域经济发展注入新的动力。

三是，有利于提升区域价值。通过建设高品质的国际人才社区，前海乐居不仅提升了自身的品牌形象和市场竞争力，还进一步推动了整个区域的价值提升。一个拥有完善商业配套和高端人才聚集的社区，将吸引更多优质资源和投资，形成人才、资金、信息等要素的汇聚效应，推动区域的经济社会发展迈上新的台阶。

3.4.4　投资亮点总结

珑湾项目的投资亮点主要体现在以下三个方面。这些因素共同构成了项目的核心竞争力，使得珑湾项目成为一个具有投资潜力和长期发展前景的优质项目。

一是，珑湾项目的选址具有前瞻性，充分考虑了人才的通勤需求、地理位置、自然景观以及未来发展潜力。项目地块紧邻地铁站和公交站，交通便利性高，满足了人才对于高效通勤的期待。同时，地块所在的桂湾片区作为前海金融服务业的聚集地，为项目的长期发展提供了丰富的金融资源和潜力。加之西侧毗邻的前海湾提供的得天独厚的自然景观资源，提升了项目的整体品质与档次。

二是，社会主体投资引领的创新项目模式，不仅实现了资金来源的多元化，降低了融资成本，而且节省了财政资金，优化了资源配置。这种投资模式还带来了灵活性和创新力，使得项目能够快速响应市场变化，提升了项目的品质和竞争力。同时，通过风险共担机制，增强了项目的稳定性，为长远发展提供了有力保障。

三是，珑湾项目用地属于商业性质，通过市场化的挂牌方式进行土地出让，这有利于打造高端人才社区，促进业态融合与创新，并进一步提升区域价值。这种用地性质和出让方式的选择，为项目的成功运作和未来发展奠定了坚实基础。

CHAPTER 4

第4章 前海珑湾国际化人才社区项目定位与产品创新

珑湾项目旨在满足深圳前海地区迅速增长的国际化高端人才的居住需求，为其提供与之匹配的高品质居住环境。本章从对前海高端国际化人才的集聚情况分析入手，细致探究了这一精英群体的居住需求。然后，通过对国内外多个高品质住房案例的剖析，为珑湾项目的规划与建设提供了宝贵参考。在此基础上，进一步明确了珑湾项目的形象定位、客群定位及产品定位，并提出了珑湾项目在设计理念、居住空间、科技应用、社区配套方面的创新。通过独特、精准的项目定位与多维度的产品创新，珑湾项目打造了一个高品质、具有鲜明特色的国际化人才社区，成为前海地区的标志性建筑之一，为前海建设国际人才高地提供有力支持，并进一步助力区域提速发展。

4.1 前海人才需求分析

4.1.1 高端国际化人才集聚前海

前海，承载着包括粤港澳合作、自由贸易试验、“一带一路”建设与创新驱动发展在内的15个国家战略定位，是“特区中的特区”，在吸引高层次人才方面具有得天独厚的优势。

在粤港澳大湾区的机遇下，深港深度融合是大势所趋。前海合作区坚持依托香港、服务内地、面向世界，携手香港推动前海新一轮大开发、大建设、大开放，全面优化前海的规划和功能布局，将打造成为粤港澳大湾区现代服务业创新合作示范区、粤港澳大湾区建筑及工程科技服务高端集聚区、香港专业服务企业依托前海走向内地的创新示范区、内地机构对接香港及国际专业服务的开放桥头堡。前海近年来在推进粤港澳大湾区建设、深化深港深度融合、参与国际合作等方面积极发挥作用，吸引了大量港澳台地区及境外高端人才。

前海至今已经落地上百项惠港政策，提出优先保障香港企业用地，规定不少于三分之一的前海土地面向港企出让。此外，前海在金融创新、法治建设、企业审批流程、口岸通关以及人才引进与发展等重点领域，均已制定并实施了一系列优惠政策，旨在打造一个有利于香港企业及人才发展的政策环境。目前，深港人才双向流动机制已在前海形成。随着深港合作愈发密切，前海提供给港人的工作、经商、创业的机会越来越多。近年来，前海注册港资企业数量增长迅速，这一趋势充分展示了前海在深化深港合作方面的积极进展。

前海基于其自由贸易区的优势，重点发展金融、现代物流、信息服务、科技服务及其他专业服务业等四大产业，致力于打造现代服务业体制机制创新区、现代服务业发展集聚区、珠三角地区产业升级引领区。《前海总规》提出，要将前海深港现代服务业合作区打造成高水平对外开放门户枢纽和现代服务业高质量发展高地，坚持“引进来”和“走出去”相结合，重点扩大贸易、航运、金融、法律事务等领域对外开放，进一步增强对全球资源要素的吸引力，不断提升投资贸易自由化便利化水平。在产业布局的过程中，重点产业和新兴产业的发展势必带来相关领域优秀企业的集聚，并进一步推动前海产业的蓬勃发展。

前海正逐渐成为对外开放的国际化枢纽。目前，前海合作区注册企业数量及注册资本均呈现迅猛增长趋势。同时，世界500强企业、内地上市公司、纳税千万元企业等具有较大影响力的企业也纷纷落户前海。此外，“一带一路”共建国家在前海设立企业数量也正呈现增长趋势。深圳是中国对外开放的窗口，而前海则是中国新时代开放的最前沿。随着全球知名企业的不断涌入，大量国内外高层次人才汇聚前海，将进一步促进前海发展。

前海还着力于打造完善的国际、港澳地区人才服务体系，建设国际人才聚集高地，为前海创新发展提供动力。《前海总规》明确提出，实施更开放的引才机制，优化人才就业创业环境，强化人才全流程服务。上述一系列为人才服务的措施，进一步提升了前海对国际化人才的吸引力。

前海，作为深圳经济特区的前沿阵地，深港合作的重要桥梁，其繁荣发展吸引了大量国内外高层次人才，这些人才是推动前海乃至粤港澳大湾区持续发展的核心力量。随着人才引进的力度和步伐逐步加强、加快，该类人才的来源将更加稳定。

4.1.2　前海人才居住需求分析

鉴于前海的战略定位和发展需求，目前前海人才集聚呈现出高层次、国际化的特点。一个舒适、高品质的居住环境不仅是这类人才来前海发展的生活必需，也是对他们贡献与价值的尊重。因此，《前海总规》提出的“研究制定具有前海特色的国际高端人才和港澳地区人才住房政策，提供人才公寓、国际化社区等多元化住房”显得尤为迫切和必要。通过满足区域人才的居住需求，提供与之相匹配的高标准居住配套设施，不仅能够保障其生活福祉，而且对于推动前海的区域发展具有重要意义。

结合投资必要性，珑湾项目的目标客群聚焦于前海及深圳更广泛区域的国际精英人才。这类人才呈现出高学历、高收入、高消费、国际化的共性，他们在追求有品质的生活环境的同时，往往也追求持续的良好的个人发展。其居住需求可归纳为以下特点：

一是，高品质的居住体验。具有国际化视野的高层次人才通常具有较高的收入水平与较强的消费能力，对于居住环境的品质有着极高的要求。他们期望住所能够提供高品质的装修、智能化的室内设施、定制化的生活服务以及完善的配套设施，如智能家居系统、叫醒服务、游泳池、健身房等，以确保在繁忙的工作之余能够享受舒适便捷的生活。

二是，临时性与灵活性需求。目标人才里往往包含临时外派前海企业的外籍、港籍人士等。对于这类人群，他们的居住需求通常是短期的、临时的，因此更倾向于短期租赁、酒店式公寓等，以便能够根据工作期限或项目周期灵活调整居住安排。

三是，安全与私密性保障。对于高层次人才而言，安全和私密性是他们选择住所时的重要考虑因素。他们期望社区能够提供严密的安保措施，确保居住环境的安全稳定以及宁静、私密的生活空间。

四是，家庭与生活配套需求。目标人才通常对地理位置的便捷性有较高要求。他们希望住所能够靠近商业中心、交通枢纽或重要产业区，以便能够高效地进行工作和商务活动。同时，他们也关注周边的生活配套设施，如购物中心、餐饮娱乐等，以满足日常生活需求。此外，教育和医疗资源也是他们关注的重要方面，特别是对于有子女的家庭。

五是，国际化的生活环境。鉴于前海深港深度融合发展引领区的核心战略定位，港籍人士及外籍高层次人才构成了前海人才结构的重要部分。这些人才通常具有国际化的生活方式和居住习惯，对居住环境有着明确的期望和要求。他们不仅展现出对精致生活的追求，更期待一个能够提供国际化服务和支持的生活环境。这包括对多元文化融合的社区氛围、国际化教育资源以及先进的医疗保健设施等的迫切需求。

六是，文化交流与社交需求。精英人才往往具有强烈的文化交流和社交需求，而且比较注重身份认同，对社区人群及周边居住环境有着较高的要求。他们期望社区能够提供专享的、高品质的社交与休闲空间，搭建可交流思想、分享经验的平台，促进彼此之间的合作与互动。

综合考量前海人才对于高品质生活的追求及对国际化生活环境的向往，珑湾项目通过精准的项目定位和产品创新，致力于满足这些高层次、国际化人才的居住需求，为他们提供一个集舒适性、便捷性和安全性于一体的居住环境。创新的产品设计和精准的项目定位将吸引更多的优秀人才选择在前海地区生活和工作，进而推动区域的经济发展和社会进步。

4.2 高端人才社区案例分析

国际化社区的高品质开发管理贯穿全生命周期，需要构建“投、建、管、运”一体化的集成管理体系，但从服务对象的角度来看，产品设计是其核心内容，在很大程度上决定了国际人才的生活体验与居住意愿。具体来说，国际化社区的产品设计围绕社区环境、生活空间、邻里交往等多个方面，宜居、生态、智慧、以人为本等设计理念贯穿社区规划建设全过程。本节对高品质住房的案例分析主要针对产品设计展开，包括规划目标、基本理念、产品设计、项目成效以及案例借鉴等方面。

4.2.1 新加坡达士岭组屋项目

1. 项目背景

达士岭组屋始建于2001年，是新加坡第一次经过国际建筑设计竞赛来征集方案的组屋项目，由新加坡 ARC Studio 设计公司中标。达士岭组屋是新加坡最高的且首个采用天桥连接各栋大楼的住宅项目，也是新加坡公共住房的一个里程碑。项目巧妙地处理了高层高密度可能带来的社会和环境问题，形成一处高品质、可持续的都市生活环境。选择达士岭组屋项目作为新加坡组屋的案例分析，从公共空间组织、系统性设计等产品设计角度提供借鉴。

达士岭组屋的用地面积 2.51 万平方米，容积率为 9.28。项目由 7 栋住宅大楼组成，共 1848 个单位。其中四房户型有 1232 个单位，五房户型有 616 个单位。主要面向的居民家庭结构为：新婚家庭、核心家庭和扩展型家庭。项目概况如表 4-1、图 4-1 所示。

2. 规划目标和基本理念

达士岭组屋的设计方案简洁高效，最大限度地与周边城市环境相融合。总体布局上，高层建筑群沿着基地北侧和西侧的用地边界呈曲折形布置，巧妙地将不规整形状的地块利用起来，最大限度地留出开放空间（图 4-2）；建筑单体采用传统的平面布局，视线穿透性强；公寓房间朝向城市视野最佳处，同时最大限度地避免西晒。

达士岭组屋项目的概况信息　表 4-1

项目名称	达士岭组屋
项目地点	新加坡丹戎巴葛达士岭坪
业主	新加坡住房发展局
设计单位	ARC Studio
设计时间/竣工时间	2001年/2009年
总用地面积	2.51万平方米
总建筑面积	233657平方米
容积率	9.28
栋数	7栋
总住户数	1848户

图 4-1　达士岭组屋概况图①

图 4-2　达士岭组屋总平面图②

ARC Studio 提出“连接”的设计概念，以一种有效的形式在住宅楼之中插入公共空间，即从空中获取土地，创造新空间。具体是在住宅楼的 26 层与 50 层用空中桥梁连接 7 幢高层公寓，成为两层连通的折线形空中花园，既为居民提供更多的开放空间，又构成景观“窗户”，引入周边城市环境形成框景。达士岭组屋由此也拥有两个世界之最：世界上最长的空中花园和最重的空中桥梁。

3. 产品设计

（1）多元立体公共空间

达士岭组屋在纵向不同楼层布置了多样化的公共空间。其中，一二层为停车场；三层是室内社区商业与公共活动空间；四层是户外健身场所；五层至五十层是居住空间，在二十六层、五十

① 来源：引自“李晴，钟立群 . 超高密度与宜居 新加坡“达士岭”组屋 [J]. 时代建筑，2011（4）：70-75.”。图片由 ARC Studio 提供，在此特别鸣谢。未经授权，供参考。

② 来源：引自“李晴，钟立群 . 超高密度与宜居 新加坡“达士岭”组屋 [J]. 时代建筑，2011（4）：70-75.”。图片由 ARC Studio 提供，在此特别鸣谢。未经授权，供参考。

图 4-3　达士岭组屋空中连廊①

层建造了长达 500 米的空中连廊。一二层停车场采用人车分流的设计，减少安全隐患的同时合理利用不宜居住的空间。三层配套空间丰富多样，室内社区商业空间如餐馆、便利店、洗衣房等，公共活动空间如托儿及教育中心、活动室、艺术回廊等。四层的户外健身场所包括足球场、篮球场等，提供给居民强身健体。空中连廊实现空中获取土地，在满足交通连贯性的基础上，成为居民的公共活动空间，通过户外座椅、儿童游戏道具、运动健身器械等设施提供多种公共活动的选择，如图 4-3 所示。

（2）系统性设计

系统性设计是达士岭组屋的一个重要特征。项目采用“插入式”的概念设计，通过在建筑和环境中“插入”简易的模块式单元，构建可变形、多选择性的开放系统。在建筑层面，住宅楼外立面采用雨篷、遮阳兼安全屏风、栏杆、阳台以及植物箱体 5 种“插件”，采用工厂预制模块，组合成不同的面板从而形成丰富的外立面层次。在环境层面，公共空间里的“插件”包括店铺亭、健身站、多功能亭和户外椅子。店铺亭分布在主要走道的轴线上，健身站按 12 米间距分布，多功能亭按 36 米间距分布，椅子根据蜂群原理组织设计，促成社交性活动。

（3）装配式与空间灵活性

在组屋建筑上，首先采用工厂预制各个部件再组装的方式进行建造，包括剪力墙、楼板、梁、柱、卫生间、楼梯、垃圾槽等，整栋建筑的预制装配率达到 94%。其次建筑内部考量住户需求随时间维度的变化，以最大限度的灵活性进行设计，可变性、适应性强。具体来说，建筑单体采用预制钢筋混凝土平板系统，由结构性立柱围合形成一个基本区，供使用者分隔空间。基本区主要有两种，面积 93~97 平方米和 105~108 平方米。在立柱中轴线的两侧，隔墙可根据房间宽

① 来源：https://www.visitsingapore.com.cn/see-do-singapore/architecture/modern/pinnacle-at-duxton/，图片来自新加坡旅游局官网，访问日期：2024 年 10 月 23 日。未经授权，供参考。

度的需要有 40 厘米的缩放空间，从而满足新婚家庭、核心家庭和扩展家庭等不同结构和人数家庭的变动需求。

（4）家园感与人文关怀

达士岭组屋的屋顶花园平台成为公共与私密的调解元素。为了获得更多的开放空间，项目对地面进行切分和提升，下部空间用作停车场和公共服务设施，上部空间形成一个高于地面两层的屋顶景观花园。同时达士岭组屋不设围墙，屋顶花园平台在入口处折曲与外部城市网络连接，使居民生活可以轻松延伸至公共领域。此外，项目的绿植经过仔细规划，沿着线形联系带的边缘种植棕榈和其他阔叶乔木，为居民提供私密性的同时软化了住宅楼与地面的连接关系，形成更加宜居的空间环境。

（5）项目成效

一是，空中共享空间削弱住宅密度体量感。达士岭组屋利用空中连廊打造折线形空中花园，削弱了住宅高密度的体量感，并很好地连接了城市景观。空中花园设置座椅和运动器械等设施，塑造了社区共享的生活空间，能够有效缓解高密度住宅环境带来的压抑感。

二是，灵活居住空间改善居民生活品质。达士岭组屋注重功能空间的灵活性，在节约成本的基础上不降低居民的生活品质。住宅建筑采用预制钢筋混凝土平板系统，结构立柱围合成一个灵活性较强的基本分隔空间，立柱中轴线两侧隔墙可根据居民生活方式不同进行缩放，满足不同时期的家庭结构和人数变化对空间的需求。

三是，开放社区空间营造居民归属感。达士岭组屋现有地面被切分和抬升，一、二层均为停车场，上部成为高出地面两层的屋顶景观花园，花园下部空间设置配套设施。开放社区空间的营造以及各种社交性活动的产生，引导居民自发与社区生活空间产生关系，让居民更具归属感。

4. 案例借鉴

达士岭组屋案例的经验借鉴如表 4-2 所示。

达士岭组屋案例经验借鉴　　表 4-2

类别	内容
多元公共空间	以多元空间配套承载居民多样户外活动，适应公共空间复合的使用需求
系统性设计	采用“插入式”的概念设计，运用简易的模块式单元，构建可变形、多选择性的开放系统
空间灵活性	基于住户需求和时间维度考量，以最大限度的灵活性进行设计，采用两种基本区加隔墙缩放空间的方式，可变性、适应性强
创新开放空间	以连廊在空中获取土地，空中花园满足交通连贯性的同时成为公共活动空间；开放屋顶空间，作为住区外部活动空间的补充
人文景观环境	设置许多屋顶花园平台作为社会性节点与现有城市的网络相连，寻求最大可能的居民公共空间与舒适居住感

4.2.2 中国香港明华大厦项目

1. 项目背景

明华大厦是香港房屋协会（以下简称房协）最早期的租赁屋苑之一。房协于 2011 年开始以综合重建模式分 3 期重建明华大厦，计划于 2035 年完工，届时将提供 3919 套公寓。目前第一期重建项目已经完成，并于“新加坡规划师学会规划大奖 2023”中获得由新加坡规划师学会及香港规划师学会联合颁发的卓越规划大奖——荣誉奖，表扬项目创新、可持续及完善的规划。选择明华大厦作为香港公屋的案例分析，从户型标准化、可改动设计等产品设计角度提供借鉴。

明华大厦第一期重建项目（以下简称明华大厦一期）包括拆除位于屋苑南端的三座现有九层高住宅大厦，即 K、L 及 M 座，以及新建两座住宅大厦。项目于 2021 年竣工，共提供 966 个出租单位。项目概况如表 4-3、图 4-4 所示。

明华大厦的项目概况信息　　表 4-3

项目名称	明华大厦
项目地点	香港筲箕湾亚公岩道1-25号
业主	香港房屋协会
设计单位	利安顾问有限公司
设计时间/竣工时间	2011年/2035年
总用地面积	37811.35平方米
栋数	7栋
总住户数	3919户

图 4-4　明华大厦一期概况图①

① 来源：https：//www.hkhs.com/tc/housing_archive/id/25，图片来自香港房屋协会官网，访问日期：2024 年 10 月 22 日。未经授权，供参考。

2. 规划目标和基本理念

明华大厦以综合重建模式分三期发展，致力于解决长者的居家安老问题。项目将旧有公屋改造设计为长者公寓，并在屋村的中心地带建造长者照护设施，如安老院舍、日间护理中心、康复中心等，让长者在延续原有居住环境的基础上，满足生活照料、医疗照护服务需求，真正实现在地养老。

明华大厦一期以共融小区为设计概念，设有长者单位、无障碍单位和具有通用设计的特色单位，均具备长者友善设计，以打造一个以人为本，长、中、青、幼皆宜的跨代共融小区。

3. 产品设计

（1）多维因素兼顾的建筑设计

明华大厦一期两座住宅建筑的设计充分考虑采光、通风及美观等因素。建筑单体采用体型舒展的 Y 字形平面设计；纵向在 6 楼或 7 楼设置空中花园，并在全部楼层设升降机服务，部分升降机更可到达天台；建筑内设置采光面多的三种户型，有利于室内的自然通风与采光；建筑外立面搭配紫色及黄色墙面，营造出独特的花园感觉。

（2）可改动设计

明华大厦一期提供 21/33/48 平方米三种户型，控制建筑高度在 100 米以下，避免超高层带来面积与设备的增加。明华大厦一期三分之一的单位，即约有 330 个单位，采用可改动设计，让用户可根据未来需要而改动空间配置。为方便入住的居民更大化地利用空间，户型内可按需间隔并定制家具。同时所有住宅单位均设有厨房及浴室，部分单位装设冷气机及隔声窗。

（3）开放共享社区

明华大厦一期配备康乐设施及休憩空间，例如健身园地、儿童游乐空间和庭园路径等，鼓励居民保持活跃社交和恒常运动的生活模式。两座住宅建筑均设有供居民互动的空中花园，同时在各层利用电梯厅并加大过道来形成休憩平台，进一步扩大了开放公区的面积。

（4）以人为本

明华大厦一期设有 48 个长者单位及 24 个具有通用设计特色的单位，均具备一系列的长者友善设计，例如在公众走廊加设扶手。明华大厦承载了不少居民的集体回忆，为保留大厦的特色，一期项目将旧屋邨的元素融入新屋邨的设计当中，例如将部分已拆掉的明华大厦围墙石材和一些联系居民昔日生活点滴的对象，如信箱等，重置于一期项目的花园中作为装饰。

4. 项目成效

明华大厦一期具有创新、可持续及完善的规划，有效应对土地短缺、人口稠密等挑战，被视为新加坡和我国香港地区规划界的典范。在户型标准化设计的基础上通过定制家具等实现可改动设计，最大化满足居民在小空间户型上的功能需求。从长者友善的设计角度出发，配备多样化的康乐设施及休憩空间，促进居民的活跃社交和运动生活。此外，人文关怀还体现在社区旧信箱、纪念碑、通花墙等物件的保留重现，通过历史文化传承计划记录居民的珍贵回忆。

5. 案例借鉴

明华大厦案例的经验借鉴如表 4-4 所示。

明华大厦案例经验借鉴 表 4-4

类别	内容
开放共享空间	每层扩大开放公区，结合电梯厅加大过道形成休憩平台；打造供人娱乐的空中花园
户型标准化	提供996户，包括三种户型：21平方米、33平方米、48平方米，户型标准化设计预留功能灵活多变的可能性
可改动设计	户型内可按需间隔并定制家具，方便居民更大化利用空间

4.2.3 上海张江纳仕国际社区项目

1. 项目背景

张江纳仕国际社区（NES）是由上海张江（集团）有限公司（前身上海市张江高科技园区开发公司）（以下简称张江集团）开发建设并运营的国际社区，位于上海张江科学城孙桥区域。作为上海首个租赁住房项目，张江纳仕国际社区填补了张江高品质国际人才社区的空白，是张江科学城建设的重要功能保障性项目，也是满足张江科学城人才居住需求的重要举措。选择张江纳仕国际社区作为上海高品质公租房的案例分析，从多样化产品、精细化户型等产品设计角度提供借鉴。

张江纳仕国际社区总占地面积约 20 万平方米，总建筑面积约 53 万平方米，供应约 4600 套租赁住房，分三期建设不同定位的居住社区，提供中高端、高端及针对青年科创人才的居住产品。项目概况如表 4-5、图 4-5 所示。

张江纳仕国际社区的概况信息 表 4-5

项目名称	张江纳仕国际社区（NES）
项目地点	上海市浦东新区张江科农路99弄
业主	上海张江（集团）有限公司
运营管理	上海张江（集团）有限公司
设计单位	上海天华建筑设计有限公司
设计时间/竣工时间	2017年/2024年
总用地面积	约200000m^2
总建筑面积	约530000m^2
地上建筑面积	约360000m^2
地下建筑面积	约170000m^2
栋数	一期包含17栋围合式住宅，2栋高层公寓
总住户数	约4600户
户型面积区间	20m^2~500m^2

图 4-5　张江纳仕国际社区三期效果图①

2. 规划目标和基本理念

张江纳仕国际社区建设的总体理念是创新、协调、绿色、开放、共享，以满足不同层次海内外人才的居住需求。其英文名称为 NES，既音似 nest，意指归巢，为海内外创新创业人才提供安居之地，又音似 nice，表达对人才的亲切问候和欢迎。同时，NES 的中文“纳仕”也包含了招贤纳士、集聚英才的美好愿望。

面对人才多元化、多层次的居住需求，张江纳仕国际社区定位为复合型、生态型、智慧型的新一代国际社区，致力于打造具有国际标准、服务国际人才的国际型居住社区。在社区建设时，同步引入相关配套，包括餐饮、文创书店、购物商业、休闲咖啡等。同时，结合张江科创园区的特点，张江纳仕国际社区引入孵化器，帮助张江人才实现“居住在社区、创业在社区”。

张江纳仕国际社区的打造，响应了张江科学城“以科创为特色，集创业工作、生活学习和休闲娱乐于一体的现代新型宜居城区和市级公共中心”的整体定位，提升了张江科学城对国际化人才的吸引力，进一步助力张江科学城打造为宜居多元的“科学之城”。

3. 产品设计

（1）以多样化居住产品构筑多层次的居住生态

张江纳仕作为张江集团租赁社区一体化运营品牌，其社区为张江科学城重要的人才居住项目，面向的客群涵盖了从年轻科创人才，到科创中坚力量，再到精尖科创人才的多种类型，这种多层次的产品设计满足了不同层次人才的需求。

张江纳仕国际社区一期是以科创骨干人才为主的中高端居住社区，如年轻白领、高阶白领等。一期项目占地约 6.5 万平方米，总建筑面积约 19 万平方米，提供近 1300 套住房。以巴塞罗那式住宅街坊布局为主，由 19 个“小尺度街坊”组成，空中步道串联形成了独特的社区景观，主要包括三种户型：小户型、中小户型、大户型。

---

① 来源：https://www.sohu.com/a/762232935_121123796，访问日期：2024 年 10 月 22 日。

张江纳仕国际社区二期是由大平层、叠加别墅、独栋别墅三大理想居所构成的纯粹高端居住社区，总建筑面积约 18 万平方米。二期项目以国际级为基准，构建产品标准与服务要求，为张江顶尖科创人才创造具有国际社区品质的居住生态，如科学家、企业家及其核心团队。大平层、叠加别墅、独栋别墅作为租赁社区少见的低密度、高品质产品，将为高端住户提供更多元的选择，带去更契合其需求的居住体验。

张江纳仕国际社区三期以小户型为主，总建筑面积约 16 万平方米，定位为面向海内外青年人才的开放、融合、共享的活力成长社区。其首层不设住宅，嵌入半开放社区公共空间及多元底商。

（2）多元化、精细化的户型设计

张江纳仕国际社区一期户型多样，包含从 79 平方米的两房到 125 平方米的四房，既能满足住户整租需求，也能支持合租需求，为住户提供多元化选择。每一种户型均进行多方案设计与全精装配置。其中，小户型提供一室两厅一卫和两室一厅一卫的方案，中户型提供三房和双套房的方案，大户型打造覆盖全周期、全龄段的三房和四房的方案，每个基础户型都进行了“+1 房”改造，提供“舒适性”或“功能性”的选择，使得租户可以根据个人或家庭的具体需求进行选择。

张江纳仕国际社区二期为复合式，涵盖三种产品类型：大平层、叠加别墅和独栋别墅。二期项目产品打造既保证住户的私密空间，也留出了不少会所以及低层露台，方便居民交流。大平层的宽境客厅、主卧套房，别墅的双层挑高客厅、层层露台，这样的高品质产品为不同需求的高端住户提供了多元选择。

张江纳仕国际社区三期项目以一室户型为主，涵盖 20~40 平方米等的多元户型，所有房间内均配有独立阳台、套内设置干湿分离独立卫浴、家具家电配套完善，打造小空间、大容量的舒适居住空间。其中，部分房型配有厨房，满足住户的烹饪需求，为青年生活带来精致烟火气。

在精细化户型设计方面，张江纳仕国际社区注重空间的合理布局，打造开放式的 LDK 布局（即客厅、餐厅、厨房一体化）、宽适化的主卧，以提升空间尺度的形式，提高生活的舒适度。每种房型都设有封闭式厨房和阳台，可通燃气，让租房更有居家感。同时，一期的两房与三房户型均配有双卫，提供住户合租生活的自由度，使其体验感更好。此外，在收纳空间方面也进行精心设计，在入户门厅、客厅、餐厅、卧室等各个功能区域都考虑了储物需求，提高了居住的实用性和空间利用率。

（3）打造开放、融合、共享的活力社区

打造“小街区”模式是张江纳仕国际社区的一大特色。小尺度、多层为主、较高的建筑密度，开放的街区以及周边小商铺的设立，增加了住户们的接触活动，增强了社区活力。张江纳仕国际社区的公共空间呈现出“街道—公共平台—架空步道”多级均布的样貌，强调住宅、生活、自然、城市之间的和谐表达。如图 4-6 所示，社区二层设置的空中步道连廊，将住宅组团相连，营造互动互联空间氛围，增加各组团间的交流联系，形成丰富的开放空间体系，为住户创造了便于社交的公共空间。开放式的布局，使社区整体形象更加自由开放，更添朝气。

图 4-6　张江纳仕国际社区空中步道连廊[①]

同时，张江纳仕国际社区增加不同企业之间人才思维碰撞、沟通交友的场所，满足企业人群、产业人才社交，不断放大科创人才集聚的社群效应。对于人才而言，社区不仅仅是居住的地方，更是一个互相交流、学习的空间。张江纳仕国际社区注重人与人之间的情感交互，通过共享书房、共享厨房等设计，为志同道合的人才营造了专属的共享交流空间。沙龙、市集和咖啡节等活动的举办，使科创灵感与生活趣味在社区中融合迸发，助力社区打造人才交流分享、激发创造力的居住空间。

（4）精心规划的社区配套与服务配套

张江纳仕国际社区定位为综合类、复合型社区，包含住宅区、公寓和配套商业、创业空间等项目，致力于打造一个集居住、工作、学习和休闲娱乐于一体的综合性生活空间。

考虑到社区住户的特点，项目规划了较高的配套商业服务设施容量。除了传统的物业管理、健身会所、餐饮洗衣之外，还设有聚合式邻里商业中心、逾 400 平方米的缤纷国际商业街、超 8000 平方米的全年龄街巷式漫步商业、复合运动场景俱乐部等。社区自建的配套商业，弥补了周边区域配套短缺的劣势，为租户提供不同的商业服务，以满足租户在休闲娱乐、工作学习等方

① 来源："长租案例 | 张江纳仕国际社区，租赁住宅带动城市有机更新"，同策研究院，2023 年 8 月 29 日，访问日期：2024 年 10 月 23 日 . <https://www.163.com/dy/article/IDAT4HNP05159MSJ.html>。

面的多样化需求。社区内部集运动、影视、办公、教育等功能于一体，生活配套一应俱全，确保租户不出社区也能轻松享受全方位的生活体验。

同时，张江纳仕国际社区实行统一管理，配置 24 小时安保及 24 小时客服服务，日间的管家服务可为住户的生活琐事提供帮助。在保障租户安全方面采用先进智慧安防系统，包括人脸识别门禁和 24 小时监控系统，确保住户居住环境的安全可靠。同时，为满足住户的多样化需求，张江纳仕国际社区还提供包括社区班车、房间打扫、搬家服务等增值服务，提升人才居住的舒适度和便利性。

4. 项目成效

此外，社区周边交通的便捷性、各类配套设施的逐步完善以及针对不同人才需求提供的定制化服务，张江纳仕国际社区成功地为住户提供了一个高效、舒适、充满活力的居住环境，成为张江科学城吸引和留住人才的重要保障。

一是，多样化居住产品满足住户需求。张江纳仕国际社区通过提供从单间公寓到多居室的户型设计，以适应单身专业人士、小家庭、大家庭等不同规模家庭的居住需求。同时，该社区的打造在空间规划与精装配置方面均注入品质基因，注重居住的舒适性与功能性的平衡，为住户提供定制化和灵活性的选择。

二是，开放、共享空间设计打造互动环境。城市不仅是高楼大厦的集合，更是一个充满活力和温暖的生活空间，社区规划应促进人与建筑的互动，让住户感受到城市的温度。张江纳仕国际社区通过精心规划的开放空间设计，为住户打造了促进交流与互动的环境。同时，社区内提供的共享空间以及定期举办的文化和社交活动，增强了住户的归属感和社区的凝聚力。

5. 案例借鉴

张江纳仕国际社区案例的经验借鉴如表 4-6 所示。

张江纳仕国际社区案例经验借鉴　　表 4-6

类别	内容
开放共享空间	以小街区模式设计，通过多层、开放的公共空间和各种社交活动，促进居民交流、增强社区活力，同时满足人才的社交和创新需求
产品多样化	构建多层次的居住生态，满足了不同层次人才的需求，提供舒适、高品质的居住体验
户型精细化	通过开放式LDK布局、主卧、精心规划的收纳空间等，提升居住舒适度和空间实用性，同时增强租房的居家感和合租生活的自由度

4.2.4 北京百子湾项目

1. 项目背景

北京百子湾项目（以下简称“百子湾”）位于北京市东四环外广渠路，由 MAD 建筑事务所进行设计。MAD 在项目具体实践中突破常规，让空间和建筑服务于人，庞大的社区消融于城市和居民的生活，唤醒住宅的社会性，助力推动社会住宅创新，解决目前城市快速发展中关于居住的一系列具体问题。选择百子湾作为北京高品质住房的案例分析，从开放街区、立体社区等产品设计角度提供借鉴。

百子湾的建筑面积约 47.33 万平方米，共有 12 栋住宅楼，总住户达 4000 户。主要有 3 种面积的 9 种装配式户型、3 种超低能耗户型。项目概况如表 4-7、图 4-7 所示。

百子湾的概况信息　　表 4-7

项目名称	百子湾
项目地点	北京市朝阳区东四环外广渠路
业主	北京市保障性住房建设投资中心
运营管理	北京市保障性住房建设投资中心
设计单位	MAD建筑事务所
设计时间/竣工时间	2014年/2019年
总用地面积	93900平方米
总建筑面积	473346平方米
地上建筑面积	303351平方米
地下建筑面积	169995平方米
容积率	3.5
栋数	12栋
总住户数	4000户
户型面积区间	40/50/60平方米

图 4-7　百子湾概况图[①]

① 来源："MAD 新作：百子湾公租房，何为'新'住宅？"有方媒体，2021 年 10 月 22 日。访问日期：2024 年 10 月 23 日 . <https://www.archiposition.com/items/29d546fca7>。未经授权，供参考。

2. 规划目标和基本理念

“飘浮的城市花园”是百子湾的设计理念。项目在垂直方向上形成了 3 个层次的空间，通过规划一个绿色垂直的立体城市，构建了居民、社区、城市三者之间的关系。在横向上，12 座曲线的住宅楼体横向连通围合出一个公共区域，其中栽种绿植并铺设一条环形慢跑跑道，绿植悬在一层和二层之间，就像一座飘浮的城市花园。项目最终实现了复杂的设计诉求，建设了近 10 万平方米的千人配套功能用房和 20 多万平方米的住宅，并包含养老院、托老所、社区医院等对日照和区位有着更高要求的功能建筑。百子湾总平面设计如图 4-8 所示。

图 4-8 百子湾总平面图①

3. 产品设计

（1）围合式布局

百子湾在整个地块内采用统一的 Y 字形构成半围合式布局，同时尽可能扩大主朝向间距并压缩山墙面间距，形式多变而自由，可以使居住区的空间尺度更加宜人，增加社区居民的归属感。在楼型平面上采用 Y 字形进行组合变形，一方面是由于坚持日照优先原则，希望所有户型都能享有充分、平等的采光；另一方面是为了满足装配式施工技术的要求，楼型平面要尽量多地出现相同的户型，而且要呈现出并列和重复的特征，以进一步提高构件的产业化率。

（2）开放街区

开放街区是百子湾的显著特征之一。项目打造了一个向城市打开的首层与一个供社区内部共

① 来源：“MAD 新作：百子湾公租房，何为‘新’住宅？”有方媒体，2021 年 10 月 22 日。访问日期：2024 年 10 月 23 日 . <https://www.archiposition.com/items/29d546fca7>。未经授权，供参考。

用的二层，希望创造开放的、自由穿行的城市街区，从而改变固化的有围墙、设门禁、限制流动的封闭式社区形象。项目场地被拆分成 6 个小型的地块，通过联通城市道路创造了以街道为主的城市公共空间，并在东西向穿越的道路两侧布置了大量的商业功能空间。同时将社区首层全部作为配套空间供市民使用。

（3）垂直的功能空间组织

在整体空间组织上，百子湾采用不同功能在垂直方向上布置的方法：商业与配套空间集中在首层与二层、住宅脱离地面、其间分布多种形态的景观空间，如图 4-9 所示。

图 4-9　功能垂直布置的百子湾（首层商业街区活动空间，二层社区活动空间）[①]

第一层是基地的首层，被划分为 8 个约 80 米 × 100 米的地块，西侧两个地块用于增配商业，其余均为公租房地块。小尺度的街区划分能与城市充分连通与融合。

第二层是社区最主要的公共活动空间——空中的社区花园。这一层相对独立，是城市空间

① 来源："MAD 新作：百子湾公租房，何为'新'住宅？"有方媒体，2021 年 10 月 22 日。访问日期：2024 年 10 月 23 日 . <https://www.archiposition.com/items/29d546fca7>。未经授权，供参考。

和居住空间交汇和过渡的一层。高层住宅单元落在首层屋面上，在水平方向通过 7 座连桥以及若干处楼体的局部架空将整个屋面连接，形成完整的社区公园层。垂直方向上，每个组团都有一个从屋面公园层下沉到首层的内部庭院，通过台阶、坡道和无障碍电梯等与小区配套、商业和城市连通。

第三层是社区花园之上的 4000 户居住单元。在总平面布局上，由于整个社区功能的垂直布置，住宅部分可以充分利用基地的宽度和长度，没有受到近 10 万平方米配套功能的影响。

绿化设计渗透在整个社区，包括首层的城市绿化、二层的社区绿化，以及在退台式住宅和架空连廊上布置的可上人绿化屋面。竖向 3 个层次的功能布局、绿色的植被、充足的日照和多样化丰富的社区空间，共同构建了社区的整体面貌。

（4）装配式结构与户型设计

百子湾的平面户型设计较为方正，并没有过分追求极小的面宽。以 A1 户型为例，在不到 30 平方米的户型内，住户可以拥有 5 米多的对外开敞面，为居民争取到宽敞的空间体验，也使更多的阳光进入室内（图 4-10）。卫生间、厨房与阳台全部采用产业化方式进行设计与建造，一定程度上提高大规模项目的建筑质量。在 Y2 户型中，复式设计是高容积率下北向入户户型满足采光与通风标准的有效方式（图 4-11）。单廊的设计一方面为绝大部分住户提供了舒适的朝向，另一方面营造了一个明亮透气的走廊，使户型内公共空间不再压抑隔绝。

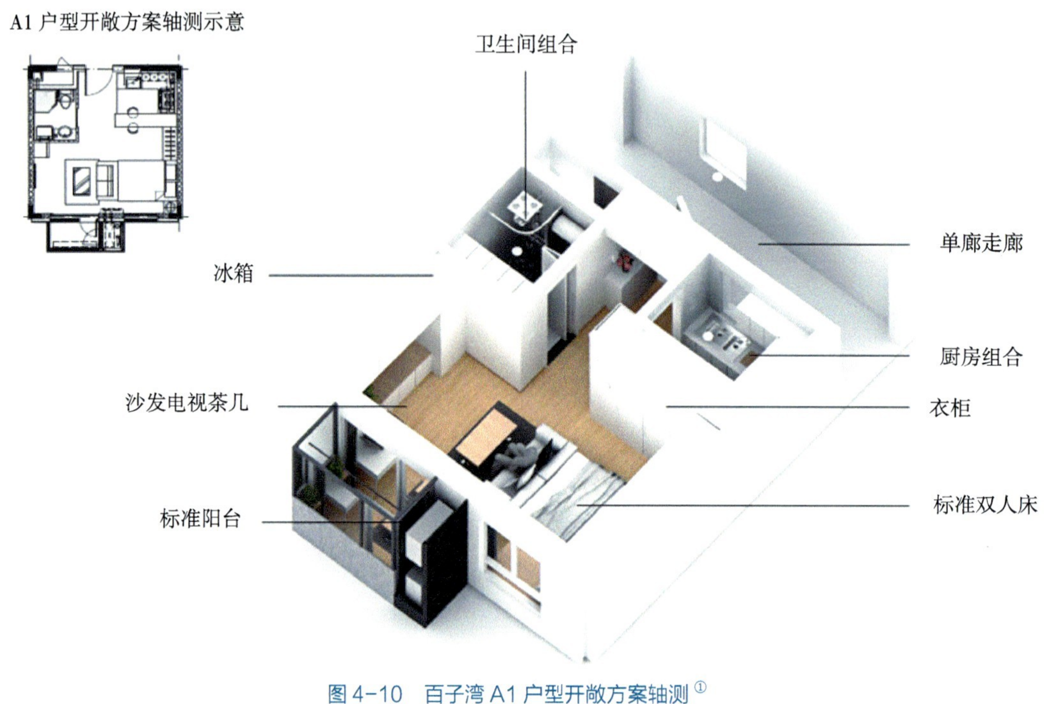

图 4-10 百子湾 A1 户型开敞方案轴测[①]

① 来源："MAD 新作：百子湾公租房，何为'新'住宅？"有方媒体，2021 年 10 月 22 日。访问日期：2024 年 10 月 23 日 . <https://www.archiposition.com/items/29d546fca7>。未经授权，供参考。

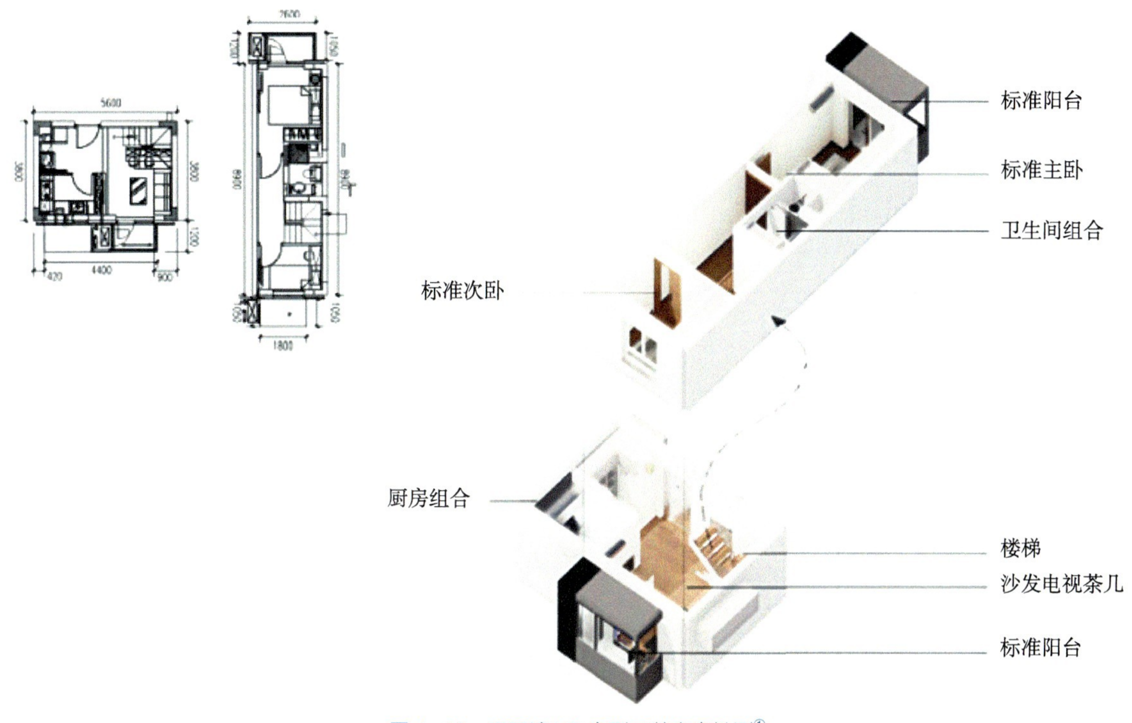

图 4-11　百子湾 Y2 户型开敞方案轴测[①]

4. 项目成效

一是，以开放街区和立体社区融入城市。百子湾打开社区围墙，引入城市道路，令社区生活融入城市，使城市尺度更加宜人。社区首层临街空间作为生活服务商业配套，引入便利店、幼儿园、便民诊所等丰富设施；社区二层空间面向居民内部，通过一条环形跑步道串联健身房、儿童游乐场、社区服务中心等多种功能空间，变成一个巨大的"飘浮"公园。

二是，空间布局满足居民诉求。百子湾 Y 字形建筑平面及顶层退台式设计让建筑群形成高低错落的山形半围合空间，带来社区归属感；同时将走廊设置在楼型北边，在容积率较高、户型较小的前提下，尽可能使每个房间获得东西南各向的日照。

三是，低能耗户型设计面向绿色未来。百子湾的建筑结构单元采用装配式体系，达到了 80% 以上的产业化生产。社区内有两栋示范性超低能耗建筑，实现了以下成效：供暖制冷能耗低，建筑节能率达 90% 以上；室内温湿度适宜，具有良好气密性和隔声效果；采用高效热回收新风系统设计，提升室内空气品质。

5. 案例借鉴

百子湾案例的经验借鉴如表 4-8 所示。

① 来源："MAD 新作：百子湾公租房，何为'新'住宅？"有方媒体，2021 年 10 月 22 日。访问日期：2024 年 10 月 23 日 . <https://www.archiposition.com/items/29d546fca7>。未经授权，供参考。

百子湾案例经验借鉴　　表 4-8

类别	内容
围合式布局	Y字形建筑平面以及顶层退台式设计让建筑群形成高低错落的山形，同时楼与楼的连接组成一团团半围合式空间，增加社区归属感
开放街区	打开社区围墙，引入城市道路，建立了一个向城市打开的首层与一个供社区内部共用的二层，希望创造开放的、自由穿行的城市街区
立体社区	采用不同功能在垂直方向上布置的方式打造立体社区，商业与配套空间集中在首层与二层、住宅脱离地面、其间分布多种形态的景观空间
日照优先原则	在容积率较高且户型较小的前提下，楼型设计采用Y字形，将走廊设置在北边，保证每家每户都有阳光照射，同时走廊也提供了保暖功能
产业化与环保节能	建筑结构单元采用装配式体系，达到80%以上产业化生产；社区内有两栋示范性超低能耗建筑，供暖制冷能耗低，建筑节能率达到90%以上

4.2.5 经验总结与启示

1. 经验总结

通过上述案例分析，从规划理念和产品设计的角度，总结优秀国际化社区案例开发与管理的经验如表 4-9 所示。

经验总结　　表 4-9

类别	内容
开放社区	开放的公共空间：通过架空、避难、空中花园、空中连廊等设计补充不同需求的场所空间
立体设计	绿色垂直的立体城市：在垂直方向上形成不同层次的空间，构建居民、社区、城市三者之间的关系
功能空间	①户内功能完备舒适：根据客群需求提供必要的室内功能空间 ②宽敞的空间体验：通过对外开敞面、走廊等设计，使更多的阳光、风景和空气进入室内
户型设计	①灵活性较强的基本分隔空间：可根据居民生活方式不同进行缩放 ②室内空间的可变性：通过家具的组合创造不同需求的场景空间
产业化与装配式	①户型数量精简：户型种类少，标准化程度高 ②模块数量精简：模块统一，部品精简提高生产效率和建设效率 ③装配式：工厂预制现场组装，提高建设效率
成本节约	①统一模数：降低材料损耗 ②规整外墙轮廓：优化形体系数

2. 启示

一是，高起点规划。优先服务于前海合作区高层次、高精尖、高净值管理人才及专业人才，适当满足中短期商务需求，打造新型多功能休闲、娱乐、交流共享空间，助力前海形成国际化城市新中心。

二是，以需求为导向。产品设计以需求为导向，将宜居、生态、智慧、以人为本等设计理念贯穿社区规划建设全过程，积极营造多元包容的国际化社区环境，提升国际人才生活环境品质和生活舒适度。

三是，设计理念创新。以和睦共治、绿色集约、智慧共享为目标。提倡社区融入城市生活的理念，通过立体社区的设计引入街道，同时最大化绿化空间和公共配套，将人性化的社区空间作为住房精神的核心。

四是，由单一到多样。随着住宅的货币属性持续加强，其他属性被有意识地忽略，从而导致住宅类型单一化。多样化是对产品单一化的回应，也是舒适居住的客观需求，从而导向“围合式、低层高密度、混合使用”特点的多样化社区。

五是，由封闭到开放。在居民生活方式下，以组团或街区为单位，将超大规模社区分解为规模适宜的小型社区，既能够提高管理的接受度和效率，又能够显著改善社区居民的生活体验。

六是，围合式布局。相比于单纯的行列式布局，围合式布局可以提高容积率，从而大幅提高土地利用率，降低开发成本。根据日照要求和间距可以推导建筑的形体和位置，围合式布局与多种建筑类型的规划组合并未使场地总体获取的阳光减少，反而可使居住区的空间尺度更宜人，增加居民之于社区的归属感。

七是，公共空间及社区营造。提供多类型公共空间，兼顾不同特点的居住者，为居民之间的交流互动创造更多的可能性。形态丰富的景观提供居住的舒适感，商业空间提供真实的生活感与对社区的归属感，公共艺术活动提供日常美学和精神获得感。

八是，居住空间营造。提供多功能居住空间，以标准化设计为基础，并实现一定的灵活性和可拓展性。标准化设计能够实现部分构件的装配式和产业化，提升建筑使用效率的同时增加了空间灵活变化的可能。通过运用可变家具、隔断等工具，居民可以灵活调整居住空间以满足不同阶段的需求。

九是，充分发挥运营管理的灵活性。前海乐居在履行前海管理局所赋予职责的基础上发挥灵活性，引入国际知名服务式公寓管理团队负责专业运营，进一步探索市场相结合的运营管理手段。

2017 年 2 月，《深圳经济特区前海深港现代服务业合作区条例》明确指出前海合作区开发建设的指导原则，即遵循整体规划、统筹协调、政府引领与市场驱动相结合的模式，同时秉持创新、协调、绿色、开放、共享的核心理念，旨在推动经济、政治、文化、社会及生态文明等多维度可持续发展。鼓励前海合作区依据整体性规划与统一建设标准，勇于探索并实施符合动工条件的立体空间一级开发新模式，以引领城市空间开发的新潮流。面对城市建设与土地开发中日益凸显的高密度化挑战，通过创新机制成功促进城市基础设施、公共空间与建筑单元之间的紧密融合与高效联动，构建出层次丰富、功能集成的立体城市结构，为未来的城市建设与土地开发提供了宝贵的经验与示范。

4.3 珑湾项目定位

4.3.1 形象定位

珑湾项目致力于成为高端人才公寓的典范，其形象打造紧密结合前海定位，旨在为精英群体提供一个融合国际化生活方式与高端生活品质的居住环境，并展现前海开放、包容和创新的区域形象。珑湾项目的形象定位遵循了以下原则：

1. 片区开发过程中始终强调高标准、高要求与引领性

《深圳市国民经济和社会发展第十四个五年规划和二〇三五年远景目标纲要》强调要“高品质推进前海深港现代服务业合作区开发建设，在开发过程中始终强调高标准、高要求与引领性”。前海肩负着国家战略的使命，定位为粤港澳大湾区深度合作区及国际化城市新中心，具有高站位优势，要求项目高起点规划、高标准设计、高质量建设、高水平运营，打造精品建筑和前海质量。

2. 珑湾项目地处前海城市客厅轴辐射带，是前海城市景观封面的核心组成部分

《前海总规》提出“构建‘一心一带双港五区’的空间结构”，其中“一心”即前海城市新中心。城市新中心，是城市新的门面担当，而承载城市核心功能、集聚高端要素资源更是城市新中心的内核。

前海是深圳的新中心，其中桂湾片区将规划打造为集中展示前海整体城市形象的核心商务区。珑湾项目坐落于桂湾片区，位于前海城市客厅轴辐射带，将是前海实现城市景观封面必不可少的组成地块。

3. 珑湾项目周边均为高端综合体，高标准、高起点是区域基本开发要求

珑湾项目所处桂湾片区定位为前海金融产业聚集区，未来将成为前海合作区的核心商务区。在项目规划建设之际，珑湾项目周边聚集了大量高端办公物业，均定位为高端综合体，如图 4-12 所示，无论是已交付的成熟项目还是尚未入市的潜力项目，都共同构筑了这片区域的高品质发展格局。周边项目的存在，不仅提升了区域的整体形象，更在无形中为珑湾项目开发设定了高标准、高起点的要求。

根据《深圳市前海深港现代服务业合作区人才住房管理暂行办法》（深前海规〔2017〕3号）（2017年）及《前海深港现代服务业合作区境外高端人才和紧缺人才认定办法》（深前海规〔2019〕5号），前海人才住房根据人才类型、层级和居住需求共配给四种类型住房，分为国际公寓、人才周转房、创客公寓及人才驿站。前海现有人才安居住房政策所指导的产品基本覆盖了从基础住房至具备较高品质的居住产品范围，但限制了打造高端住宅产品或豪华住宅产品的空间。相关政策规定的投资强度远未能达到珑湾项目周边地块的平均投资强度。因此，珑湾项目的形象定位适当跳出了现有的人才安居政策框架，打造高端社区，以实现最佳定位。

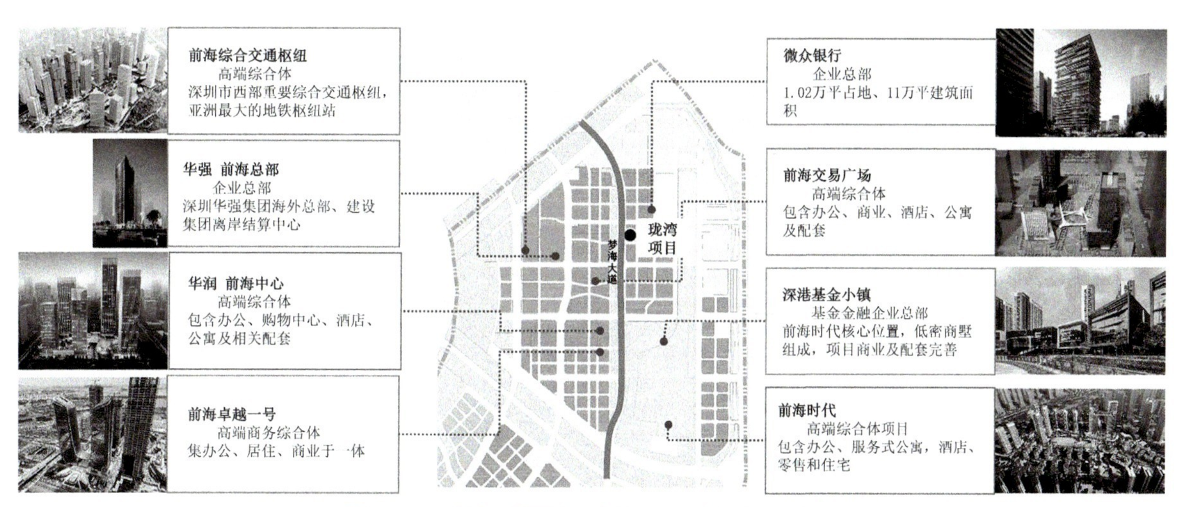

图 4-12　珑湾项目周边已交付项目及未入市项目概况

4. 前海顶级配套规划奠定珑湾项目高品质

前海按照高品质规划，打造了包括交通轨道、教育医疗、人才创业平台、会议展览中心、文化艺术场所等在内的顶级配套功能项目。

第一，珑湾项目位于前海桂湾 4 单元 5 街坊，地处桂湾腹地，邻近主干道梦海大道与滨海大道。滨海大道作为深圳的主要交通动脉之一，东西联通整个城市，住户可通过滨海大道便捷地通往福田中心区以及后海、蛇口等深圳重要的商务和居住区。珑湾项目还临近地铁前海湾站（400 米）与鲤鱼门站（600 米）。其中，前海湾站是深圳地铁 1 号线、5 号线和 11 号线的交会站点，深中通道在前海湾也有设置公交点。值得一提的是，珑湾项目 1 公里内可达前海综合交通枢纽。前海综合交通枢纽，不仅服务于深圳市内交通，还连通粤港澳大湾区，可实现与粤港澳大湾区主要城市的无缝连接。此外，前海将设客运口岸，这加强了与香港基础设施的高效连通，极大提升前海对港澳开放水平。

第二，珑湾项目所在区域高品质规划了一系列公共配套，重点打造前海国际金融交流中心、深港广场、深港基金小镇、港澳青年创新创业小镇、伯克利未来音乐中心等，这为珑湾项目的价值提升提供了有力支撑。

第三，珑湾项目周边具有国际化的医疗资源和教育资源，为全球人才提供了宜居宜业的环境，包括泰康国际医院、龙海家园幼儿园、深圳市前海港湾小学、南山实验集团港湾学校，以及规划的 2 所九年一贯制学校和 1 所国际学校。

第四，景观资源和城市资源是高端居住产品产生的两大条件。珑湾项目具有极佳城市资源，附近分布着微众银行、前海太平金融大厦、华强金融大厦、招联大厦、前海深港青年办工厂等写字楼，是大量高净值人群聚集地，具备打造高端项目的先天优势，为项目的高端定位和持续发展提供了有力支撑。同时，珑湾项目东南侧均预留有绿地，将成为项目的核心景观资源，助力提升项目的整体品质和价值。此外，珑湾项目地块的规整和适中规模，使物业开发可以集中资源，精心打造一个高品质的居住环境。

珑湾项目建设以城市发展要求为基本，宗地内建筑和环境品质均对标国际一流水平。通过精心的规划和高标准的设计，珑湾项目打造了一个符合国际都市形象的高端居住社区，为前海地区的经济发展和人才吸引提供了有力支撑。

4.3.2 客群定位

珑湾项目优先服务前海发展需要的国际高端人才，同时以港澳人才、外籍人才为特色，同时吸引高层次人才。在客群定位过程中，珑湾项目结合自身形象定位，通过有目的、有系统地搜集有关对象的具体信息，掌握前海现有人才基本情况及其相应的住房需求等方面数据，为项目后续定位与产品研究提供真实的客观依据（相关数据均立足于珑湾项目的规划定位阶段）。

符合深圳“高层次人才”和“孔雀计划”认定标准的人才，构成了前海高端人才的核心力量。深圳市人才安居工程将被纳入保障范围的人才分为高层次人才和基础型人才两大类。深圳“高层次人才”包括杰出人才和领军人才；“基础型人才”包括新引进人才及重点企事业单位人才。杰出人才指具有世界一流水平的杰出人才，如诺贝尔奖获得者，国家最高科学技术奖获得者，中国科学院、中国工程院院士，世界发达国家科学院、工程院院士等人才。领军人才按照能力、获得奖项等级或职称的高低分为国家级、地方级领军人才及后备级人才。他们在各自的领域具有深厚的学术背景和丰富的实践经验，是引领行业发展的领军人物。“孔雀计划”是深圳市用于引进海外高层次人才的政策，包括A类人才、B类人才、C类人才，其认定标准分别对应深圳“高层次人才”中的杰出人才、国家级领军人才、地方级领军人才，他们多数来自海外知名高校或科研机构，拥有国际化的视野和先进的理念。

然而，相关调研数据显示，前海已认定的深圳市高层次人才及同等高层次孔雀人才人数较少。如果仅将该类高层次人才认定为珑湾项目的目标客群，预计配租率较低，无法保障珑湾项目未来需求，因此为保障供需匹配，需适当扩展珑湾项目的目标客群。

参考前海管理局相关政策，并考虑前海的实际情况，珑湾项目将符合前海境外高端人才和紧缺人才认定标准的人才也纳入目标客群。境外高端人才和紧缺人才是指经前海管理局按照规定程序认定的、同时满足以下基本条件的人才：①具有外国国籍人士，或香港地区、澳门地区、台湾地区居民，或取得国外长期居留权的海外华侨和归国留学人才；②创办或服务的企业和相关机构（以下简称所在单位）属于前海重点发展的金融、现代物流、信息服务、科技服务和其他专业服务产业领域；③在前海创业或在前海登记注册的企业和相关机构工作；④在前海依法缴纳个人所得税。

同时，鉴于“依托香港，服务内地，面向世界”的合作区定位，前海肩负着对接香港，深化深港合作的重大历史使命，深港合作始终是前海建设的主线。因此，珑湾项目在规划和建设时，还需充分考虑港澳台人才在前海的居住需求，进一步拓展港人港企的发展空间，助力港澳台及境外国际高端人才在前海安家、乐居圆梦。

此外，高学历人才和企业一定层级的管理人才也是前海开发建设的重要力量。考虑高端项目承租能力的要求，同时根据前海的目标定位和产业导向，珑湾项目面向前海金融业、现代物流业、信息服务业、科技及其他服务业等产业的人才，同时兼顾为前海发展提供公共服务的机关、企事业单位或者社会团体中的人才。不仅满足了高端人才的居住需求，也为前海的多元化人才结构和产业发展提供了保障。

综合以上分析，珑湾项目客群定位如图 4-13 所示。按供应优先级排列，珑湾项目的客群包含高层次人才、前海境外高端人才及紧缺人才、在前海工作的外籍及香港高层管理人员、入驻前海的外企及港企的高层管理人员、入驻前海纳税前 100 名企业的高层管理人员及前海金融持牌机构专业人才、入驻前海的金融等企业中高层管理人员以及入驻前海的机关、企事业单位或者社会团体的中高层管理人员。此外，珑湾项目后期可以结合发展情况及供求情况，对其他满足人才住房申请条件的相关人才灵活设置配租范围。

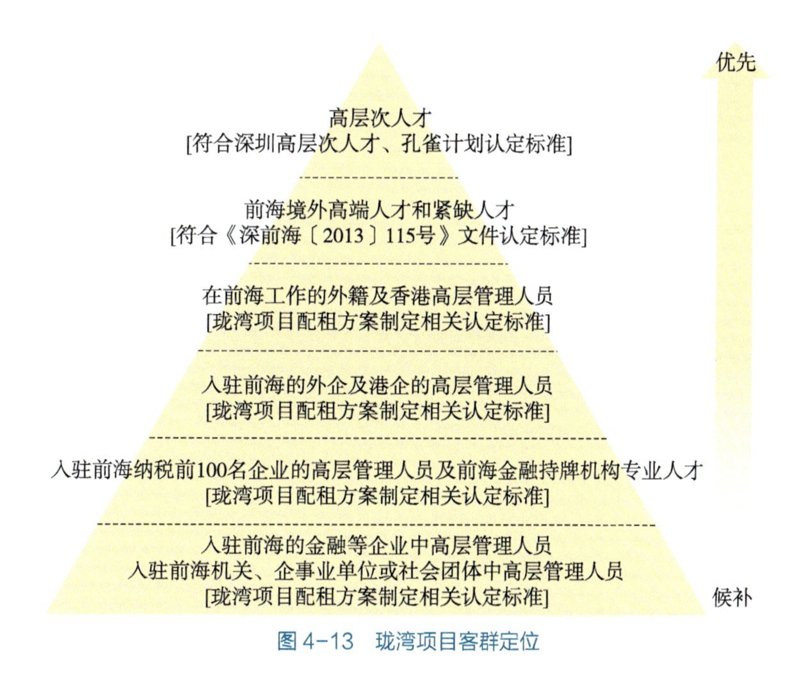

图 4-13　珑湾项目客群定位

4.3.3　产品定位

珑湾项目目标客群的共性为高层次、高素质、高需求、高要求。目标客群比较看重上层需求，特别看重刚性需求，除了关注居住舒适度、品质感等基本居住需求以外，往往对配套设施和社交需求具备较高的要求，包括高档的社区形象、贴心的服务体系、适当的活动休闲设施、多层次的共享空间、多维度的交流平台等。珑湾项目产品定位充分考虑了上述目标客群的需求和期望，为其提供高品质的居住环境和优质的服务。

1. 居住产品定位

珑湾项目高标准打造了一个集高品质居住、社交互动及休闲娱乐于一体的高端国际人才社区。通过提供精装、舒适的纯租赁居住产品，同时适当设置符合目标客群生活习惯的休闲、娱乐、健身、阅览等配套公共空间，珑湾项目旨在为国际人才营造宜人的居住空间以及舒适、便利的生活环境，并促进区域内的国际化和人才集聚。

（1）弥补深圳及前海人才住房市场高端产品空白

“十二五”期间，深圳人才住房供应面临土地资金紧缺、存量住房作用未有效挖掘、公共配套设施不完善等问题，且供应量远远不足。针对人才住房供需的矛盾，深圳市“十三五”期间加强人才住房规划供应。目前，深圳人才住房市场计划供应的人才住房基本覆盖了基础保障、中端、中高端等类别，但高端住房产品规划较少且类型单一，此处统计以深圳市人才安居集团开发的项目为主。

前海人才住房在中低端、中高端层级皆有对应项目，但高端人才住房尚未规划。龙海家园是前海现阶段建成配租的人才住房项目，但由于产品户型面积小、配套不足，主要面向企业基础人才进行配租；塘朗城项目是前海购买的人才住房项目，产品户型面积及配比均符合人才住房政策标准，其装修标准属于中高端。

高端产品结构的失衡，不仅限制了高端人才的居住选择，也制约了深圳及前海对高层次人才的吸引力。因此，结合客群定位及其居住需求的特点，珑湾项目建设高端人才公寓，既是市场机遇，也是城市发展要求。

（2）完善前海住房产品体系

相关调研结果显示，前海整体规划居住物业比例偏低，且居住产品以销售型公寓为主。销售型居住产品集中在高档次—大户型—高溢价类型，如卓越前海壹号公寓、华润前海中心悦玺、嘉里前海中心等，其客户群体多为深圳及周边高净值人群，购买目的以投资为主；市场租赁型产品较少，包含九龙仓集团开发的纯租赁项目、龙海家园等。

在前海租赁型住房产品中，九龙仓项目占据高端租赁产品线。珑湾项目为人才住房性质，在打造高端租赁型社区时，租金价格按市场商品住房租金价格的一定比例确定，以体现对目标客群的优惠政策。通过提供优惠的租金价格和高品质的居住环境，珑湾项目将在竞争中占据优势，吸引更多的高端人才入住。

此外，纯租赁的方式更具灵活性与适应性，在面对市场变化时能够更快地做出调整。无论是租金水平、户型配比，还是服务内容，都可以根据市场需求灵活调整，以满足不同租户的需求。同时，纯租赁模式也有助于构建稳定、和谐的社区环境。通过统一的租赁管理和服务，确保社区的安全、卫生和秩序，为租户提供舒适、便利的居住环境。

为了进一步完善前海住房产品体系，同时满足目标客群对于高品质的住房需求，珑湾项目将打造为高品质纯租赁社区。

（3）前海特殊人才结构要求项目升级居住体验

珑湾项目通过资料分析、问卷调查、对目标客群进行深度访谈等多种调研方式，将目标客群的居住需求归纳如下。

第一，偏好简单、大方的室内装修风格；大多希望拎包入住，个别希望家具自选或调整；室内空间宽敞，对收纳空间、采光、通风及户外阳台有较高要求，关注室内家具、配套的品质及细节。

第二，社区需提供品质物管服务（服务及物业管理），确保舒适、便捷的生活体验。

第三，社区内有独享休闲、散步的绿化空间。

第四，社区需要提供专享、高品质的社交与休闲空间。

第五，社区周边配套需包含高档次生活超市、餐厅、咖啡厅、酒吧等。

第六，单人居住需求为一室一厅或 1+1 室一厅，家庭居住需求基本为两室一厅，且对产品的性价比有一定考量。问卷调查结果显示，在户型选择上，1+1 室以及两室一厅的户型最受欢迎。其中，“1+1 室”户型为可根据客户需求灵活调整为两室一厅以提供两个卧室，或一卧室一书房以满足功能明晰户型的要求。

（4）筛选对标物业市场及产品借鉴

珑湾项目根据目标客群的住房需求以及各类物业面向的目标客户类型，筛选项目可对标物业市场，选择借鉴高端住宅市场和服务式公寓市场的成功经验。

销售型高端住宅主要面向高净值人士的资产购置需求，为打造圈层效应均以超大户型设计为主。但珑湾项目定位为租赁属性产品，不应直接对标销售型高端住宅，而可以局部借鉴高端住宅的打造理念，从设计团队、楼宇标志性、管理品质、会所配套等方面借鉴。

服务式公寓均以国际化标准配置生活及商务设施，满足外籍人士的生活习惯，尤其是对健身设施及商务设施的需求，同时为入住客户提供酒店化的服务。珑湾项目重点借鉴服务式公寓的户型设计、空间尺寸、高标准服务、完善的配套服务等产品打造方式，以匹配项目中国际高端人才的居住需求。

珑湾项目的居住产品定位重点参考客群访谈结论及服务式公寓打造的经验。具体而言，珑湾项目的硬件档次对标前海高端居住产品，突出外立面的标志性设计，匹配城市景观面。核心公共区域，即首层及地下大堂层（含该层大堂空间、走廊、电梯厅），其装修标准对标酒店 / 高端住宅品质。室内装修标准对标深圳高端服务式公寓品质。在造价标准内选择具有降噪、隔热保温功能的门窗、墙体等建筑材料，提高居住的整体舒适度。此外，珑湾项目在服务配套方面也对应参考深圳市目前市场上高端服务式公寓的服务配套配置，提供相应的服务。

在户型配比方面，珑湾项目选择大户型与小户型搭配，除设置一室一厅等小户型外，适当增加大户型满足更高端人才的需求。由于目标客群大多一人居住，因此珑湾项目户型以一室单元为主导。90 平方米以内的户型以一室及 1+1 室的宽敞设计为主，占比 90%；其余打造少量二室及三室户型。所有户型均考虑室内精装一体化设计，还有储物设计、儿童及老人使用设计、便捷实用设计、室内智能化设计等，保证各户型的均好性。

此外，珑湾项目在二三层设置共享空间，通过连廊实现两栋楼宇住户共享。由于珑湾项目人才住房的开发背景，在满足目标客群的基本配套需求下，集约配置项目的配套设施。

综上所述，珑湾项目在居住功能上，注重室内空间的宽敞与舒适，提供高品质的家具和配套设施；在社交功能上，设置高品质的社交与休闲空间，促进住户间的交流与合作；在休闲娱乐功能上，提供完善的配套设施和绿化空间，满足住户的休闲需求。

2. 商业产品定位

珑湾项目的商业不具有规模优势及先发入市优势，故商业配套考虑以满足入住人群的消费习惯为主，部分辐射周边办公人群。

（1）以底商型街区为表现形式的商业配套

目前，深圳主城区发展一路向西，商业发展逐步完善，多中心商业格局正在形成。南山区优质集中商业起步较晚，商圈特点明显，与居住区结合比较紧密，其重点商业项目多集中于后海商圈，体量较大，辐射区域能力强。前海区域商业氛围尚未成熟，随着片区发展，未来商业需求将进一步释放，未来将形成以中、小体量购物中心 + 写字楼及公寓配套小型商业为主的商业。

珑湾项目所在的桂湾片区集中式大型商业偏少，周边商业配套中餐饮和高端消费占比较少，其他商业经营情况一般，辐射能力弱。随着区域开发，珑湾项目周边商业配套正在逐步完善，如万象前海、前海卓悦、前海壹方汇等项目先后入市，进一步提升了珑湾项目周边的商业氛围和便利性。因此，珑湾项目在规划自身的商业配套设施时，需满足目标客群的需求，并充分考虑如何与这些新兴商业项目形成互补和协同效应。

近年来，高端公寓及住宅的商业配套的市场主流业态包含以下两种：建筑面积约 6 万平方米 ~30 万平方米不等的购物中心商业，建筑面积约 1 万平方米 ~15 万平方米不等的开放型街区商业，可分为独栋别墅型街区商业和底商型街区商业。独栋别墅型街区商业特征表现为：商业形象好、地标性项目居多、对用地面积需求较大，一般至少 5 万平方米；底商型街区商业特征表现为：商业形象性次之、对用地面积需求较小、体量也较小，商业氛围及聚客能力稍弱。珑湾项目因项目面积指标限制，商业配套以开放型街区商业为表现形式。

结合项目自身条件，珑湾项目打造公寓底商型街区商业，采用半开放式，利用临街商铺打造外摆有利于扩大商业经营面积，与周边商业联动，凝聚商业氛围，从而将建筑、商业与自然和景观相融合。此外，珑湾项目还通过建设下沉绿色广场，打造负一层商业，并利用下沉式广场及绿色植物，打造商业情调，提升档次。

（2）以生活、商务、休闲、娱乐为主题的街区型开放式商业区

桂湾片区规划紧凑、项目临近写字楼群，因此珑湾项目配套商业主要以服务珑湾项目人才住户的生活需求为主，并小部分服务周围写字楼人群的商务需求。

珑湾项目居住人群以国际高端人才为主，对商业的品质需求较高，往往具有早晚餐、生活超市、周末休闲、运动、娱乐等生活需求以及会客、商务洽谈及宴请的商务及日常社交需求。此

外，居住人群部分为香港或有海外生活经历，对港式餐饮西餐、酒吧等有一定需求。

周边办公人群以金融、科技信息等中高端办公人群为主，对商业品质需求较高，也具有相应的商务及日常社交需求。

综合以上分析，珑湾项目需重点满足的客群需求有：①日常居住生活需求；②日常及工作期间休闲、娱乐、交际需求；③商务交流需求。

因此，珑湾项目商业产品定位为以精品中高端业态为特色的社区商业，通过引入多元化餐饮、服务配套、康养、生活零售类商户，打造以“生活的”“娱乐的”为主要特色的前海商业。同时，珑湾项目商业与梦海大道西面万象城、K11、卓越等商业形成互补，共同打造桂湾 CBD 商务片区中高端商业圈。

4.4 产品创新

4.4.1 设计理念创新：垂直社区生态构建

珑湾项目位于前海金融区的中心，旨在服务于该地区的高层次、国际化人才。专业人才通常以工作为核心，密集地投入其职业生涯，他们往往投入大量的时间于工作之中，与工作圈外的社交互动相对有限。这类人群对个人空间的需求较高，同时，他们亦期望在轻松的氛围中感受到社区的归属感。为了满足这一需求，珑湾项目提出“不是孤立的公寓单元，而是创新的垂直社区”的核心设计理念。这不仅仅是一种建筑形式的创新，更是一种生活方式的革新。

多数人对日复一日地居住在传统酒店式布局中感到不满。珑湾项目在深入考虑目标客户群体的需求后，重新构思了一种新型建筑模式，旨在创造一种前所未有的创新布局，以此提升居民的生活品质和社区互动体验。在珑湾项目的规划环境中，居民能够重新感受到邻里间的亲密无间以及家的温馨。在居住单元的设计上，珑湾项目特别强调了私密性和专属感，使居民能在独立的房间中得到身心的放松；而在社区体验方面，珑湾项目精心设计的共享空间旨在聚集人群，在轻松愉悦的氛围中促进社区的凝聚力。

珑湾项目每一层设置一个共享空中花园，将 12 户组成一个小社区单元，住户们可以在这里交流、分享并近距离地体验自然绿化，空中花园彼此之间错层设置，绿意与活力交织，拾级而上，丰富建筑的视觉效果，还使每一层都能感受到绿意和活力（图 4-14、图 4-15）。

对于住户来说，公共共享空间既是文化的又是社区的中心。不仅有助于改善城市的微气候，还能为住户提供放松和交流的空间，从而增强社区的凝聚力。每一层 12 户组建的小社区单元，成为有内在关联的社群，建立了邻里羁绊，从而产生社区感。在这个垂直社区中，每一层都不再是孤立的单元，而是通过精心设计的公共空间和设施相互连接，形成一个有机整体。

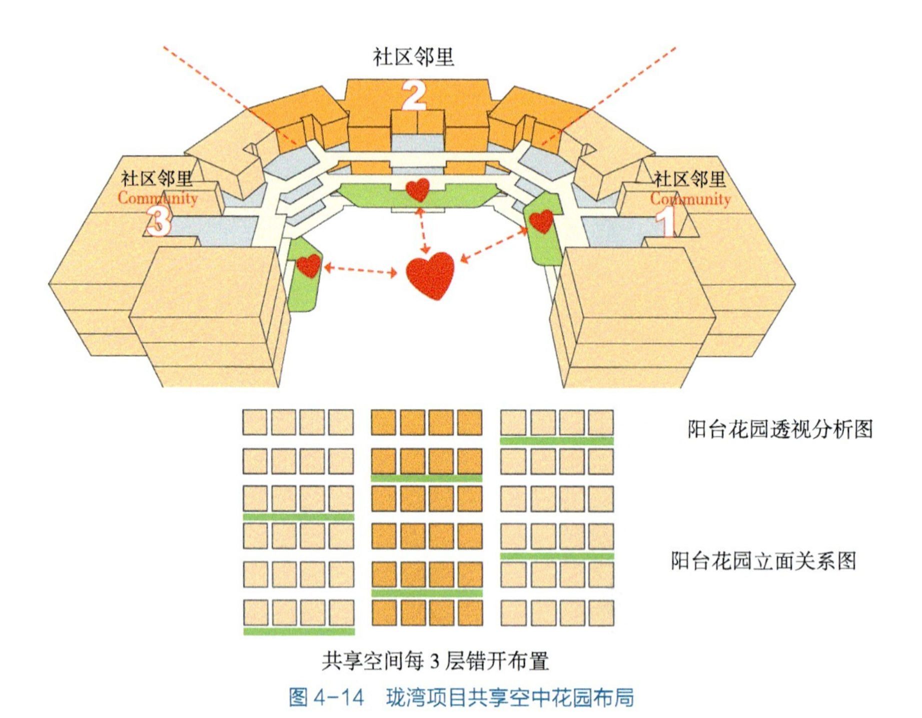

图 4-14 珑湾项目共享空中花园布局

图 4-15 珑湾项目空中花园

珑湾项目外立面设计也运用了“邻里”的核心概念（图 4-16），取垂直的 3 层作为一个模块化单元，使用预制装配式技术，既节省施工时间，又保证高精度与高质量的表面处理。“太空舱”式的幕墙设计，赋予了建筑现代感和科技感，不仅在视觉上吸引人，更体现了项目对于建筑美学和城市景观的贡献，进一步助力珑湾项目打造都市地标，构筑城市风景，成为前海乃至国内的精品建筑。此外，珑湾项目的商业配套表现为社区客厅，创造了一个活跃而舒适的半室外垂直城市空间（图 4-17），旨在打造一个新型、绿色、现代的商业场所。

图 4-16　珑湾项目外立面设计效果图

图 4-17　珑湾项目半室外垂直城市空间

珑湾项目充分利用口袋空间与碎片空间，提供多种社区交流场所，为住户提供高品质的居住环境。同时，通过垂直社区生态的构建，为住户创造了一个充满活力、和谐共处的生活空间，成为城市发展和社区建设的新典范。

4.4.2　居住空间创新：灵活多变，满足个性化需求

珑湾项目在居住空间方面提出了“户型自由、灵活分割”的理念。该理念展现了对未来居住趋势的深刻洞察和对人才需求的精准把握。

第一，珑湾项目居住空间设计突破了传统公寓的固定格局，通过每两个单元设计两个剪力墙的方式，实现了居住空间的灵活组合与拆分。这种设计不仅提供了多样化的户型选择，如单房、一房一厅、两房一厅等，还能够根据住户的具体需求进行个性化定制，满足不同人才对于居住空间的需求。两个小户型单位可灵活拼合成大户型，两个 1+1 房户型可简易地并成一个 2 房单元。这种创新的设计理念，方便根据住户不同需求灵活调整户型，满足成长型人才的需求。同时，高效利用了标准层空间，赋予了空间更高的可塑性和适应性，为后续的运营提供了更多的可能性。

第二，珑湾项目注重创造多功能和灵活的居住空间，以适应租赁住房客群的特定生活方式。这些客群倾向于使用共享配套设施来进行社交活动，而非将这些活动引入私人住宅内部。因此，他们往往对主卧空间需求大，以餐桌空间为主完成家庭交往、家中工作等功能。针对上述需求，珑湾项目打造功能空间环绕的大型灵活区域。这种设计不仅提升了空间的使用效率，也增强了居住的舒适度和便利性。特别是在设计室内空间时，强调空间的复合功能和可变性，使得同一区域能够根据居住者的需求变化而灵活转换功能。

第三，珑湾项目采用全生命周期住房的理念，户型内部功能可以根据住户的个性化需求进行自由划分。这种设计理念允许居住空间随着住户生活阶段的变化而进行相应的调整，从而保持居住环境的新鲜感和舒适度。通过可变家具、隔断等设计元素的运用，住户可以根据自己的需求灵活调整空间布局。对于高层次人才而言，大户型则提供了更多的空间和灵活性，可以根据具体需求进行个性化设计和调整。珑湾项目在功能使用面积上不作硬性限制，鼓励住户根据自己的生活方式和家庭成员的变化，进行个性化的空间设计。这种以用户为中心的设计理念，不仅提升了空间的使用效率，还确保了每个家庭都能创造出符合自己独特需求的居住体验。

第四，每个单元内部组成元素均采用标准化设计，既提升了建设效率，又增加了空间的多样性和灵活变化的可能。这种标准化设计允许在保持一致性的同时，快速适应不同的居住需求和偏好。户内不漏梁柱的设计，不仅使得居住空间视觉上更加简洁和开阔，而且在实际使用中也提高了空间的利用率、视觉舒适度以及居住的舒适度和美观度。通过这种设计，居住者可以根据自己的生活习惯和审美偏好，自由地布置家具和装饰，充分发挥创意，创造出符合个人品位的居住空间。

珑湾项目不仅满足了人才对于个性化、舒适化居住环境的追求，而且通过提供灵活多变的居住空间，为住户创造了一个既能满足当前需求又能适应未来变化的居住环境。这种设计理念的实施，展现了珑湾项目在提升居住体验和满足人才需求方面的深刻理解和前瞻性思考。

4.4.3 科技应用创新：智能化应用，提升居住体验

珑湾项目在科技应用方面的创新，体现了其对高端人才居住需求的深刻洞察和对未来智慧生活方式的前瞻性理解。

珑湾项目部分户型融入智能家居系统，可通过手机应用、语音助手或触摸屏便捷控制，从而为住户带来更加便捷和高效的居住体验（图 4-18）。同时，利用物联网、大数据等技术手段，珑湾项目将实现对公寓的智能化管理，包括智能门禁、安防、智能环境监测等，增强居住的安全性和舒适性。值得一提的是，珑湾项目还引入了智能停车管理系统，利用车牌识别技术提高通行效率和停车管理的智能化水平。

图 4-18 珑湾项目智能家居系统

这些科技应用的集成创新，不仅为住户提供了智能化、舒适化的居住环境，而且彰显了珑湾项目打造智慧社区的决心。这些智能化的设施和服务，无疑将吸引更多追求高品质生活的国际化人才，更好地服务前海地区人才引进，进一步促进区域经济发展。

4.4.4 社区配套创新：打造全方位、高品质的社区生活

珑湾项目致力于打造一站式高品质生活服务，以满足高端人才的多元化生活需求。

（1）商业配套设施。珑湾项目通过精心规划商业配套设施，提供多样化的商业选择，确保住户能够享受到便捷的购物体验和丰富的饮食文化（图 4-19）。此外，珑湾项目还特别考虑了目标客群对于健康生活的需求，鼓励居民追求健康、平衡的生活方式。

（2）休闲健身设施。为了满足居民的身心健康需求、提供多样化的休闲娱乐选择，珑湾项目配套一流的休闲健身设施。健身房等为住户提供了强身健体、放松身心的多样化空间。这些设施不仅促进了住户的身体健康，也成了社区内社交互动的重要场所。住户可以在这里结识新朋友，分享健康生活的经验，共同参与各类健身课程和活动。

（3）文化社交活动。珑湾项目深刻认识到文化和社交对于国际化人才的重要性，因此注

图 4-19　珑湾项目商业配套

重社区文化氛围的营造。运营阶段将通过定期举办各类文化活动以及社交活动，丰富住户的文化生活，并为他们提供一个展示才华的平台，进一步促进居民之间的交流与合作，加强社区凝聚力。

珑湾项目在社区配套方面的创新，体现了其对于构建高品质生活圈的深刻理解和承诺，不仅满足居住在此的国际化人才基本的生活需求，还提供了丰富的文化和社交体验，从而营造充满活力、便捷、和谐的社区生态，极大程度地提升了住户的生活品质，吸引更多优秀人才选择前海作为工作和生活的目的地。

CHAPTER 5

第 5 章 前海珑湾国际化人才社区项目建设集成管理创新

集成管理是一种全面、有效的项目管理方式，强调将全生命周期、各参建单位整合为有机体系，实现管理效率和质量的系统性提升。基于高质量管理的核心理念，珑湾项目以数字化技术为支撑构建了“投、建、管、运”一体化的全生命周期集成管理体系。为更好地服务用户需求，珑湾项目在设计之初开展了价值导向的建筑策划，基于统筹规划理念进行片区开发，并通过建筑师负责制和创新的工程咨询服务协调项目全生命周期的设计、建设与运营工作。为提升项目的经济性，项目团队采用基于精益思想的集成成本管理，实现全过程、全方位的成本控制。基于以上集成管理措施，珑湾项目实现了全过程的信息协调与交流，使关注重点从建设过程向使用需求转变，打造符合国际化人才社区需求的全生命周期生态链。

5.1 “投、建、管、运”一体化的全生命周期集成管理体系

“投、建、管、运”一体化的理念要求从管理层面集成项目全生命周期的各个阶段，统筹协调横跨不同阶段、不同主体的工作内容界面问题。为响应投资、建设与运营并重的需求，珑湾项目形成了监理单位嵌入、各阶段顾问单位集成协同的组织结构，并将 BIM 及其他数字化技术融入项目管理的各个阶段，以相应的制度与流程为管理手段，构建了“投、建、管、运”一体化的集成管理模式，有效提升了管理效率并实现信息共享。

5.1.1 集成管理组织结构

在项目全生命周期集成管理体系中，组织是项目管理部署的关键。组织涉及项目组织结构、职责分工、人员配备等方面的安排，旨在确保各阶段管理工作的顺畅进行和有效落实。在管理部署阶段，需要明确各级管理人员的职责和权限，并建立有效的沟通机制和协作机制。同时，基于对项目管理数字化转型的需求，还需要对人员进行培训和考核，提升其数字化管理的能力和水平。

为更好地把握项目“投、建、管、运”各阶段的需求与信息，珑湾项目形成了全生命周期集成建设的组织结构（图 5-1）。项目部各部门均有监理单位人员派驻，并聘请设计、造价、运营等涉及项目各个阶段工作的顾问单位共同参与项目全生命周期的管理，从设计阶段开始广泛收集各方意见，尤其是考虑到项目的定位特别咨询了公寓运营公司的建议，根据运营需求调整设计方案。

项目部内部明确了各个岗位的主要职责。项目经理作为建设单位项目负责人，需要统筹负责工程项目全过程管理，包括前期与设计管理、进度管控、安全文明、质量管理、成本控制、报批报建、结决算配合、信访维稳以及廉政建设等工作，确保准时优质完成项目开发工程建设目标。设计管理组负责组织设计阶段各类设计成果的设计评审和内部审核，组织会审、设计交底、材料设备选型定板、设计巡场等工作。招采成本管理组负责合约规划、招标管理、合同管理、成本管

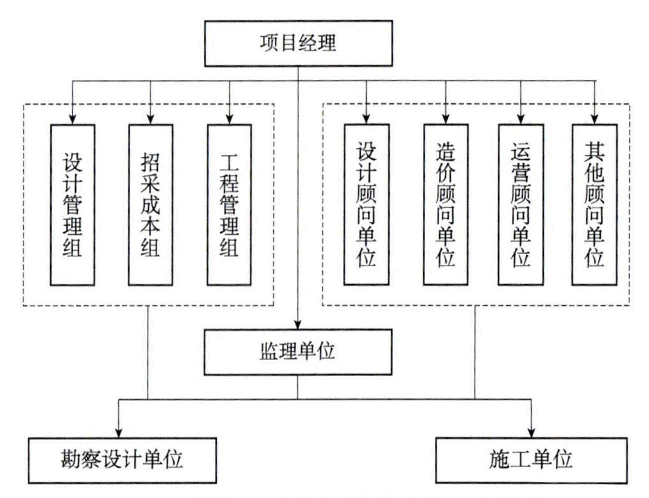

图 5-1 珑湾项目全生命周期集成建设组织结构

理、结算审批等工作，核实各类造价成果文件编制依据的有效性。工程管理组负责施工现场的各类工作，包括工程变更（签证）、施工现场质量管理、安全文明管理，以及项目二级节点计划的编制与实施。

此外，珑湾项目在招标工作完成后，以业主方 BIM 管理为核心，珑湾项目协调设计、施工及运营单位成立了 BIM 团队，对 BIM 技术的应用进行全生命周期的统一管理，各参建方 BIM 团队的组织架构如图 5-2 所示。前海乐居为总牵头单位，领导整个 BIM 项目和相关的权限批准。科瑞真诚提供全过程监理及人员派驻服务，与平台搭建单位共同制定全过程 BIM 实施计划并要求平台搭建单位监管落实。各参建方进入项目后，明确各个 BIM 实施职责负责人，并提交 BIM 实施方案：设计总负责单位须承担对各设计单位的总协调和管理；施工总包单位须承担专业分包、施工合同范围内的材料供应商、设备供应商的 BIM 管理；项目运营团队及物业顾问单位在设计前期提前介入，为 BIM 运营提出具体需求。特别是珑湾项目采用正向设计，因此 BIM 协同人员比传统设计提早安排：BIM 咨询团队从设计阶段介入，辅助 BIM 应用水平提升，提高工作效率；总包单位从设计阶段介入，以“建造”视角辅助设计。

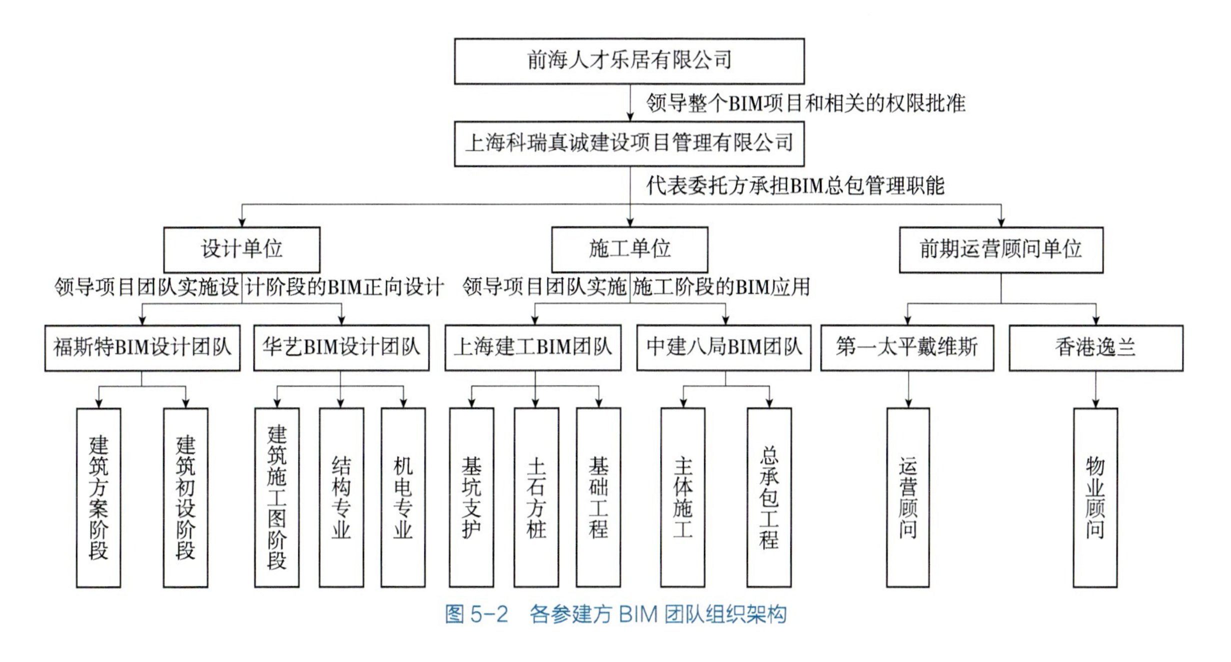

图 5-2　各参建方 BIM 团队组织架构

5.1.2　集成管理制度建设

制度是项目的顶层设计，也是指引全生命周期集成管理体系的重要组成部分，通过一系列制度、规范和标准的，旨在确立项目管理的基本原则、方法和流程，以规范和指导管理工作的实施。制度的建立需要考虑法律法规、行业标准以及项目自身的实际情况，以确保管理体系的科学性、合规性和可操作性。在内容上，制度建设应包括管理战略目标和方针政策的制定，相关规章制度、流程标准以及质量评估机制的建立，确保管理工作及数字化手段的应用与项目整体发展战略相一致，为管理工作提供指导和保障。通过制度的建立，可以为项目的后续管理提供稳定的基础与明确的方向，促进全生命周期集成管理的有效实施。

珑湾项目根据相关政策规定、行业规范以及《前海建投集团权责管理手册》《深圳市前海人才乐居有限公司权责手册》等文件建立了完善的制度，包括工程建设类项目部工作管理规定、工程验收管理作业指引、概念设计管理流程、初步设计管理流程、施工图设计管理流程、样品样板审批制度流程规定、人才乐居板块技术委员会管理办法、设计成果认定指引、图纸收发管理规定等，并明确了项目各阶段的标准动作、具体工作内容、相应的成果文件及报建报批文件。

在数字化方面，珑湾项目涉及参建单位较多，组织关系较复杂，协调难度大，其 BIM 应用需要以相应的制度建设为基础。为了保障 BIM 在珑湾项目建设全过程的应用，重点实现正向协同设计，同时实现复杂工程建设项目管理的造价、进度、质量、安全与基于 BIM 的云协同平台管理等控制，在深圳市建筑工务署编制的《BIM 实施管理标准》SZGWS 2015-BIM-01、前海开发投资控股有限公司编制的《BIM 技术标准——模型标准》、广东省 BIM 标准《广东省建筑信息模型应用统一标准》DBJ/T 15-142-2018 等规范的指导下，各参建单位分别制定了相应的 BIM 实施方案（表 5-1）。这些方案就 BIM 管控机制、实施质量评价、质量审核方法等多方面做了详细规定，从而有效落实项目设计阶段全过程的 BIM 设计，并辅助前海管理局进行 BIM 报批报建及 BIM 分析成果等专题研究。

各参建单位 BIM 实施方案　　表 5-1

单位	制度名称
上海科瑞真诚建设项目管理有限公司	《前海乐居桂湾人才住房项目BIM实施规划》
英国建筑师事务所Forster+Partners	《前海乐居桂湾人才住房项目BIM执行计划》
香港华艺设计顾问（深圳）有限公司	《前海乐居桂湾人才住房项目BIM设计工作方案》 《前海乐居桂湾人才住房项BIM设计技术标准》
中国建筑第八工程局有限公司	《前海珑湾国际人才公寓施工总承包工程BIM实施细则》

注：前海乐居桂湾人才住房项目即珑湾项目。

5.1.3 集成管理流程设计

项目的全生命周期集成管理体系成功运作的关键，实质上在于其构成要素之间的关系网络及其相互关系的集成，即系统内的流程设计。流程能够整合信息、资源和人力等各种组织要素，将一定的输入转化为输出，主要包括组织内的信息流以及各组织主体与外部环境之间的信息流。信息流程设计满足了项目信息被及时正确地提取收集，在必要的部门中流转、存储以及最终及时地得到处理。

珑湾项目的流程以“投、建、管、运”一体化为核心理念，覆盖人才社区项目的投资、建设、运营管理及综合服务，其流程体系如图 5-3 所示。在流程管理上，需要充分收集项目全生命周期各类流程产生的大量信息，通过有效集成和整合，为各实施主体提供切实有用的信息。为

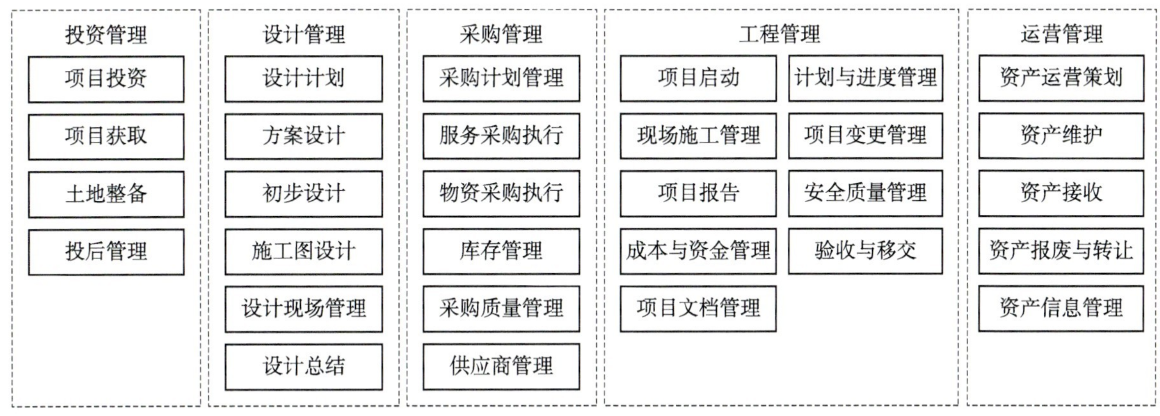

图 5-3　珑湾项目的流程体系

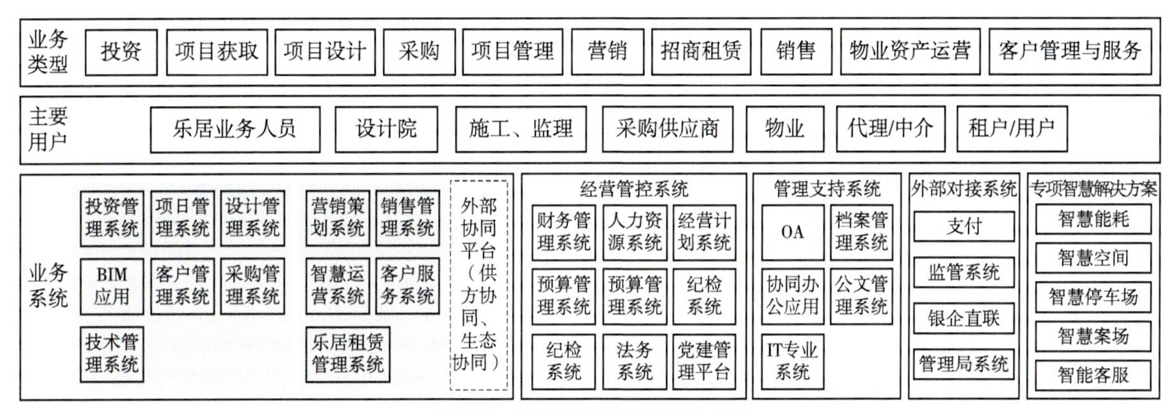

图 5-4　珑湾项目流程信息化框架

使工作的推进更加直观高效，珑湾项目采用了数字化管理平台作为流程管理的手段（图 5-4），平台包括业务系统、经营管控系统，管理支持系统以及外部对接系统；同时以 BIM 技术集成各个环节的图形信息和非图形信息，在建设完成后将完整模型移交运营系统，保证“投、建、管、运”各环节的连续性。

5.1.4　集成管理技术支撑

在珑湾项目的全生命周期集成管理体系中，BIM 和数字孪生技术紧密融合，共同构建了高度精确的项目模拟环境，为项目团队提供了实时监测与优化的手段。BIM 提供了项目设计、施工和运营阶段的三维模型，而数字孪生则基于这些模型创建一个实时的、动态的项目镜像。这两者的结合使得项目团队能够在虚拟环境中模拟和评估各种方案，优化设计决策，并在项目运营阶段实时监测和管理设施状态。BIM 和数字孪生技术的结合为珑湾项目提供了全生命周期数字化管理的基础，使项目团队能够更加高效地进行设计优化和设施管理。

此外，珑湾项目还广泛采用了物联网（IoT）和射频识别（RFID）技术，实现了设备和设施的智能化管理。通过在各种设备和结构上安装传感器和 RFID 标签，实时收集和监测设备的运行状态、位置和使用情况。这些数据通过通信网络传输到中央系统，为项目团队提供了实时的设施管理信息，助力于提高运营效率和响应速度。IoT 和 RFID 技术的应用为项目设备和设施的智能化管理提供了有效的手段，促进了项目的运营效率和响应速度的提升。

地理信息系统（GIS）和通信网络技术为珑湾项目提供了地理空间信息和高效通信保障，同时新一代信息技术为该管理体系提供了强大的计算和分析能力。GIS 提供了地理位置和空间数据的集成视图，支持项目团队进行空间分析和决策。同时，高速、稳定的通信网络确保了各个系统和设备之间的无缝链接，保证了数据的及时传输和处理。此外，新一代信息技术如云计算、大数据和人工智能可以支持决策的制定和复杂问题的解决。这些技术共同作用，构建了一个高效、灵活的智能化运行支撑系统，为珑湾项目的成功实施提供了坚实的技术保障。

5.2 价值导向的建筑策划

强调系统视角的价值交付是项目管理的重要变化，要求项目通过在系统内运作、产生、输出并进一步推动实现成果，从而为组织及其干系人创造价值。建筑策划是设计前期的重要环节，可以提供科学而逻辑的设计依据，并通过需求集成为利益相关者创造使用价值。2019 年《国务院办公厅转发住房城乡建设部关于完善质量保障体系提升建筑工程品质指导意见的通知》（国办函〔2019〕92 号）提出建立建筑“前策划、后评估”相关制度，鼓励通过建筑策划进行项目的科学设计决策，提高建筑设计方案的决策水平。珑湾项目基于价值创造理念开展建筑策划工作，实现了对项目目标体系的集成论证，并基于分析得出的运营定位与使用需求，从用户满意度视角提升项目价值，以期为前海“筑巢引凤、企业归巢”行动作出贡献。

5.2.1 建筑策划与价值创造

1. 建筑策划概念

建筑策划是指建筑师根据总体规划的目标设定，基于经验、规范和实态调查，从建筑学角度出发对研究目标进行客观分析，定量地得出实现既定目标所应遵循的方法及程序的研究工作。建筑策划是确定设计工作范围的研究和决策过程，本质在于有效捕捉并落实需求，重点关注如何从自然语言的需求转化为专业化语言的设计任务，进一步生成具有创新性与实用性的设计方案。其定位介于总体规划和建筑设计之间，需要向上研究社会、经济、环境等宏观因素对项目定位、功能和品质的要求，向下考虑项目的设计内容、结构布局以及进度安排等方面的合理性，通过信息反馈关系的相互论证构建建筑策划的逻辑体系，为总体规划立项之后的建筑设计提供科学的设计依据。

建筑策划起源于 20 世纪 60 年代美国的实践经验，20 世纪 90 年代正式在国内提出。经过持续的研究与实践，适合中国国情的建筑策划理论、流程与方法体系逐步发展成熟。近年来，建筑策划的策略和视角经历了显著的转变，从关注具体问题和片段结论转向关注系统性的解决方案，从微观局部的决策转向宏观全局的统筹，强调在项目全生命周期内形成完整的策划逻辑。这种发展趋势不仅是对传统策划模式的超越，也是适应现代建筑复杂性和多元化要求的必然选择。

2. 价值创造导向的建筑策划

价值创造是以目标用户可感知的使用价值为焦点，强调项目的总任务不是为客户创造价值，而是动员客户从项目的各种产品中创造自己的价值。在建设项目管理过程中，价值创造理念要求改变以质量、进度、成本“铁三角”为项目目标的传统观点，重新构建为以价值创造为中心的价值、产品、资源“新三角”。项目应是价值创造的过程，其中价值由项目团队与各利益相关者共同创造，以满足项目的最终使用目标。

价值创造导向的建筑策划强调考虑如何在项目的全生命周期中实现更广泛的效益，要求在策划时不仅关注建筑的功能性和美学，还需要深入考虑建筑如何与外部环境相互作用、如何提升内部的用户体验。对于国际化人才社区项目而言，人才是项目价值创造的目标用户，人才在宜居社区、邻里交往、服务配套、交通网络、管理治理和生态低碳等场景维度的需求满足程度和感知体验是所界定的价值范围。价值创造理论要求国际化社区项目在开展建筑策划时，一方面，进行详尽的市场分析和调研，深入了解目标市场和潜在用户需求，保证设计的建筑功能在广度和深度上能够满足或超出用户预期；另一方面，进行充分的设计分析和验证，从便捷、舒适、安全等方面确保建筑功能的实用性，关注运营阶段用户的居住体验与生活品质。

总而言之，价值创造导向的国际化社区建筑策划，要求从人才需求和运营定位出发，通过项目全生命周期的集成管理，最终期望建设具有海外氛围、多元文化、创新事业、宜居生活、服务保障的特色区域，实现项目价值的创造和提升。

5.2.2　价值导向的建筑策划管理策略

在建筑策划的实践过程中，项目团队需要根据项目实际情况明确建筑策划的管理机制与流程，构建合理的组织结构并通过系统科学的方法研究设计问题。作为前海合作区的高端国际人才居住社区，珑湾项目不仅是简单的居住类地产开发项目，还承载了前海乐居乃至前海管理局的重大期望，是前海“筑巢引凤、企业归巢”行动的重要后勤支撑，也是前海城市新中心建设中的标志性建筑。较高的发展定位为项目的策划与设计带来了挑战，要求项目在开展之初就确定好预期目标与实现路径，形成一份能够指导设计、建设及运营工作开展的建筑策划。为此，珑湾项目确定了建筑策划工作开展的理念、方法以及组织。

1. 建筑策划编制理念

珑湾项目的建筑策划基于宏观背景因素集成全生命周期的需求信息，对项目设计与建造过程中的各项重点工作进行综合且全面的总体计划。在建筑策划的编制过程中，项目团队主要遵循以下几个基本理念：

一是，目标统领。珑湾项目的管理愿景与目标策划直接决定了项目的定位与策划需求。例如珑湾项目的整体愿景是前海人才住房管理体系中的高端国际人才居住社区，基于打造人才宜居宜业环境的基本理念，要求从人才需求和高品质定位出发确定项目的目标愿景，在此统领下分析项目在设计、建设和运营各阶段的质量要求和管理模式，最终确定建筑策划在功能、经济、时间等方面的分项要求和内容框架。

二是，运营前置。珑湾项目强调“投、建、管、运”一体化的全生命周期集成管理，要求将运营管理前置，在建筑策划中集成与统筹项目全生命周期的需求，综合考虑设计规范、建设标准与运营要求，并能够反过来指导后续建设与运营阶段的管理。运营是项目建设的目的与出发点，如何将国际化社区的运营管理融入设计与建设当中，降低运营成本，实现社区增值与品牌打造，是关系项目成效的关键内容。

三是，协调统一。珑湾项目的管理规划需要相互统一，要求建筑策划与进度计划、投资计划、设计专项计划、工程专项计划以及运营专项计划互相结合、互相论证。珑湾项目的建筑策划是一项综合且全面的总体计划，要求项目团队与投资部门、运营部门、综合计划部门等相关职能部门一起会同顾问单位进行综合分析，协调项目设计内容、结构布局以及进度安排等方面的合理性。

2. 建筑策划开展方法

珑湾项目以问题搜寻法作为建筑策划工作的方法基础。问题搜寻法是建筑策划的主流方法，由威廉·佩纳（William Pena）等人于1969年在《问题搜寻法：建筑策划指导手册》一书中提出，该书首次系统地描述了建筑策划的过程和方法，是建筑策划学的重要基础和指导理论。问题搜寻法强调在设计开始前全面地搜寻和发现问题，从需求要素角度进行思考和界定，按照一定步骤并利用工具对信息进行分类，通过集成设计需求抓住问题本质，进而解决整体问题并创造价值。

建筑策划的理论模型包括要素、步骤和工具三个部分。“要素”的确定是基于对项目建筑设计问题的全面考虑，一般将项目全生命周期的设计需求分为功能、形式、经济和时间“四要素”，基于运营前置与协调统一的理念，国际化社区需要更侧重运营定位对设计工作提出的需求要素，并基于运营需求协调确定设计与建设过程中的需求要素。“工具”随着策划实践以及技术发展不断动态完善，如质量四边形法、语义学解析法、模拟法等。

“步骤”是问题搜寻法阐述的重点，即“五步法”，包括建立目标、收集分析事实、提出检验概念、决定需求以及问题陈述，其中建立目标是建筑策划的首要环节，并决定了后续工作开展的范围，体现目标统领的理念；中间三个步骤没有固定的顺序，通过分析关联事实、生成概念、判断方向对已有信息进行组织和整理；问题陈述是对搜寻过程的总结，需要以清晰的表达呈现建筑策划成果的关键要素，正确反映实际设计问题与需求。

信息矩阵是表达问题搜寻成果的有效方法，以矩阵形式表达上述“五步法”和“四要素”的相互作用，明确项目目标统领下各方面的设计需求，如图5-5所示。基于问题搜寻法，美国国家建筑科学研究院（National Institute of Building Sciences，NIBS）在《全过程建筑设计指南》

		1 目标	2 事实	3 概念	4 需求	5 问题
功能	①人 ②活动 ③关系					
形式	④场地 ⑤环境 ⑥质量					
经济	⑦启动预算 ⑧运营开支 ⑨全周期开支					
时间	⑩过去 ⑪现在 ⑫将来					

图 5-5　由“五步法”和“四要素”组成的信息矩阵

（Whole Building Design Guide）中将建筑策划的实践框架描述为六个步骤，即建筑类型研究、目标建立、相关信息收集、策略确定、定量要求确定、策划报告总结，这也是珑湾项目建筑策划实践采用的步骤框架。

3. 建筑策划组织结构

组织是建筑策划工作的保障和支撑。建筑策划作为建筑设计的前提和依据，以设计单位及业主方设计部门为主体开展工作，同时基于运营前置的理念，需要将建设和运营融入建筑策划工作，充分收集企业和人才等使用方及其他利益相关者对国际化社区的建设需求以明确运营定位；基于协调统一的理念，投资、工程、运营、综合计划等相关部门需要尽早参与，以运营目标统筹各项工作的开展，根据管理分工按照协调统一理念提出需求，并配合已确定的设计策略同步开展各项计划的编制，从进度、投资、合约、运营规划等角度与建筑策划互相论证并互相支持，为后续阶段的组织和资源协同做好准备。其中，对于建筑策划的操作主体目前没有明确的规定，在实践中业主项目部、设计师、详细规划编制单位、建筑策划机构等主体都能参与这一工作，然而为了避免策划成果与设计工作的冲突，基于对目前实践做法与项目实际情况的综合考虑，珑湾项目选择由项目部建筑师牵头以保证实践效果，项目建筑策划组织结构如图 5-6 所示。

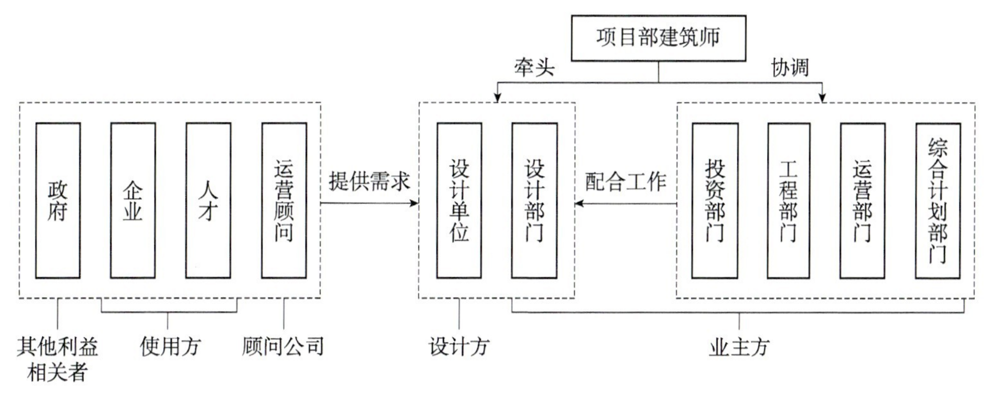

图 5-6　珑湾项目建筑策划组织结构

5.2.3 珑湾项目建筑策划实施过程

珑湾项目的项目团队以建筑策划理论为指导，按照《全过程建筑设计指南》的步骤框架开展建筑策划工作，即以下六个步骤。

1. 建筑类型研究

作为建筑策划的前提与基础，需要通过对珑湾项目建设背景与定位的分析，总结得出项目的建筑类型。珑湾项目的土地性质为商业用地，宗地内须建设全年期内限定自持的商务公寓作为前海合作区人才住房，并纳入前海人才住房管理体系。以此硬性要求为基础，项目团队研究探索符合前海需求的人才住房模式以取得最佳的社会与经济效益。

人才住房是近年来提出的一种新型保障性住房概念。现有的廉租住房、经济适用住房、公共租赁住房等保障性住房旨在解决社会的公平问题，而人才住房旨在解决社会发展的效率问题，鼓励人才群体通过自身资本获得住房保障。为了探索合适的建筑类型，项目团队希望借鉴同类项目的做法以获得启发，并构建了一套项目经验借鉴的流程机制。项目团队首先通过对类似案例的研究分析，选取了深圳、上海、天津、重庆、中国香港、新加坡等多个城市的人才住房项目或保障性住房项目作为参考；在现场调研之前先对拟调研项目进行资料收集及案例分析，再按照提前制定的调研重点及关注点进行现场调研和交流座谈，最后根据实际走访情况结合案例分析编制考察报告，总结可借鉴的经验；对于国外先进设计理念及优秀案例的研究，则主要依靠资料收集、案例分析等方式进行总结，并结合珑湾项目实际情况进行分析，研究合适的借鉴点。

在项目建筑类型研究过程中，项目团队主要关注以下几点：项目的户型配比与户型需求情况；套内人均使用面积；配套设施人均使用面积；居住面积与配套面积的关系及比例；配套设施使用频率；建安成本及运营成本；位置需求与交通需求；地方特色需求所带来的特殊设计；新材料、新技术、新设备的应用等。

经过充分的调研访谈与分析研究，项目团队明确了珑湾项目的建设特点：在土地性质方面，珑湾项目是商业用地，必须建设前海人才住房管理体系下的人才用房；在功能性质方面，珑湾项目是为商务人士提供中短期商务与住宿服务的办公建筑；在定位性质方面，珑湾项目是供应对象为规模以上企业[①]高管和产业骨干或核心人才，进驻合作区的外资、港资企业派驻港澳籍、外籍人才的国际人才公寓。因此，珑湾项目的建筑类型最终确定为人才住房与国际公寓的组合体。

2. 项目目标建立

以对人才住房项目特点的了解与认知为基础，项目团队借助问题搜寻法建立了包括总体目标与分项目标在内的项目目标框架，具体包括六个方面：

（1）组织目标：确定业主的目标、业主的决策领导及决策链条，以及将单体项目融入企业

① 规模以上企业：指经济指标达到一定水平的企业。

整体发展蓝图的路径；

（2）形式及愿景目标：考虑业主其他项目的固有特色风格以及地域、文化、历史等相关因素的影响，确定建筑设计的美感、艺术性和心理影响，并明确项目与周边的联系方式（如建筑形式的融合或差异性）；

（3）功能目标：确定项目的主要功能、提供的住房套数及入住的人数，考虑建筑设计如何增强或影响居住者之间的互动；

（4）经济目标：确定项目总体预算，明确对于项目初始投资与项目后期运营维护成本的态度以及对于可持续发展的投入和态度；对比其他现有项目，确定所需的建设质量水平；

（5）时间目标：确定项目的投入使用时间与工期安排；考虑在未来的 5 年、10 年、15 年和 20 年，项目经营状况预计发生的变化；

（6）管理目标：确定项目的管理模式、管理团队架构和人力需求，明确招标及发包方式。

基于上述目标框架，项目团队与投资部门、运营部门、企管部门、综合计划部门等相关职能部门一起会同顾问单位进行综合分析，共同商讨制定合理的项目目标。根据项目目标体系的最终成果形成《珑湾项目可行性研究报告》，作为后续阶段工作开展的重要依据。

3. 相关信息收集

建立项目目标体系后，为明确具体目标的实现路径，项目团队需要充分收集各类信息作为开发策略选取的基础。需要收集的信息主要可分为前海背景信息、客户群体信息、住房市场信息、设计对标信息四大类，具体信息需求及分析结果如表 5-2 所示。

珑湾项目建筑策划信息需求及分析结果　　表 5-2

信息类型	信息需求	信息分析
前海背景信息	前海现状信息	前海产业发展主要分为四种类型：金融业、现代物流业、信息服务业、科技及其他服务业。其中金融业贡献率增加值以每年50%的速度增长，金融行业发展迅猛；现代物流业加速发展，其他行业稳步增长
	前海规划信息	对珑湾项目的建设提出指导要求的上位规划文件包括《前海城市规划体系》《前海城市风貌要求》《珑湾片区规划》《四单元街坊规划》《街坊城市设计及导则》《用地规划条件》《前海灯光环境设计要求》《前海户外广告、标志标识设计要求》《前海智慧交通设计指引》《前海经过绿化专项设计要求》等，珑湾项目应遵循珑湾片区城市规划导则及单元规划导则，避免建筑及规划形态与城市形态冲突
	前海政策信息	深圳市相关政策法规鼓励前海探索创新政策；根据《深圳市前海深港现代服务业合作区人才住房管理暂行办法》，前海人才住房重点保障在地、在营企业及港澳台人才，具有探索设置对港澳地区和外籍人才住房的政策依据
客户群体信息	前海人才特点	前海人才将以国际化、专业化、高端化为主；金融人才需求旺盛，高层次金融人才十分紧缺
	高层次人才统计	从自身人才结构看，前海杰出人才和国家级领军人才均只有深圳高层次专业人才总量的3.7%，比重较小；但近几年来前海对人才引进力度加大，人才层次将有较大提升，增长较快

续表

信息类型	信息需求	信息分析
住房市场信息	深圳保障住房项目信息	截至2018年6月，各区保障性住房项目总数约584个，其中约50%的项目集中在龙岗、宝安、龙华三区；位于市中心区域保障房数量较少
	深圳保障住房配租信息	配租房型以小户型为主，其中单身公寓+一室一厅户型占比为55%，两房户型占比为43%，三房或三房以上占比为2%。户型面积区间以35~60平方米为主
设计对标信息	国内外对标案例信息	公共配套、社区服务与香港对标；建筑创新、公共空间设计与新加坡对标

为充分了解前海合作区企业及其高端人才对人才住房的居住需求，对珑湾项目的建设策略选择形成数据支撑，项目团队与前海数据公司共同对前海注册企业及人才进行了问卷调查。面向不同的调查对象共设计了三份问卷，分别针对企业对人才住房的需求情况、人才对人才住房的需求情况、人才住房现状满意度情况展开调查，调查框架如图 5-7 所示。

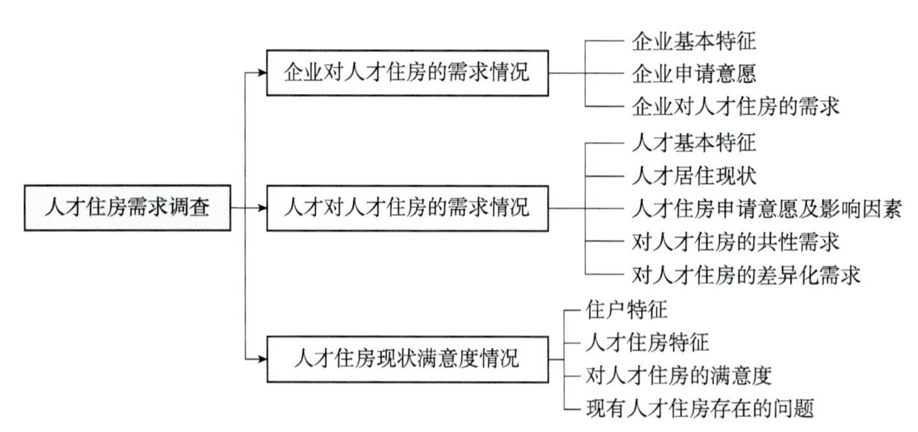

图 5-7　人才住房需求调查问卷框架

通过对回收问卷的数据分析，得知前海企业及人才具体需求主要表现为：前海人才住房供给不足，企业需求量较大，企业希望在高薪酬之外提供人才住房福利吸引人才、留住人才；户型结构多偏好于两房或两房以上；住房面积需求集中在 60~80 平方米和 81~100 平方米两个范围内；人才住房重点配套为教育配套、医疗配套和运动配套，注重完善生活配套，可适当引进商业、商务配套等。

4. 开发设计策略确定

基于对前述三个步骤得出的所有信息进行集成统筹，可以制定开发设计策略以确定项目目标的实现路径。传统房地产开发项目的开发设计策略一般以市场需求为研究背景，通过对项目自身条件的分析，形成项目定位策划报告，指导项目的远景规划设计方案。基于市场需求的开发设计策略主要关注项目在特定市场策略下的经济效益，然而考虑到建筑师对市场策略制定的参与较少，此类策略往往无法对设计形成指导和参考。珑湾项目基于建筑策划体系，采用项目定位策划与概念方案设计同步进行的方式制定开发设计策略（表 5-3、表 5-4），二者互为支撑、互相论证，实现项目定位与方案设计的逻辑统一。

珑湾项目定位策划框架及思路　　表 5-3

定位思路	定位层级	定位方向
服务谁	宏观	前海战略定位要求
	中观	深圳及前海的供应格局
	微观	项目本体占位价值
做什么	对标	服务于目标对象的其他同类物业市场的产品特征
	需求	目标对象的调研及访谈
怎么做	定位	客群/档次
	产品	户型/配套
	经济可行性	财务测算

珑湾项目概念方案设计分析框架及思路　　表 5-4

分析思路	分析方向	分析内容
外部条件分析	项目背景	社会条件、人文条件、经济条件等
	区位分析	区域发展分析、市政交通分析、景观资源分析、周边配套分析等
	设计条件分析	设计规范、区域要求、特殊要求等
内部条件分析	使用人群分析	使用者特征分析、使用者需求分析等
	建筑用途分析	类似项目案例分析、类似项目功能统计分析等
	项目设计目标	项目设计愿景、空间功能要求等
空间构想	规划生成	概念规划草案、人/车流线分析、消防流线分析等
	功能分布与户型配比	功能分布图、户型设计草案、户型配比分析等
	公共空间设计	公共空间构想、公共空间流线分析、公共空间主题分析等
	商业空间设计	商业愿景与定位、商业流线分析、业态分析等
技术构想	结构选型	结构选型、装配式建筑概念方案策划、专家评审意见等

5. 定量要求确定

根据已制定的开发策略，可以进一步确定项目的相关定量要求，然而定量要求不能仅确定与设计有关的定量，因为项目成本、进度和建设面积之间具有相互依存性。成本随时间推移会受到通货膨胀的影响，可负担的建设面积又由成本预算决定，三者的因果关系要求同步确定设计定量、成本定量及开发周期定量，即将可用预算、项目开发进度计划与设计定量数据集成为项目开发的定量要求信息。

珑湾项目在编制设计任务书的同时，同步开展项目总控计划的编制。总控计划中包括工程建设投资计划、项目开发计划、目标成本及目标成本附表、合约规划、设计专项计划、工程专项计划以及运营专项计划，其编制与审定标志着成本定量和时间定量的确认。将前述步骤形成的概念方案与成本及时间要求相结合，以此为基础确定的项目开发定量要求更充分地论证了项目设计策划的合理性。

6. 策划报告总结

策划报告的总结是对上述分析成果的明确表达，突出建筑策划的重点，确保业主、建筑师、使用者等利益相关者全面沟通，指导设计任务书充分反应实际设计问题。为逻辑清晰地表达建筑策划成果，珑湾项目以信息矩阵对策划过程中产生的信息进行组织和分类，形成的珑湾项目建筑策划信息矩阵（表 5-5）。

珑湾项目建筑策划信息矩阵 表 5-5

	目标	事实	概念	需求	问题
功能	配租人群 群体特征 个体特征 开放/私密 共享交流 儿童友好 空间效率 交通/停车 优先关系	数据统计 问卷调查 用户访谈 特点分析 案例总结 行为模式 类型/密度 交通分析 限制条件	国际社区 共享开放 绿色生态 人车分流 促进交流 活力运动	人群需求 企业需求 政策需求 面积需求 功能需求 停车需求 活动需求 时间需求 运营需求	①公共空间的放大影响套内空间的效率 ②共享空间和绿色生态对于后期运营成本的压力
形式	场地关系 高效利用 周边呼应 景观最优 协调统一 物理协调 心理协调	场地分析 布局分析 规划分析 景观分析 周边环境 气候分析 光环境 声环境 客户预期	立体圈层 岭南特色 垂直绿化 环境控制 密度控制 舒适人居 共享社区	城市需求 环境需求 舒适度需求 社交需求 成本需求 运营需求 物业需求	①建筑设计布局影响 ②建筑立面形式影响 ③品质与成本平衡问题
经济	开发成本 投资效率 财务净现值 财务内部收益率 动态投资回收期 运营收益 运营费用 全周期成本	批复的投资预算 指标估算 目标成本 市场分析 租金测算 车位收益 经济数据 运营周期 装配式建筑要求	成本控制 成本分配 业态规划 增值服务 价值最大 可持续发展 全周期户型 灵活商业空间 灵活停车数量	财务需求 运营需求 设计需求 能源需求 绿色建筑需求 全生命周期需求 装配式设计需求	①高品质设计要求与成本控制问题 ②装配式建筑与结构选型问题 ③可持续运营与初始投资取舍问题
时间	历史文脉 静态与动态 目前的需求 未来的预期 变化与生长 全周期运营发展	深圳/前海 现状/发展 运营周期 市场预测 需求变化	可变性 超前性 拓展性 阶段性 适应性	开发建设进度表 时间/成本进度表 运营周期进度表	政策影响因素的不确定性

按照上述六个步骤，珑湾项目形成了一份真正为建设阶段前期确定设计依据和设计需求的建筑策划。在之后的设计招标及方案深化阶段，建筑策划使项目团队能够有根据地提出明确具体的要求，也使设计单位充分理解甲方的需求。在概念方案研究与中标方案中，建筑策划的重点要求也均有体现。珑湾项目的建筑策划能够明确建设重点、强化各方的沟通配合，推动项目价值的最终实现。

5.3 统筹开发模式创新

2017 年 2 月，《深圳经济特区前海深港现代服务业合作区条例》明确指出前海合作区开发建设的指导原则，即遵循整体规划、统筹协调、政府引领与市场驱动相结合的模式，同时秉持创新、协调、绿色、开放、共享的核心理念，旨在推动经济、政治、文化、社会及生态文明等多维度的可持续发展。鼓励前海合作区依据整体性规划与统一建设标准，勇于探索并实施符合动工条件的立体空间一级开发新模式，以引领城市空间开发的新潮流。面对城市建设与土地开发中日益凸显的高密度化挑战，通过创新机制成功促进了城市基础设施、公共空间与建筑单元之间的紧密融合与高效联动，构建出层次丰富、功能集成的立体城市结构，为未来的城市建设与土地开发提供了宝贵的经验与示范。

5.3.1 统筹开发模式的理念

深圳的城市更新面临着复杂的现实问题：土地产权纠葛重重，违法建筑无序蔓延，加之基础设施、教育、医疗等公共服务设施的严重短缺，共同构成了城市发展的瓶颈。市场主导的城市更新模式，虽有其活力，但往往因利益驱动而在利益平衡、公共服务供给及整体环境质量提升上显得力不从心。提前介入的市场主体与分散的原土地权利人交织，导致片区内形成了多个独立更新单元，加剧了碎片化开发的局面，从而凸显了“政府统筹、连片更新”策略的紧迫性与重要性。

近年来，城市开发领域的理论研究积累了大量关于如何落实新发展理念的城市开发思想。传统的以单地块用地红线为界的割裂式开发模式已无法适应新的发展要求。因此，在新理念的引领下，统筹开发作为一种全新的城市片区开发模式应运而生，显示出强大的生命力和发展潜力。2021 年的《中国城市更新论坛白皮书》提出了未来城市更新的方向——统筹开发，该模式着重解决空间资源配置效率低下、更新碎片化以及多方协作难度大等问题。通过科学地整体规划、综合运用多种政策工具、搭建多元协商平台，并分阶段有序地推进实施，可以实现片区土地价值和空间环境品质的整体提升。

统筹开发的目标在于实现“空间高品质、发展公平性、实施高效率”。其中，“空间高品质”意味着以完整的城市功能单元或街区为单位，打造功能更加合理、环境更为优质的整体城市空间；“发展公平性”指的是在改造过程中通过科学的方式协调各方利益关系，保障公共利益，确保所有相关方的利益得到妥善处理；“实施高效率”则通过改进管理机制，建立一个系统化的政府多部门、多专业团队参与体系，以提高改造效率并降低项目实施的风险。

为了实现上述目标，统筹开发模式强调按功能整体布局的合理性进行统一规划，灵活运用城市更新、利益统筹等多种政策工具，鼓励多主体全程参与规划方案的协商与制定。同时，采取分片区、分步骤的实施策略，确保“功能整合、规划协同、利益平衡、拆迁捆绑”的原则得到有效落实，最终实现片区土地价值与空间环境品质的整体跃升。

随着 2021 年《前海方案》的发布，前海合作区被赋予了更高的使命和期望，集深圳前海深港现代服务业合作区、前海蛇口自贸片区、粤港澳大湾区核心区、中国特色社会主义先行示范区、国际化城市新中心、高水平对外开放门户枢纽六大国家战略平台于一体，以建设国际一流城区为目标，引领现代化国际化城市建设，是当前全国乃至全球范围内城市建设高质量发展的前沿阵地。

前海合作区采用以都市综合体为主的单元开发模式，鼓励集中成片开发，促进产业集聚，营造都市生活。这种统筹开发模式强调政府对集中连片更新区域的全面规划与协调。这一过程综合考虑了规划功能布局、交通网络优化、公共配套设施完善及自然生态保护等多重因素，通过科学划定单元边界、统筹用地贡献与公共服务设施配置，以统一规则调和多元利益冲突，明确开发时序，旨在推动连片开发，尤为注重城市文化的独特性与生态空间的保护，力求恢复并强化城市片区的连续性与整体性。通过功能整合、空间一体化设计、容积率灵活调配及公共配套设施共享等措施，有效运用利益统筹机制，实现区域整体品质的飞跃。

5.3.2 统筹开发模式的实施

自 2010 年启动开发建设以来，前海的建设项目、建设单位和固定资产始终处于快速增加的状态中，高强度开发的项目集群参与主体众多、建设规模巨大。前海的建设过程强调整体统筹、协同推进，地块开发、地面道路、地下空间、轨道交通等项目叠加实施，形成立体式的项目集群，各项目规划、设计及建设工作同步进行，数量众多的实施主体、相互交叉的建设时序和施工场地构成了复杂的工程界面。为解决城市建设与土地开发面临的开发超高密度化、地质条件复杂化、开发主体多元化、立体空间复杂化等问题，以实现土地集约利用、街坊形象统一、公共设施功能系统化等为目标，前海采用了一体化统筹开发模式进行片区建设。

（1）在城市规划层面，《前海深港现代化服务业合作区综合规划》（以下简称《综合规划》）在《前海总规》的指导下运用“规划—开发—管理”一体化理念，提出以城市综合体为主的单元式整体开发模式，提升地上、地面、地下空间的建筑品质，并提升空间的利用率与经济性。以《综合规划》为指导，地下快速道路系统、慢行系统、绿色建筑等采取一体化专项规划，通过竞赛、招标等方式确定专项规划方案，作为单元规划的指引。

（2）在城市设计层面，前海合作区采用城市设计统筹思想，以城市设计目标为导向建立城市设计要素控制分级系统，编制城市设计导则控制各设计要素，从宏观、中观和微观三个层面将城市设计目标处理为准确的技术描述、界定或控制，涉及空间格局、片区功能、公共空间、建筑形态、交通组织、地下空间、市政工程、低碳生态、开发建设等内容。各土地受让方在工程设计的过程中遵循规划建设技术标准，基于统筹开发模式组织多专业协作，通过道路与市政管线、地下空间及连廊的整体开发建设方式，达成地上地下空间一体化发展。

（3）在城市建设层面，各个片区需要实施多元主体的统筹开发模式，制定系统性、连续性的开发计划，协调不同建设主体的建设时序和平行作业的界面冲突，以将规划愿景转化成为高品质的建筑与公共空间。在各个片区的开发过程中，需要统筹的内容包括街坊形象一体化、公共空间一体化、交通组织一体化、地下空间一体化以及市政景观一体化等方面。

（4）在街坊形象方面，前海合作区选取设计总体统筹单位负责全过程设计管控，在各阶段对不同设计单位进行引导与要点控制，组织完成片区整体设计，通过建筑布局、地标建筑、建筑高度、建筑立面等方面的统筹保证地块内部不同项目之间的协调性、完整性和可达性，提升城市形象和街道活力。

（5）在公共空间方面，片区协调各项目参与方，梳理地上、地下空间临界区域的界面划分，通过明确物理空间、工作阶段、涉及专业等方面的配合要求实现片区土地的立体化利用，使得片区内部地上地下互通、多层空间彼此连接，打破步行路径层次单一的开放公共空间传统开发模式，如图 5-8 所示。地下公共空间主要包括地下步行通道和下沉广场，地面公共空间主要包括中心广场和地面步行通道，地上公共空间主要包括空中连廊及平台等，各层通过垂直交通与公共空间及商业服务设施分层级衔接，有机融合商务与休闲功能建立多层步行系统。多层次的交通体系和功能结构使综合体的流线更加合理高效，实现公共空间价值的最大化。

在交通组织方面，片区协调整合城市、建筑与交通进行一体化规划设计，以公共交通为主导，构建“地铁 + 公交 + 慢行”的交通组织体系，打造高效、安全、便捷的交通环境。统筹内容包括车行交通系统与慢行交通系统，其中车行交通系统统筹要求协调不同标高层的不同站点空

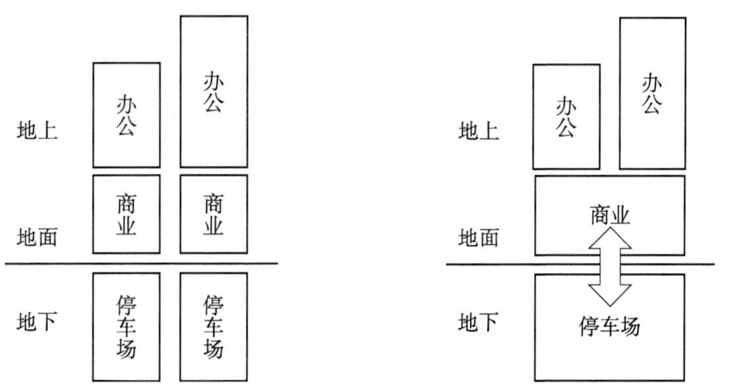

（a）开放公共空间传统开发模式下土地立体化利用　（b）统筹开发模式下土地立体化利用

图 5-8　传统开发模式和统筹开发模式下的土地立体化利用

间，以实现人流与车流的高效组织，开发整体车库并合理规划停车位及出入口以提高地下空间的车行效率，合理组织交通动线使地下商业、公共设施、过街通道、停车场及地铁站串联，构建网络化的地下交通布局。慢行交通系统包括以接驳通勤为主、以休闲旅游为辅的非机动车系统以及以垂直交通连接的地下、地面和空中步行系统，并统筹考虑片区内部的慢行交通系统和城市快速交通系统的合理衔接，重点实现轨道交通和步行系统的一体化。

在地下空间方面，片区地下空间基坑统一设计、施工、管理，节约开发成本和工期，避免各地块先后开挖导致的时序界面混乱，也有助于提高地下空间利用率和停车效率。地下空间的功能主要包括商业和停车，其中地下商业主要是地下浅层开发的空间，依靠前海地区密集的轨道交通吸引大量客流，类型包括地铁内商业、地下公共通道商业和综合体地下商业，提供餐饮、零售、文化娱乐等丰富综合的业态服务；地下停车空间主要是地下深层开发的空间，在地下空间一体化和交通组织一体化的规划要求下，片区地下车库统一设计、统一管理，集中布置地下人防，多业主停车场互通互联、一体化运营，提供高品质的停车服务，提高车位资源的利用效率。利用下沉广场、下沉街和下沉公园等使地上和地下协调衔接，打破地下空间的封闭感，实现地上和地下的一体化。

在市政景观方面，市政基础设施、公共服务设施、景观绿化等实行一体化设计，将景观要素与城市市政进行多层面空间整合，提升市政景观设计质量。前海统筹安排市政基础设施和公共服务设施的落地规划，将给排水、电力、燃气、通信等市政管线尽可能敷设在共同沟内，减少管线维护对生产生活的影响；通过城市规划合理配置医疗、教育、文化、体育等公共服务设施网络，优化城市基本职能并结合片区实际需求进行针对性完善，如在部分片区采用适合老龄化发展的设施建设模式等，并使公共设施与其他休闲区域建立连接。各片区明确景观设计目标及各地块分区主题，基于上位规划和统一、渗透、节能、可持续的理念打造一体化街坊，确定空间结构及形态、景观绿植、步行漫道、屋顶设计、铺装选材等设计，强调建筑设计与景观设计的协调统一。

5.3.3 珑湾项目统筹开发实践

珑湾项目及其周边地块四单元公共空间工程（一期）04-05-05 地块项目的开发建设实现了“一揽子、成片盘活存量土地”的城市高品质统筹开发目标。在整体统筹开发过程中，珑湾项目所在桂湾片区的四单元五街坊空中步道及地下联络通道项目是该片区慢行环线的重要组成部分（图 5-9），是连通该片区整体控制步道的关键线路。而地下联络通道是覆盖四单元五街坊的重要公共空间节点，连接地下步行次道与地下步行主道，形成与轨道交通贯通相连的系统性地下慢行网络，建成后能连通周边区域空中步道与地下通道，形成功能互补和空间共享的连续性公共空间，完善城市机能，改善片区交通环境及片区立体慢行系统等，落实了《前海地下空间及空中步道系统规划》及《前海合作区慢行系统专项规划》的要求。

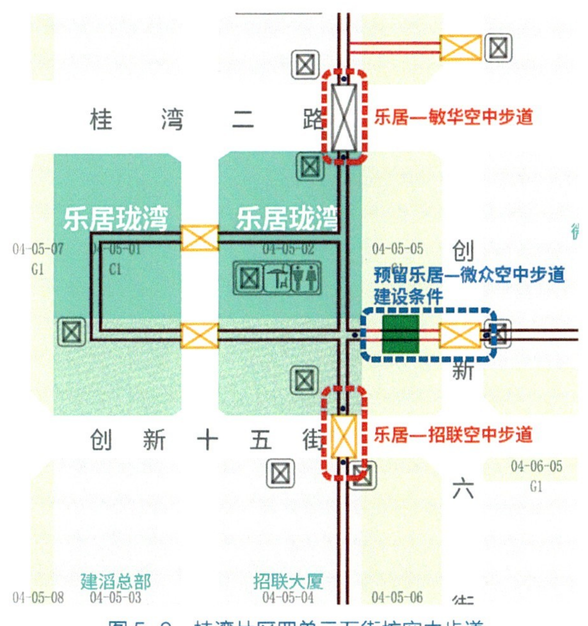

图 5-9　桂湾片区四单元五街坊空中步道

在统筹用地布局和开发强度方面，前海乐居深入分析片区发展趋势，优先落实上位法定规划的刚性管控要求，同时结合各实施项目的开发需求，灵活调整用地布局，形成了完善的立体慢行系统格局。通过建 2 座钢结构空中步道及 1 座下沉广场搭配的方式，更好地平衡了各空间景观的分配，实现了功能协同与利益均衡、打造开放空间等方式。积极响应国家号召，坚持质量优先，节约高效用地，推动规划建设向高标准迈进，同时扩大公共空间和开放区域，落实共建共享理念，确保新发展理念在城市建设中的全面贯彻落实。

在制定分期实施方案时，前海乐居充分考虑了计划难易程度以及公共服务设施建设要求等因素。通过优先保障关键交通道路，有效提升了片区的整体功能和居民的生活质量。此外，还注重多方主体协同参与规划编制。通过搭建利益主体、职能部门、社会公众、专家等协商平台，就土地分配、留用土地选址及规划、贡献政府用地规划、实施路径、分期时序等内容进行深入协商。最终达成了片区发展共识，为规划落地提供了有力保障。

综上所述，前海乐居在珑湾项目整体开发过程中，通过政府统筹、规划引领、多方协同等措施，成功实现了城市高品质统筹开发目标。这一实践不仅为深圳乃至全国的城市建设提供了宝贵经验，也为未来城市的高质量发展树立了新的标杆。

5.4 建筑师负责制创新实践

2015 年 3 月，住房城乡建设部指出实行建筑师负责制。2017 年 12 月，住房城乡建设部发布《关于征求在民用建筑工程推进建筑师负责制指导意见（征求意见稿）意见的函》，提倡以建筑师为主导，整合专业设计、管理咨询、采购及装配等综合技术服务，并计划扩展至项目规划、策划、施工、运营改造及拆除等，涵盖项目全周期及生命周期的服务范围，以全面提升民用建筑工程的质量和效益。2021 年，《国务院关于开展营商环境创新试点工作的意见》（国发〔2021〕24 号）中再次提出在建筑工程中推广建筑师负责制。

5.4.1 建筑师负责制的概念与实施

1. 建筑师负责制的概念

建筑师负责制是一种源于英国、美国、德国等国家实践经验的先进项目管理模式。建筑师与结构工程师等专业技术人员超越传统职能界限，代表业主全面统筹项目管理。在此制度下，建筑师的角色得以扩展，除核心的设计工作外，还担当“执行建筑师”的角色，从项目的策划阶段直至竣工后的运营维护阶段，全程参与项目的建设和管理，其职责范围包括但不限于项目规划、城市设计、前期研究、编制设计任务书和技术文件、协调专业技术文件以及提供建筑经济分析、合同管理、施工监督和项目管理等服务，从而确保项目高效、协调地推进，如图 5-10 所示。

建筑师负责制的职责范围（主要内容）

1.方案设计阶段			
协调解决设计问题	配合各项招标工作	配合报批报建	方案成果确认

2.初步设计阶段					
与设计相关的招标工作	统筹协调各设计及顾问单位	各系统优化工作	初步设计成果确认	配会报批报建	审核各专项设计单位成果

3.施工图设计及招标阶段						
对重要材料、设备进行初审	与设计相关的招标工作	统筹协调各设计及顾问单位	审核招标图及施工图纸	施工图设计成果确认	配合报批报建	对施工图纸进行精细化审查

4.施工阶段					
配合解决施工现场的设计问题	对现场的材料、样板及设备进行初步确认	审核设计变更	审核二次专项设计成果	定期工地观察，形成报告并上报甲方	技术交底

图 5-10 建筑师负责制的职责范围

在国际上，建筑师负责制是以担任民用建筑工程项目设计主持人或设计总负责人的注册建筑师为核心的设计团队，依托所在的设计企业为实施主体，依据合同约定，对民用建筑工程全过程或部分阶段提供全生命周期设计咨询管理服务，最终将符合建设单位要求的建筑产品和服务交付给建设单位的一种工作模式。建筑师负责制通过将设计团队置于项目管理的核心，高效实现了项目建设前的可行性研究、建设过程的质量监控、成本控制及进度管理等关键任务，确保项目顺利进行和优质成果的实现。

尽管这一模式在国内仍处于试点阶段，但已经在提高项目管理效率和质量等方面显示出了巨大潜力。本土化的建筑师负责制强调以注册建筑师作为项目技术和管理的总负责人，通过组建专业的设计咨询团队，对项目的全生命周期进行综合设计咨询和管理服务，确保从投资决策至施工管理等一系列技术指导和管理服务的连续性与统一性，为项目业主带来既高效又全面的支持体系。

2. 建筑师负责制的实施

目前，建筑设计服务面临的主要问题包括服务范围的局限性和监理工作与设计环节之间的割裂，以及建筑师在项目多阶段参与度不足等。建筑师负责制的推行被视为一种破局之道，该制度旨在打破传统界限，将建筑师的角色从单纯的设计师扩展为项目全生命周期的掌舵者，贯穿于规划、设计、施工直至运维的每一步。这种转变不仅解决了设计意图在施工中流失的问题，还通过增强建筑师的责任和权限，促进设计与施工的紧密衔接，确保设计品质和理念的一致性实施。因此，这一制度使得设计理念得到完整实施，提升了项目从概念到实施的连贯性和完整性，不仅提升了项目的整体质量，还有利于形成更加公正和高效的建筑市场。

建筑师负责制的引入不仅代表着从粗放式向精细化、高质量发展的转变，也标志着管理和运营机制的重大创新。建筑师除了需要具备深厚的专业技能外，还需掌握跨领域协调、沟通能力及项目管理与团队领导能力。这一变革促使建筑师的角色从单一的设计师转变为项目的总策划者与管理者，推动了建筑设计与管理水平的全面提高。建筑师负责制强调了专业整合与责任明确，从根本上解决了传统模式下参建方各自为政、阶段衔接不畅的问题。

《前海建设工程管理制度港澳规则衔接改革方案》中指出前海合作区正致力于通过“前海深港认可人士制度”，汲取香港等地的成功经验，旨在通过专业化、标准化管理提升建筑项目的整体质量和效益。此外，推广建筑师负责制有助于本土建筑业更好地融入全球发展趋势，向更高质量、更环保、更智能的方向演进。通过完善法规体系、建筑师培养计划及责任保险制度，明确责权利关系，建筑师负责制预期成为推动行业发展的关键动力，将是建筑行业发展的关键。

5.4.2　珑湾项目建筑师负责制模式实践

珑湾项目的建筑师负责制工作由珑湾项目管理团队和福斯特不断积累经验并总结出合适的建筑师负责制工作模式、工作流程及工作内容。项目设计团队考虑到开发模式的特点和行业现状，认为不能完全照搬现有的建筑师负责制相关政策，而是“量体裁衣”，为珑湾定制了一套从设计到施工全过程的工作策略，旨在确保建筑师的设计理念能够贯穿项目始终，实现设计愿景与实体建设的完美融合，从而为珑湾项目打造最适合的建筑师负责体系。

设计团队在各工作阶段的主要职责包括：在概念设计阶段，配合业主研究方案，提出改进建议，优化方案及初步设计细节；在方案设计阶段，将确认的概念设计成果根据业主意见进一步深化，同时协调结构、机电、给排水和暖通等专业内容，共同向客户提交设计方案并协助方案报建；深化设计阶段则涉及将确认的设计方案细化，结合业主和其他顾问的反馈，进行详细的设计深化；此外，施工图阶段由华艺负责完善设计并确保符合规范，同时，福斯特进行施工图的视觉美观审核，确保设计意图得以实现。在施工图视觉美观监控阶段福斯特定期巡场，与相关顾问及承包商协调，确保现场施工符合设计意图。具体工作范围如表 5-6 所示。

建筑师负责制工作范围 表 5-6

工作阶段	工作内容	工作成果
概念设计	明确客户要求，并根据当地规划条件和规范深化设计方案	基地和规划条件报告，建筑设计资料，概念设计图纸，初步预算，视觉效果图，结构技术分析等
	向业主汇报并提供设计文本，配合业主与规划部门协商汇报	
	必要时提供设计方案对比，供业主以及其他工程顾问讨论，确定最终方案并深化设计相关资料	
方案设计	将已经确认的概念设计成果，根据业主的意见深化成更成熟的设计，提供项目设计大纲，配合成本顾问深化初步施工策略	设计理念，规划分析，技术图纸文件（总平面，建筑平立剖面，建筑材料研究，幕墙研究以及效果图，三维模型），专篇设计以及设计说明等
	将其他顾问提供的结构，机电，给排水，暖通等内容协调到方案中，与其他顾问共同向客户提交设计方案，并配合方案报建	
深化设计	融合业主的意见要求，结合其他顾问提供的信息，将确认过的设计方案进行深化	材料明细表，建筑概要说明，总平面，建筑平立剖面，外幕墙系统图纸，户型大样，景观节点，以及公区大堂，电梯，洗手间，核心筒等图纸
	对项目方案的各种部位进行深化研究以及确定主要或者典型的建筑大样，负责深化并与相关政府部门沟通确保设计符合规范	
视觉审核	对相关建筑图纸在视觉美观方面进行审核，以达到设计意图	外观优化及审核文件，效果图优化报告，现场视察报告等
	定期巡场，与相关顾问以及承包商协调沟通，确保此项目的现场施工在视觉美观方面基本可以按设计意图实现	

设计团队在保证节点提高效率的大前提下，成果工作分为三类：

1. 设计咨询类

珑湾项目的建筑方案设计及初步设计均由福斯特设计，根据项目特点，提供前期方案咨询、国家相关法律法规条文及解释、配合报建征询、配合甲方进行方案研究、配合甲方招标文件编制等。

针对珑湾项目设计特点的价值点包括但不限于：

（1）方案阶段参加每周例会；

（2）设计全过程每次方案提供修改意见；

（3）对方案优化提供修改意见；

（4）对消防设计提供设计思路，帮助计算疏散宽度及疏散距离；

（5）提供住宅相关标准对标；

（6）对涉及的规范进行解释及帮助规范在珑湾项目中的落实；

（7）对地下室深度进行分析，帮助基坑支护提前设计及施工；

（8）配合智能车库方案研究，配合方案比选；

（9）配合业主制订节点计划；

（10）配合业主方对方案及初步设计深度要求进行优化；

（11）进行结构选型及结构落位；

（12）提供机电方案征询；

（13）配合业主对总包、电梯等招标文件的梳理及修改；

（14）配合业主进行各分包施工界面的划分。

2. 设计效果类

设计团队根据项目设计理念，针对设计方案的特点，对业主关注的技术重点提出要求，进行过程管控，落地实现，确保设计品质和效果满足业主要求。根据项目立面复杂、结构设计特点，设计团队用区域划分如地下商业、裙房商业、塔楼、跨街连桥、连廊等的方法，高效协同内外部各专业一起工作，并逐一优化落实。方案设计单位思路和成果，与现行规范及政府要求会有偏差。

针对珑湾项目设计特点的价值点包括但不限于：

（1）地下室设计货车道，通过局部处理，保证地下室的层高不用全面抬升；

（2）地下室覆土厚度研究，满足管线和绿化的前提下，做到分区设计而不是一概而论；

（3）地下空间的合理利用研究，在保证安全的前提下，增加可使用的功能面积；

（4）地下室夹层的合理利用研究，保证净高的前提下，最大限度地增加使用功能面积；

（5）对规划指标进行研究，避免核减面积，增加有效使用面积；

（6）场地根据功能进行精细化设计，满足消防的前提下，最大限度保证绿地率，节省相关成本；

（7）地下室消防和疏散设计，合理运用规范条文进行设计，最大限度减少楼梯；

（8）合理选择防水做法，控成本保施工；

（9）沿街商业空间，合理预留餐饮机电条件；

（10）合理设计结构布置，减少对方案立面及空间使用的影响；

（11）合理优化钢结构的高建钢用量，通过专业配合，控制用钢量；

（12）合理优化梁宽和梁高，减少对室内空间效果的影响；

（13）合理优化机电管线路由，减少对室内净高的影响；

（14）合理设计出地面设备管井，减少对建筑立面和首层商业的影响；

（15）合理设计机电管线立管位置，减少对外立面的影响。

3. 设计技术类

设计团队将珑湾项目建筑技术类的价值点进行深化，融合业主的意见要求，结合其他顾问提供的信息，按专项及区域细分，如消防、交通、停车、绿建、市政、设备房、出地面设备管井、架空层、人防、商业、景观、室内、幕墙等，通过设计技术讨论会议，协调各专业协同工作，逐一优化落实。

针对珑湾项目的设计技术类价值点包括但不限于：

（1）各专业方案对比及建议；

（2）建筑设计标准和材料做法；

（3）公寓使用率指标；

（4）地下室停车指标；

（5）人防面积指标；

（6）建筑层高、净高；

（7）设计界面；

（8）BIM 模型；

（9）地下车库车行出入口数量；

（10）场地标高设计；

（11）停车库出入口和车道设计；

（12）架空层设计；

（13）绿建和海绵设计；

（14）节能设计；

（15）消防设计。

珑湾项目作为高端人才住房项目，涉及多种技术和复杂的项目管理。在整个项目的设计和施工阶段，设计团队秉持全过程设计理念，确保了从设计初始至施工结束，每一环节的连贯与整体性，并在项目的实践中得到了充分贯彻。福斯特主导方案设计，与华艺等国内资深设计公司密切合作，涵盖了初步设计、施工图设计以及一系列专项设计，通过国内外顶尖设计力量的强强联合，共同塑造了项目的卓越品质。

设计团队的成功体现在大量高质量的设计成果中，包括但不限于完成了约 1500 张全套土建施工图，如方案报建图、建筑施工图、消防审查图、超限审查设计、装配式设计、防水评审设计、工规报审图、重计量图以及设计变更等。此外，机电方面包括机电施工图与计量图。专题研究方面，团队进行了地下车库、防水修改、装配式建筑结构选型、智能家居、车库充电桩规范、海绵城市、暖通冷热源及末端、二次加压供水系统和建筑中水系统等多个领域的深入研究和汇报，展现了项目在技术创新与可持续发展方面的领先地位。

在 BIM 技术的应用上，团队不仅创建了包含各专业设计模型、详尽技术标准、优化设计报告等在内的丰富数据资源，还完成了钢结构、ALC 材料应用、防火门深化设计等细致工作，确保了设计与施工的精确对接。通过与总包方的深入交流与概预算的严谨审核，项目团队在确保设计意图准确落地的同时，也有效控制了成本与风险。

综上，珑湾项目通过实施建筑师负责制，不仅克服了高端人才住房项目固有的复杂性和技术挑战，还充分利用了装配化建筑、BIM 技术等现代建筑科技的优势，实现了设计与管理的高水平融合，树立了行业标杆，确保了项目的高品质交付。这一过程不仅彰显了设计团队的卓越能力和创新精神，也为未来类似项目提供了宝贵的经验和示范。

5.5 工程咨询服务创新实践

在建筑业快速发展的背景下，工程项目的投资主体正朝着多元化方向发展。传统的“碎片化”咨询服务已无法充分满足投资者的需求。工程咨询服务是一个多阶段、多环节的综合过程。从项目启动到完成的每个阶段都有其特定的咨询服务内容和要求，以确保项目从概念到实现的每一步都科学、合理、有效。《前海建设工程管理制度港澳规则衔接改革方案》中提出前海深港认可人士依托所在的咨询单位，可作为建设单位代表，统筹咨询团队，工程咨询组织模式具有综合性、高效性、集成化、一体化等明显优势，能够有效地提升工程咨询服务效率，解决业主的需求。珑湾项目工程咨询实践借鉴了国内外先进的理念和做法，通过全生命周期的综合咨询服务，实现了高质量的开发建设和管理。

5.5.1 工程咨询服务的先进理念

传统的工程咨询服务可能涉及多服务主体，存在各阶段专业管理内容重复、交叉，项目管理效率低。这也导致了多主体职责不清、推诿扯皮，业务组织协调和监督管理困难。因此，为了更好地适应复杂项目的需求，提供更为高效、全面的管理方案，支撑建筑业的高质量发展，国内外越来越强调全生命周期的系统综合工程咨询服务。例如，2020 年 4 月，国家发展改革委与住房城乡建设部推出《房屋建筑和市政基础设施建设项目全过程工程咨询服务技术标准（征求意见稿）》，提倡全过程工程咨询服务模式。其核心理念在于一次性确定项目咨询服务主体，该主体综合运用多学科知识、工程实践经验、现代科学技术和经济管理方法，采用多种服务方式组合，为委托方在项目投资决策、建设实施乃至运营维护阶段持续提供局部或整体解决方案，以保证服务的综合性、整体性和高效率。

通过将以往项目管理碎片化的咨询服务整合为一个紧密相连的系统，这种工程咨询服务能够实现项目全生命周期的无缝对接，确保从宏观战略规划到微观技术实施的每一个步骤都能紧密围绕项目整体目标进行，从而显著增强项目的综合竞争力和市场适应力。这种综合的工程咨询服务在优化项目管理流程、提高效率、确保质量和强化风险控制等方面的优势显著，不仅为建设单位带来了直接的经济效益，也为工程咨询行业的发展和建设市场的规范化提供了新的思路和实践经验。

5.5.2 珑湾项目工程咨询服务实践

珑湾项目的高质量管理和实施有赖于综合的工程咨询服务。在全生命周期中，项目咨询单位对各个关键阶段管理重点深入理解并精确执行，确保了整个项目的质量、效率和成本控制。项目工程咨询服务主要包括派驻和监理两部分服务内容：

1. 派驻服务

（1）工作范围：包括项目前期阶段、施工准备阶段、施工阶段、保修阶段等全过程管理服务。

（2）工作内容（即主要任务）：包括但不限于根据确定的工程建设要求和建设标准，依约对工程范围内的项目建设计划统筹及总体管理、决策咨询与管理、需求管理、装配式建筑设计管理、报建报批管理、档案与信息管理、质量、进度、现场施工管理等进行全过程策划与管理服务。

2. 监理服务

（1）工作范围：珑湾项目用地红线内及其周边的列入项目投资的全部建设工程。包括但不限于场地平整（含拆、迁、改）、土石方工程、基坑支护工程、地基与基础工程、主体结构工程（含装配式钢结构、装配式钢筋混凝土、装配式混合结构）、幕墙工程、建筑装修工程（含精装修）、高低压外线工程、建筑给水排水工程、建筑电气工程、建筑智能化工程、通风与空调工程、电梯安装工程、消防工程、人防工程、片区内市政工程、园林景观工程以及其他设施设备采购安装等与珑湾项目相关的全部工程。

（2）工作内容（即主要任务）：包括但不限于项目前期管理、报批报建、招标投标技术支撑及管理服务、设计协调和技术管理、工程质量管理（含工厂监造）、工程进度管理、工程投资管理、合同管理、施工安全管理、文明施工管理、工程信息化管理、BIM管理规划、档案资料管理、竣工验收及移交管理、工程监理、保修监理、配合工程结算、配合完成审计以及委托方额外交办的项目工作等。

3. 工程咨询服务组织构架

珑湾项目的工程咨询服务组织架构采用业主单位与科瑞真诚的嵌入式协同，以监理单位的专业派驻人员与建设单位管理团队整合，同时结合监理机构的施工阶段的监督管理，实现项目的总体管理团队，建立以建设单位项目分管领导（项目经理）为领导核心，以建设单位与科瑞真诚派驻人员组建的各职能部门为骨干力量，以项目总监及其项目监理机构为项目设计、成本管理与施工管理的控制枢纽、管理枢纽及协调枢纽，整合各方资源，提高管理实效（图5-11）。

在监理团队派驻人员与建设单位融合的团队组织下，将仍旧对公司的派驻人员进行相对独立的管理，以保证公司派驻人员的工作质量和公司对项目团队的管理。主要体现在以下几个方面：按照监理团队的管理要求，各部门仍旧设置公司的专业负责人，负责对团队工程师进行内部管理；检查派驻工程师是否按照联合团队组长的安排保质保量地完成；协调资源帮助咨询团队工

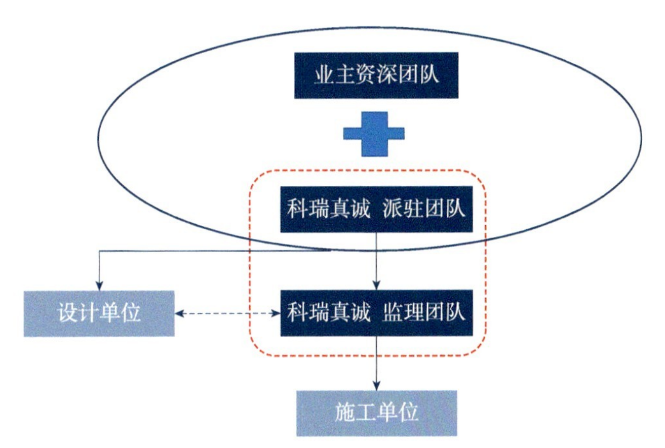

图 5-11　珑湾项目工程咨询服务嵌入式协同组织结构

程师完成工作；及时把工作情况汇总至珑湾项目的项目总监；项目总监定期组织公司团队内部工作例会，根据各组安排的工作任务，定期检查，督促公司的派驻及监理工程师保质保量完成；项目总监根据项目的需要以及合同承诺，协调后台资源进行支持；项目总监组织成员不断总结、培训、提升。

4. 项目实施策划

项目实施策划的服务内容主要包括六个方面：

（1）组织策划与建章立制

建立健全项目工程管理模式和制度体系的目的是，精准界定项目部门内部各职位及各参与单位在工程管理中的职责范围，并构筑系统化的工程管理制度框架。此举旨在引导项目各参建方的行为趋向规范性与制度化，确保职责界定明晰、操作流程透明，从而提升管理效率与整体管理水平，加速实现项目既定的各项建设目标。同时充分考量现有制度与流程的实际情况，以确保新旧制度间的平滑过渡。具体涵盖内容广泛，包括但不限于：总控进度计划及里程碑、控制节点策划；专项工作实施策划，如沟通协调机制的策划、安全文明施工策划、招标及采购管理规划、现场质量管理要求策划等；合同体系策划，包括顾问单位界面划分、承发包模式及界面划分、工程进度、材料设备采购模式及采购范围策划。

（2）制度流程建设

监理团队全面审视并系统整理珑湾项目的建设制度与流程，经由正式审批通过后付诸实践。监理团队基于对现有制度流程的分析，结合以往项目实施的经验总结与调研成果，并借鉴其他相似工程项目的成功案例，针对珑湾项目的独特性，量身定制、优化及补充一套项目层级的工程管理制度与操作规范，并配套编制相应的管理流程和标准表式（图 5-12）。包括但不限于：需求管理与决策流程、计划体系及其编制与调整办法，含计划软件应用、整个项目的合同体系的单位界面划分、承发包模式及界面划分、材料设备采购模式及采购范围策划、招标投标及采购计划、设计变更管理办法、深化设计的管理体系设计，现场签证管理办法、工程款支付管理办法、索赔管

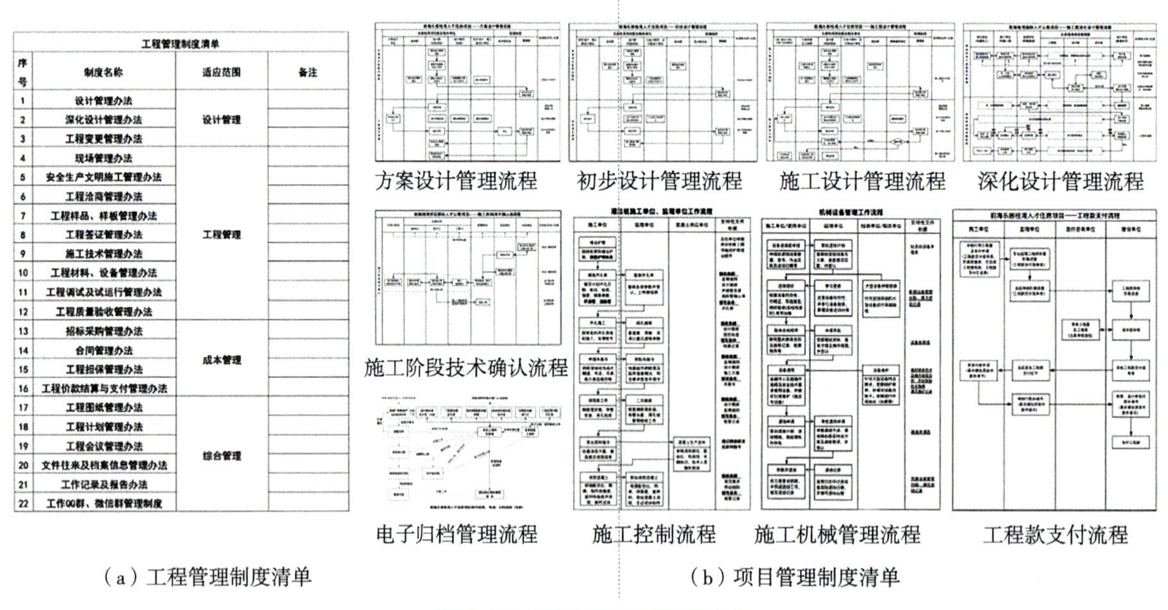

工程管理制度清单

序号	制度名称	适应范围	备注
1	设计管理办法	设计管理	
2	深化设计管理办法		
3	工程变更管理办法		
4	现场管理办法	工程管理	
5	安全生产文明施工管理办法		
6	工程洽商管理办法		
7	工程样品、样板管理办法		
8	工程签证管理办法		
9	施工技术管理办法		
10	工程材料、设备管理办法		
11	工程调试及试运行管理办法		
12	工程质量验收管理办法		
13	招标采购管理办法	成本管理	
14	合同管理办法		
15	工程招保管理办法		
16	工程价款结算与支付管理办法		
17	工程图纸管理办法	综合管理	
18	工程计划管理办法		
19	工程会议管理办法		
20	文件往来及档案信息管理办法		
21	工作记录及报告办法		
22	工作QQ群、微信群管理制度		

（a）工程管理制度清单　　（b）项目管理制度清单

图 5-12　珑湾项目工程管理流程

理办法、项目风险评估与管理实施办法、工程验收体系、会议体系、项目文化建设制度、安全文明管理制度。

（3）沟通协调机制策划

作为前海合作区的高端国际人才居住社区，珑湾项目的工程规模庞大，涉及多个专业领域，且建设周期较长，有效整合设计、顾问、施工、供应商等多方资源，会议管理成为至关重要的协调机制。

首先，会议体系需精心规划，确保覆盖项目管理的各个维度。包括设立高层战略沟通会议以明确方向，专题协调会议以解决特定问题，专业领域协调会议（涵盖结构、机电、装修等）确保技术对接，以及关键节点的特别协调会议，以应对突发情况或重要决策。其次，明确各类会议的目标、议程、频率及组织形式，是保障会议效率和秩序的基础。针对项目特殊性，制定专项管理制度，如图纸审查流程、隐蔽工程验收标准等，这些都是确保工程质量与管理成效的关键。建立固定的项目管理与设计顾问会议制度，能及时发现并处理潜在问题，针对重大议题设立专题会议，确保关键环节得到有效监控和及时调整。利用现代信息技术，如邮件、微信等即时通信工具，可以显著提升日常沟通的效率与便捷性。通过细致的会议规划、严格的会议管理、专项制度的建立，以及信息化工具的有效运用，珑湾项目可以实现高效协作，保障工程顺利推进，最终达成建设国际一流人才居住社区的目标。

（4）报建报批管理规划

珑湾项目的报建报批工作面临严格要求，需充分利用建设程序与管理局的报建审批特点，积极进行提前沟通以提升报建效率。考虑到整个项目的工期紧迫，其中方案报审和初步设计报审阶段的耗时相对较长，保持与管理局的持续沟通，确保项目进展与审批要求之间的信息对称，是缩短审批周期、提高效率的核心策略之一，并且需要确保过程成果的实时沟通。此外，严格控制报审数据的质量，有效协调内外部资源，对提升报审文件的质量至关重要。报审数据应提前准备，保留足够的缓冲时间以应对可能的调整。技术团队在此过程中扮演着举足轻重的角色，他们不仅要提供专业的技术支持，还要参与策略讨论，确保技术方案与报审要求的无缝对接，为项目的顺利推进保驾护航。

（5）BIM 管理规划

监理团队根据项目需求制定了 BIM 在珑湾项目的具体应用目标，预估了在项目实施过程中可能会出现的重难点。同时，明确了为实现珑湾项目目标而建立的 BIM 团队组织及各方职责范围，包括各项 BIM 应用制度；根据珑湾项目特点，初步规划不同阶段 BIM 应用点，详细描述了每个应用点的数据准备、操作流程以及相应的成果。参考 LOD 模型精度分级（从 LOD100—LOD500）将项目各阶段模型按功能、需求精准划分，以保证模型在各阶段的应用质量。最后，针对漫拓云工程平台的使用实施进行了应用规划。珑湾项目是前海人才前海乐居第一个“投、建、管、运”一体化项目，因此对项目在全生命周期内统筹协调、整体推进工作机制、管理制度和标准具有一定的要求。

以业主方为总牵头单位，专业 BIM 监理团队辅助业主方制定相关规则、明确各方职责，并对 BIM 的实施进行技术指导和支持。鉴于参建单位和涉及的专业众多，设计总负责单位必须承担各设计单位的总协调和管理责任；施工总包单位则负责专业分包以及施工合同范围内的材料和设备供应商的 BIM 管理。为了确保模型数据的顺利传递和整合，项目管理团队要求所有单位在实施 BIM 标准时，统一使用 Revit2019 软件，统一坐标原点，统一管件颜色，以及构件的命名和材质属性，并进行详尽的启动交底。

此外，为了在工程实施中加强工程质量、进度和安全管理，解决设计冲突、工程管理、工程技术问题以及各工序间的协调和投资控制等关键问题，建立了一个完善的 BIM 工作会议制度，加强各参建方的协调与联系。

BIM 成果在项目内共享或提交至漫拓云工程平台之前，各参建单位 BIM 质量负责人对 BIM 成果进行质量检查确认，确保 BIM 成果符合要求。各阶段 BIM 成果质量检查内容如表 5-7 所示。

各阶段 BIM 成果质量检查内容　　表 5-7

阶段	检查内容	检查单位	检查要点	检查频率
设计阶段	设计各阶段模型设计方案分析成果	公司BIM团队	BIM成果标准的执行、模型更新的及时性、模型信息、方案分析的完整性和准确性	每周
施工阶段	施工模型	公司BIM团队	BIM成果标准的执行、模型更新的及时、模型健康度、模型信息	每半月/不定期
交付阶段	竣工模型	公司BIM团队	BIM成果标准的执行、模型更新的及时、模型信息	项目交付时

在珑湾项目竣工验收时，将竣工验收信息添加到施工作业模型，并根据项目实际情况进行修正，以保证模型与工程实体的一致性，进而形成竣工模型，运维系统对接时将竣工验收模型按照运维需求和标准进行运维化处理，加载设施设备的维养信息，去除运维阶段不需要的构件。

（6）漫拓云工程平台应用

漫拓云工程平台为科瑞真诚自主研发的工程管理类平台，结合 BIM 技术，实现“BIM+PM”的工程管理模式。为辅助珑湾项目建设过程管理，平台的应用和实施提出了更有效的方案和计划。漫拓云工程平台现场全景如图 5-13 所示。

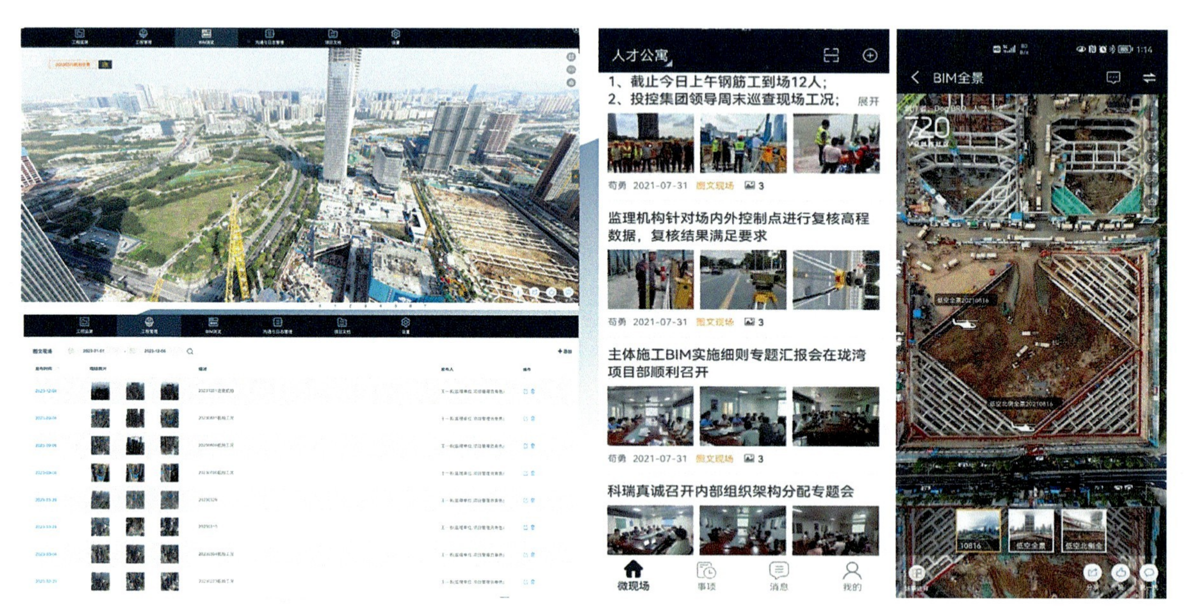

图 5-13　漫拓云工程平台现场全景

5.6 基于精益思想的集成成本管理

集成成本管理是将集成管理的基本原理和方法创造性地运用到成本管理的实践中，实现成本管理、项目资源配置和绩效管理的集成。集成成本管理与精益管理理念整合，形成的精益成本管理是一种以客户价值为导向的先进成本管理策略，涵盖了精益设计、精益生产、精益采购以及精益物流等领域。精益成本管理强调在整个企业供应链的设计、采购、生产和服务环节中，识别并消除非增值活动，从而实现供应链成本的全面控制。在国际化人才社区项目中，精益成本管理不仅确保了项目成果符合业主的高标准质量期待，更重要的是，通过在设计初期规避不必要的复杂性、在施工过程中减少浪费，实现了成本的精细控制和资源使用的最优化。这一策略不仅提升了项目的经济性，还加快了项目进度，确保了运维成本在业主可接受的范围内创造出最高品质的生活空间，最大程度上契合国际化社区的高端定位与功能需求。

5.6.1　精益成本管理的概念与应用价值

精益管理源自精益生产，是一种管理哲学。1996 年，James P.Womack 和 Daniel T.Jones 发表了《精益思想》一书，把精益生产进行理论化，并系统地描述了精益的原则和方法，形成了精益的思想体系。从字面理解，“精”表示精良、精确、精美;“益”表示利益、效益等等。“精益”一词用于企业管理领域，首先产生的概念是“精益生产（LP—Lean Production）”。精益管理源于精益生产，1985 年，由于日本丰田在精益生产实践的巨大成功，精益的理念逐步延伸到企业的各项管理活动，其中就包括财务活动，形成通常所说的“精益财务”。

精益成本管理是“精益财务”的一部分，将传统的“成本 + 利润 = 售价”计算模型转变为“成本 = 售价 − 利润”。这一思维转变将企业对提高售价的外部压力内化为降低成本的内部动力，促进了从成本决定售价向售价决定成本的战略转移。这种策略不仅增强了企业的市场竞争力，还确保了利润的稳定增长。

在当前国际竞争激烈的环境中，将精益成本管理应用于国际化人才社区的开发项目中，可以有效提升项目的成本效率和居住品质。在设计阶段，项目团队与经验丰富的运营专家紧密合作，通过深度交流捕获其核心需求，确保设计方案既满足美学与功能性要求，又避免了过度设计导致的成本溢出。通过识别并消除设计、采购、施工及运营过程中的非增值活动，帮助项目以更经济的方式实现预期目标。此外，将全生命周期成本管理融入设计和施工决策中，有助于项目在满足当前市场需求的同时，保持长期的成本可控性，确保运维开支维持在业主预期的合理区间，从而大幅度提升项目的投资回报率。

5.6.2　全过程造价咨询

珑湾项目的成本管理工作由项目部内部的成本管理团队、监理单位、造价咨询单位共同进行。成本管理工作以动态控制理论为指导，确保成本管理活动紧密跟随项目发展的每一个步伐，从前期的投资可行性研究与产品定位出发，通过持续的数据监测与分析，灵活调整各阶段的成本目标，覆盖方案设计、初步设计、施工图设计乃至整个项目实施周期，旨在实现技术与经济的最优平衡，确保成本的可预见性和可控性。

珑湾项目注重全过程、全方位的成本控制，将传统的局限于审图核价阶段的成本控制观点扩展到项目的全生命周期，通过组织优化、经济分析、技术创新、合同管理等多种策略，将精益成本管理的核心要义渗透到项目管理的每一环节，针对性地采取措施，进一步提升成本控制的精确度和效率，并明确了不同阶段的造价控制重点。

1. 造价控制措施

在控制措施上，珑湾项目的造价控制由监理单位（上海科瑞真诚建设项目管理有限公司）牵头，通过组织、经济、技术、合同等方面的措施作为成本控制方法，并利用 BIM 和数字化平台提升精益成本管理能力。

（1）组织措施

在组织方面，监理单位通过清晰的组织分工和完善的制度流程提升造价控制的效率，具体包括以下措施：

①会同相关咨询单位，通过合理分工明确了各方的工作界面与协作方式，充分发挥项目管理在投资控制方面的整合、集成管理优势，以及相关咨询单位的专业造价管理优势，形成无缝高效的成本控制组织管理体系。

②根据项目特点，针对性地细化完善了一系列成本控制制度、管理流程和标准表式，包括招标采购制度、费用支付制度、工程变更制度、索赔制度、签证制度等，从组织和制度上确保投资控制的高效实施。

③督促各参建单位忠实地按照合同约定安排专业人员参与建设管理，从设计、施工、招标、采购、投资控制等方面高水平地完成自身工作，在保证质量的前提下尽可能降低成本，避免造成浪费。

（2）经济措施

在经济方面，监理单位确定了投资的总目标和分解目标，并制定了一系列控制手段，具体包括以下措施：

①对工程投资估算进行了充分的论证，做好投资分析，并确立投资控制总目标。根据成本控制目标，从估算、设计概算到施工图预算，以及施工过程中各阶段，实行成本切块管理，确定、分解项目成本控制目标。在目标分解过程中，切忌随意分解目标，确保目标的准确性和严肃性。

②在实施过程中严格控制目标，对突破目标的事件详细分析原因，并提出对应措施和建议，保证目标确定的严肃性。若某项目标确实需要变更，则必须分析并说明理由，同时提出各子目标的相应调整建议，经批准后方可实施，以确保不突破投资控制总目标。

③推行限额采购，所有采购必须在限额下进行。若突破限额，必须说明原因，并经过严格审批后方可实施。

④采用项目成本目标跟踪管理，定期（每月）进行成本实际支出值与计划目标值的比较，若出现偏差则分析原因，采取纠偏措施。

⑤定期组织编制工程跟踪投资报告，实施成本控制的动态管理。

⑥重视招标投标对成本控制的重要性。在招标过程中制定严格科学的程序，并针对项目特点编制招标策划以指导招标工作。

（3）技术措施

在技术方面，监理单位通过对设计与施工方案的优化实现造价控制，具体包括以下措施：

①从设计方案、初步设计、施工图设计、各专业设计等阶段，加强对设计的管理与协调。在各阶段组织外部与内部专家进行方案优化，并督促设计单位落实改进。

②督促设计单位建立、实施质量保证体系，提高设计水平，保证设计质量，满足合同约定的设计深度、设计范围。

③推行限额设计，督促设计单位优化设计，节约投资。

④利用价值工程理论，协同设计单位优化设计，使项目获得最大效用比。

⑤重视施工方案，对重大施工方案进行技术经济比较，积极挖掘通过施工优化节约投资的可能性。

⑥重要信息的收集和积累，及时分析、整理、反馈用以指导各项工作。

（4）合同措施

在合同方面，监理单位通过合同的动态管理维系各参建方的经济利益，并推动成本管理的共同参与，具体包括以下措施：

①确立全过程造价管理中一切行为均以合同为中心，实施合同的动态管理，使得各方信守合同、严格履约，力求以最合理的合同价获得最好的技术方案和最强的保障能力。

②根据工程特点，对整体合同架构进行策划，明确各合同包的界面、分工与协作，明确合同包的计费方式，系统地展开合同管理工作。

③以合同为契机，督促、设计、施工以及各参建单位充分挖掘自身潜力，节约投资。

④加强过程中的合同跟踪、管理。

⑤做好工程施工记录，保存各种文件图纸，特别是有实际施工变更情况的图纸，为正确处理可能发生的索赔提供依据，并参与处理索赔事宜。

（5）基于 BIM 的成本管理

BIM 技术可视化和参数化的特点能够协助推动成本管理的精细化。基于 BIM 的成本管理能够实现对工程量的快速和准确提取，提升设计概算和施工图预算的准确度；能够辅助编制与校核招标清单、工程变更量以及工程结算量，使造价过程控制更加精准；能够实现造价管理的透明化，有助于项目廉政目标的实现。考虑到 BIM 的优势与项目特点，监理单位制定了基于 BIM 的成本管理策略，具体如下：

①做好 BIM 的基础模型规范和造价模型规范，使基础模型能够较好地为造价模型使用，确保造价模型能够最大化、快速地提取造价管理需要的工程量，辅助和校核工程量。

②通过 BIM 模型，准确、快速地计算复杂的钢结构、幕墙、精装修等常规较难准确计算的工程量，提升造价计量的准确度和效率。

③通过 BIM 模型收集形成针对工程实体的造价大数据，借助专业软件应用及时分析造价变化的规律和原因，为造价控制提供针对性的数据支持。

④使用 BIM 模型量对概算、预算、变更、工程款支付、竣工结算等各重要环节提供量的校核和辅助计量，使项目的计量更加透明、准确；成果也可作为造价纠纷调解的有力依据，有助于各方达成共识；在工程款支付、竣工结算上，正确地使用 BIM 技术成果进行校核和辅助，监督、

促进各方提高造价控制水平，提升管控透明度，切实保护业主的利益。

（6）成本控制管理平台

在珑湾项目实施阶段，监理单位结合业主需求，组织搭建了项目的合约及成本控制管理平台，如图 5-14 所示。该平台既是合约及成本管理的平台，也是项目日常工作汇报的平台，并向授权的参与单位提供实时的数据共享。通过管理平台的数据关联，能够实现项目全生命周期投资控制的数据整合，强化过程数据的控制和检核，提升项目的数据管理能力，为项目推进提供数据支持。在项目推进过程中，该管理平台也在不断进行完善和提升，确保满足项目精益成本管理的需求。

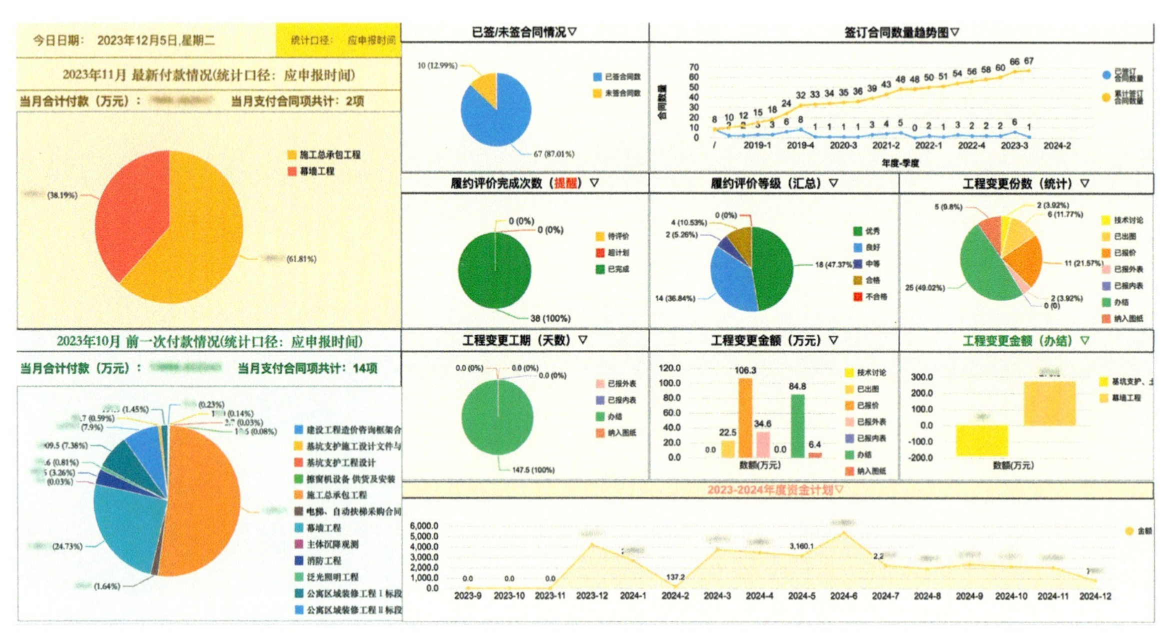

图 5-14　珑湾项目合约及成本控制管理平台

2. 各阶段造价控制重点

根据全过程管控的精益成本管理思想，珑湾项目监理单位会同项目部成本管理团队和造价咨询单位明确了各个阶段的造价控制重点。

（1）设计阶段的造价控制重点

在设计阶段，监理单位组织造价咨询单位共同对设计估算和设计概算进行审核与分析，提出设计方案成本优化与控制建议，并组织编制成本控制目标和规划。其中，设计合同管理是设计阶段成本控制的基础。基于范围清晰、深度明确的设计合同，监理单位促进设计单位建立、完善质量保证体系，并设计可实施的激励机制，鼓励设计积极挖潜优化方案。设计阶段开展的造价控制工作包括以下方面：

①在各项设计工作中，监理单位积极参与，组织顾问资源对各阶段的图纸审查工作，并加强自身的图审工作，确保设计阶段图纸的经济、合理、满足业主要求，并保障图纸质量，尽可能减

少后期的设计变更。同时利用价值工程方法，审核图纸，依据设计方案论证并确定产品标准及材料选择，最大限度地保证造价控制与设计效果的双赢，提高性价比。

②在绿建设计中，珑湾项目引入绿建顾问单位，跟随设计进展同步出具绿建方案，同方案设计、施工图设计单位本着实现美观经济的原则，落实绿建方案。

③在结构设计阶段，引入精细化审图公司，监理单位组织造价咨询单位，结合其他项目的参考数据，推行限额设计。对各个阶段的结构设计的重要经济指标（如钢筋含量、混凝土含量、钢结构含量等）反复进行优化及对标，探索降低成本的方法。

（2）招标阶段的造价控制重点

招标阶段的造价控制强调价格与合同方面控制措施。基于论证充分的招标策划，编制有利于成本控制的合同，进行合理的风险分担；通过公平的竞争投标，取得理想的投标价，并确保在实施过程中的设计变更、风险控制、施工索赔等方面处于有利地位。具体包括以下内容：

①依据审定的一级进度计划制定采购计划，并按照采购计划提前进行市场调研、采购文件编制，预留充分的时间投标及谈判、澄清。

②依据图纸审核产品标准，配合招采预审，选择高水平的材料供应/施工队伍，为履约过程的工程品质保证提供有利资源。

③成本、设计、工程等相关部门配合监理单位，做好合同包划分工作、确定各项工程的合同界面，避免“模糊地带”。

④结合造价咨询的评标意见，监理单位进行必要的测算，同时通过目标成本及造价咨询提供的回标前预算的双把控，做好定标价的控制，合理确定标价。

⑤大宗材料设备采购的成本控制。一方面，需要充分了解市场经济和技术信息，及时提供设计优化意见，以有限的投资获取尽可能大的效用；另一方面，通过充分的市场调查与良好的采购机制，选择恰当的时机对比市场竞争报价，实现节约成本的目标。

（3）施工阶段的成本控制重点

施工阶段的投资控制主要是对设计变更、工程洽商单、工程签证单、工程索赔与反索赔的控制，具体包括以下内容：

①杜绝不合理、不必要的变更，严格控制合同外成本增加。项目各参建方均可提出变更申请，变更申请经项目部现场、设计、成本评估并报相关领导层批准后方可实施。

②对于现场返工、索偿等事项，依据合同，明确责任单位，合理分摊相应费用。

③定期进行项目成本变动分析，监理单位内部进行通报说明，做好预警及过程控制工作。

④鼓励项目各参建方提出优化设计，优化设计不得降低项目品质，经批准实施的优化设计，按节约的造价奖励提议人。

⑤关于索赔与反索赔，需特别加强与各部门的协同、备案工作，及时知会相关责任单位，以保证不落项及为谈判做好必要的准备工作。

⑥对于工程款的审核批付：监理单位严格按照合约及公司相关规章制度批付合同款，严格控制批付金额和付款节点，不少付、不超付，不提前、不拖后；组织造价咨询单位对监理单位、项目部审核工程量的施工单位上报进度款文件进行计量、审核；并对造价咨询单位的成果文件进行抽测，以保证计量、计价的准确性；已获公司批准的变更造价可以按合同约定的完工情况、付款方式随进度款一起批付，但须从合约角度杜绝对未获批准的变更造价先行付款。

⑦对于工程结算：通过施工阶段的必要、有效控制，监理单位做好结算准备工作，协同工程部等相关部门保证指令文件的有效性、完整性、可追溯性，确保结算审核文件准确；制定竣工结算资料要求，督促承包商做好竣工结算资料，通过监理、设计院及相关顾问单位审核竣工图纸，保证竣工结算资料的完成性、准确性；对于结算成本对比目标成本、过程成本变更进行必要说明，有依有据有批复；达到结算条件的及时协调供应商报送结算文件，结算文件先由监理审核后，交造价咨询单位复审，复审结果由项目部审核后按公司规定程序报各部门审查。

⑧决算工作由财务部门牵头组织实施，项目部各小组协助办理。

珑湾项目选择实施精益成本管理，主要是因为这种方法能够帮助项目在多个维度上实现成本效率和资源最优化。首先，随着全球经济形势的变化和建筑材料成本的波动，精益成本管理提供了一种系统性的方法来识别和消除浪费，确保每一分投入都产生最大的价值。其次，精益成本管理强调持续改进和价值最大化，这与前海珑湾国际人才公寓作为高端住宅和商业复合体项目的定位高度吻合。通过细化项目的每个阶段，精益成本管理有助于提升建设和运营过程中的效率，从而在竞争激烈的房地产市场中保持竞争力。此外，精益成本管理与珑湾项目追求的绿色建筑理念高度契合。在优化成本的同时，注重材料的高效利用和节能减排，不仅响应了环保政策导向，也满足了现代消费者对健康、可持续生活方式的追求，提升了项目的品牌形象和社会责任感。

综上所述，精益成本管理为前海珑湾国际人才公寓项目带来了一系列显著优势，提升项目效率，增强其市场吸引力和环境责任感，为打造高效、绿色、高价值的国际化人才公寓奠定了坚实基础。

CHAPTER 6

第 6 章 前海珑湾国际化人才社区项目设计创新

设计阶段在建设工程全生命周期中起着引领作用，决定了项目的功能性、质量管理、成本效益和可持续性等目标的实现，对于充分发挥项目投资效率和全生命周期增值至关重要。珑湾项目采用 BIM 技术实施正向设计，通过三维协同设计平台直接输出所需图纸和报表，提高了设计质量并减少变更。为了同时提升项目的成本效益和居住品质，项目将模数化理念应用于幕墙设计中，并在精装修设计中融入了服务设计理念，以满足用户的健康和舒适性需求。在可持续发展背景下，项目通过垂直绿化、节能设计和海绵设计实现绿色低碳目标。这一系列创新确保了工程设计目标的实现，并为同类工程提供了宝贵的经验借鉴。

6.1 BIM正向设计

近年来，前海多措并举，率先示范，从顶层设计、标准先行、立法保障、创新应用等方面大力推广应用 BIM 技术，多项成果走在全国前列。在此大背景下，珑湾项目成为前海管理局 BIM 正向设计审批的试点工程，承载着前海首个明确提出正向设计要求的项目的重要使命。作为前海 BIM 技术应用的重点项目和示范项目，珑湾项目在方案及工规报建时，坚持按照前海 BIM 交付标准提交 BIM 设计成果，充分利用 BIM 技术实现设计、施工全过程的协同与优化。

6.1.1 设计管理综合策划

1. 项目重难点分析

（1）对全专业应用 BIM 要求高。《深圳市人民政府关于深化住房制度改革加快建立多主体供给多渠道保障租购并举的住房供应与保障体系的意见》中提出“坚持以住房供给侧结构性改革为主线，突出多层次、差异化、全覆盖，针对不同收入水平的居民和专业人才等各类群体，构建多主体供给、多渠道保障、租购并举的住房供应与保障体系”。珑湾项目是为贯彻落实国家、省、市对前海的战略定位的重点项目，位于前海合作区的中心地带，项目整体规划，与周边环境的关系等，均须达到项目定位要求。针对项目的定位，珑湾项目需按照全流程应用、全领域协同、全部门参加的“三全”原则使用 BIM 技术，比如：在项目设计阶段，利用 BIM 进行各项模拟分析，辅助方案决策选择；在项目应用过程管理中，建立 BIM 正向设计应用方案、建模标准、应用流程、组织协调方案等管理手段，以保障项目定位实现。

（2）“投、建、管、运”为一体，BIM 全生命周期应用要求高。BIM 自发展至成熟运用至今，在设计、施工和运营过程中，其应用更多是为了满足设计师、施工方和开发商等工程实际参建方的工作需求，例如在设计阶段进行专业协调和在施工阶段实现可视化等。然而，对于住宅项目而言，BIM 技术是否真正考虑了建筑使用者的利益，是十分重要和关键的问题。珑湾项目是前海乐居第一个“投、建、管、运”为一体的项目，“投、建、管、运”一体化管理模式对在项目全生命周期内统筹协调、整体推进工作机制、管理制度和标准，具有一定的要求。BIM 在珑湾项目全生命周期中的各应用点，也应根据项目特点，进行规划。例如，在珑湾项目设计过程中，可利用 BIM 技术对各户型进行比较和分析，对专业进行整体协调，并对项目重点区域进行净高分析。利用 BIM 可视化，前置装修效果，让业主提前置身自己的小天地，为人才引进工作缓解社会问题。同时，尽早让物业运维管理部门介入，提出需求，用全生命周期的视角，进行建设项目目标的规划和控制。

（3）BIM 正向设计要求高。珑湾项目在规划时提出采用正向设计的要求，然而对于复杂的项目设计，正向设计过程存在挑战，包括较大的难度系数和长周期，在设计过程中可能会出现无法完全预测的情况，甚至可能需要重新评估各专业设计工作，以应对局部问题。因此，在珑湾项目的实施过程中，必须制定 BIM 实施规划，以实现 BIM 技术咨询与设计的一体化。这样可以在各个设计环节充分利用 BIM 应用咨询，以应对设计过程中的挑战和不确定性。

（4）装配率高，预计构造节点多。珑湾项目是前海探索建筑产业化的试点项目，要求采取装配式建筑建造，且装配率不得低于 50%。因此，应用 BIM 模型辅助装配式设计方案对比和建筑分析，做好验证工作，是设计阶段的工作重点。装配式钢结构建筑可基于信息化的 BIM 技术有效实现其全生命周期的管理和控制，包括设计优化、建筑结构匹配、建筑部品选型、建筑使用中的运营维护等。比如：在初步设计阶段，采用 BIM 技术进行结构布置优化、建筑与结构匹配分析、楼板体系选型、建筑节点构造细化等工作，可以实现结构与建筑设计可视化，满足珑湾项目的高标准要求。

2. 确定 BIM 应用总体目标

（1）配合实现项目管理目标。①设计协同：实现方案设计、初步设计、施工图设计阶段正向设计全专业协同。②进度控制：应用 BIM-4D 施工方案模拟，优化各项施工方案，科学缩短工期；并利用模型进行计划与实际工期对比，辅助进度控制。③造价控制：通过碰撞分析和竖向净空分析，减少不合理设计，间接减少设计变更和索赔数量，避免造成施工阶段返工；通过 BIM 的工程量计算功能，辅助项目过程中如招标投标和施工图预算工程量清单对比。④质量安全控制：实施管线综合，提高高层建筑复杂管线的深化设计和施工质量；对关键施工方案进行 BIM 模拟，预先发现重大危险源，并且基于 BIM 模拟进行技术交底。⑤信息化管理：实现项目全生命周期信息化管理，提高管理效率。

（2）辅助正向设计实现。①方案设计阶段：实现设计阶段 BIM 各应用点包括建筑与周边环境关系规划、建筑性能分析、室内装饰方案、虚拟仿真漫游等，辅助方案比选与优化。②初步设计阶段和施工图设计阶段：辅助建立建模标准、正向设计流程、各专业出图标准和成果交付标准，完成设计阶段 BIM 各项应用点，侧重装配式设计应用。③施工准备阶段：完成施工方案模拟和其他专项模拟测试验证，完成场地布置模拟和施工专项模拟。

（3）提升项目 BIM 应用水平。辅助业主单位和各参建单位提高 BIM 技术应用水平，组织安排 BIM 专项培训，组建项目 BIM 应用团队，在各项应用过程中，以提升项目 BIM 应用水平为目标，组织协调工作。

（4）打造重点项目 BIM 技术应用模板。以打造重点项目 BIM 技术应用为目标，编制和定期更新项目 BIM 技术实施规划，制定各阶段 BIM 应用流程，建立项目建模标准，规范应用成果，通过珑湾项目建立正向设计应用模板。

3. 基于 BIM 的电子招投标

2016 年 6 月，国家发展改革委印发了《关于深入开展 2016 年国家电子招标投标试点工作的通知》（发改办法规〔2016〕1392 号），对深圳市明确提出了“深化 BIM 等技术应用，推进电子招标投标与相关技术融合创新发展”的 BIM 应用试点要求，在此背景下，深圳成为中国第一个电子招标试点城市。2017年，深圳的BIM招标投标系统试点工作先后通过了国家发展改革委、住房和城乡建设部的验收。2018年4月，深圳市发文进一步推广基于BIM技术电子招标投标系统的相关试点应用。同时，为适应深圳住房和建设工程招标投标BIM技术应用需求，规范BIM电子招标投标系统的建设，深圳市建设工程交易服务中心（深圳电子招标投标试点城市实施单位）在深圳市住房和建设局的指导组织下制定了深圳市工程建设标准《房屋建筑工程招标投标建筑信息模型技术应用标准》SJG 58—2019，这是中国第一个BIM招标环节应用标准。

和一般性电子招投标不同的是，基于BIM的招标投标系统是在电子招投标系统的基础上加载BIM辅助评标系统，并将BIM的应用贯穿整个招标投标工作。在项目专业化、自动化和集成一体化的发展趋势下，BIM技术的参与有助于招标投标信息的高度共享，改善项目相关决策的效率，提高数据输入的准确性并减少数据重复输入，让招标投标双方以更科学、合理的方式对投标结果作出正确决策。

作为全过程应用的初始端，2019年4月28日，珑湾项目在深圳市建设工程交易服务中心顺利完成招标，成为全国首个设计BIM招标项目。这是深圳市住建局首个BIM电子招标投标系统试点项目，也是广东省首次在设计招标中引入BIM系统。BIM评标系统可以为专家们提供更直观的方案展示，方便专家对建筑物外观、内部结构、周围环境、各个专业方案等进行详细分析和对比，大大提高了评标质量和效率，进一步推进了BIM技术全过程集成应用，实现工程建设项目全生命周期的数据共享和协同管理，促进建筑业提质增效。

6.1.2 方案阶段的BIM正向设计

1. 完成BIM设计工作方案与技术标准的编制

在项目开始之初，需要提前开展策划并编制BIM实施细则，以此来明确设计需求及BIM正向设计工作方式和应用成果，并且对于建设和运营期间可能产生的BIM模型要求进行充分考虑并予以预留。同时需要在项目进展前期，重点收集、分析相关信息，提前决策，对设计单位下达合理的设计要求与指令，避免在设计及建设过程中出现反复的修改，造成时间及经济上的损失。另外，需针对不同单位和不同专业的各参建方制定统一的建模标准，以明确项目全生命周期内各阶段BIM应用实施内容和准则，便于BIM按计划实施和有效管理。

以《前海乐居桂湾人才住房项目BIM实施规划》为依托，福斯特组织编制了《前海乐居桂湾人才住房项目BIM执行计划》，华艺组织编制了《前海乐居桂湾人才住房项目BIM设计工作方案》和《前海乐居桂湾人才住房项BIM设计技术标准》（名称变更过）。珑湾项目按照编制的各项制度细则，建立了项目设计管理的协同工作机制，就BIM正向设计管控流程（图6-1）、实施保障、运行工作计划及例会等细节制定制度。细则的亮点包括：①根据前期制定的项目需求以及BIM在珑湾项目的具体应用目标，预估了在项目实施过程中可能会出现的重难点；②明确了为实现项目目标而建立的BIM团队组织及各方职责范围，包括各项BIM应用制度；③根据项目

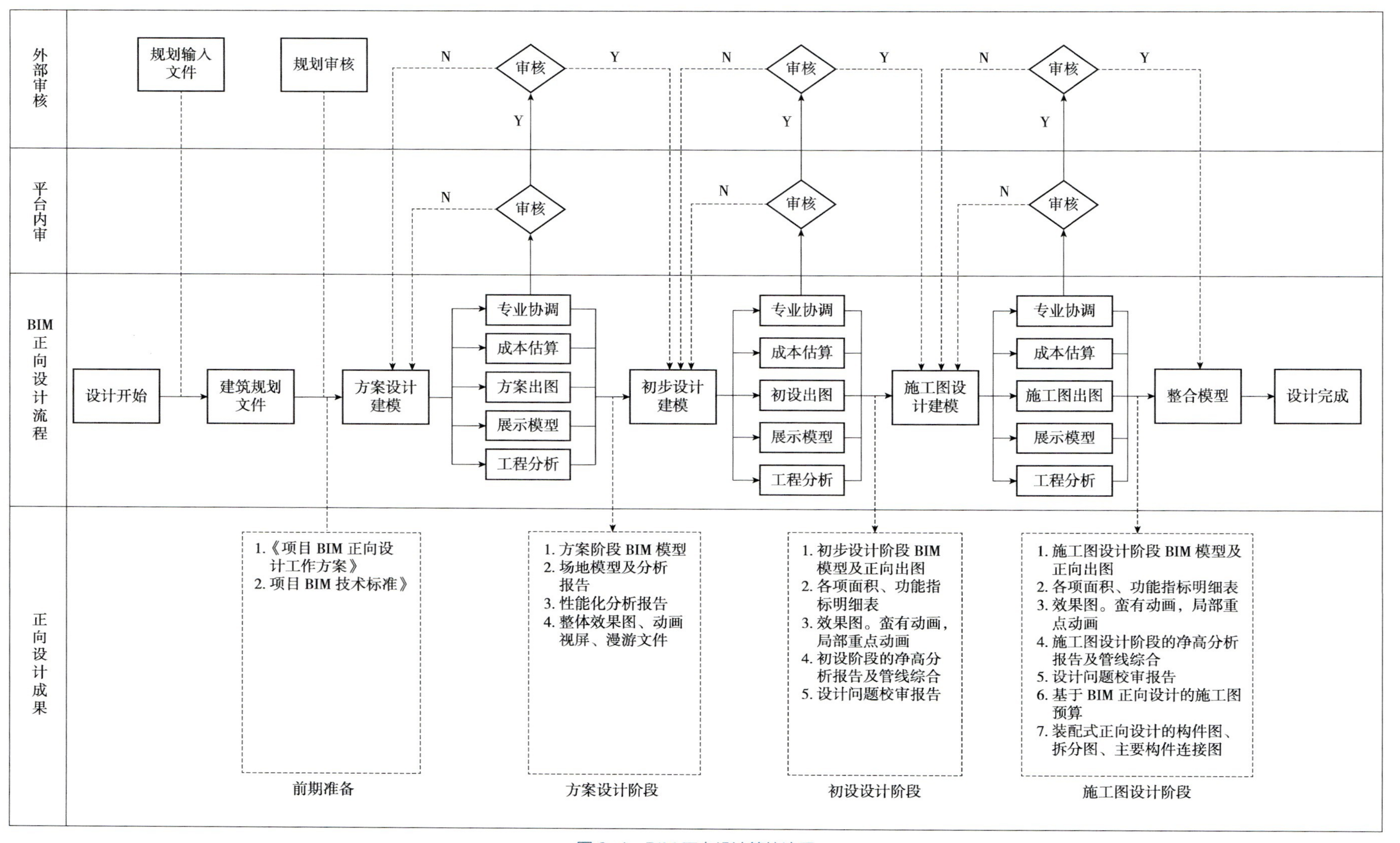

图 6-1　BIM 正向设计管控流程

特点，初步规划不同阶段 BIM 应用点，详细描述了每个应用点的数据准备、操作流程以及相应的成果；④参考 LOD 模型精度分级（从 LOD100~LOD500）将项目各阶段模型按功能、需求精准划分，以保证模型在各阶段的应用质量。

2. 设计协同平台部署

通过部署 BIM 设计管理协同平台，用于对模型、图纸的存储和各参建方其他各种资料的存储，以及对各阶段成果文件版本的存储管理，从而可以确保在项目实施过程中，基于设计管理协同平台进行设计问题沟通交流及成果确认。

珑湾项目涉及参建单位较多，组织关系较复杂，协调难度大。因此，利用 BIM 建立的统一工作平台，协调好各参建单位和部门，提高交流效率，及时解决问题，是珑湾项目 BIM 正向设计的重要工具。漫拓云工程平台为科瑞真诚自主研发的工程管理类平台，结合 BIM 技术，实现“BIM+PM”的工程管理模式。为辅助珑湾项目建设过程管理，前海乐居对该平台的功能和应用提出了定制化的需求，最终建立以业主方为主导，科瑞真诚 BIM 咨询团队配合整体实施的全过程 BIM 应用管理方案。BIM 平台管理模式如图 6-2 所示，以漫拓云平台为中心，形成 BIM 总包管理模式，建立各单位内部管理平台，实行内部分平台管理、外部大平台管控的管理机制。

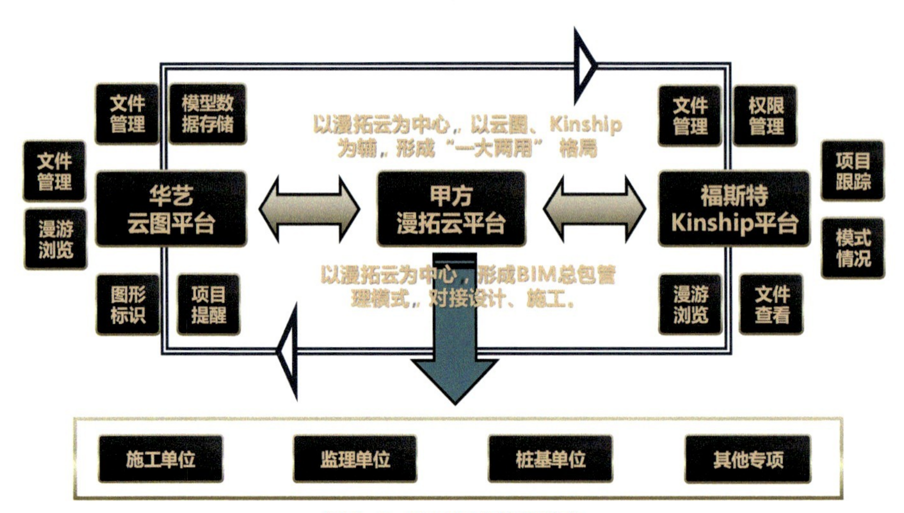

图 6-2 BIM 平台管理模式

3. BIM 模型三维建模

校核方案阶段的 BIM 模型，核对模型遗漏或表达不明确的地方，辅助方案细部设计的讨论。结合各专业意见对方案阶段关键部位进行净高预估分析与排布，落实到方案阶段 BIM 模型中，如图 6-3 所示。

4. 场地分析

依据 BIM 模型及业主的要求对项目区域内外进行动线分析及模拟，结合珑湾项目位置及周边环境，验证建成后交通方案。包括对停车场及车道的行驶路径、行驶净高及行驶转弯半径进行分析，以及对车道的交通流向、高峰时期车流量进行分析，并向业主提交相关的模拟动画及分析报告。

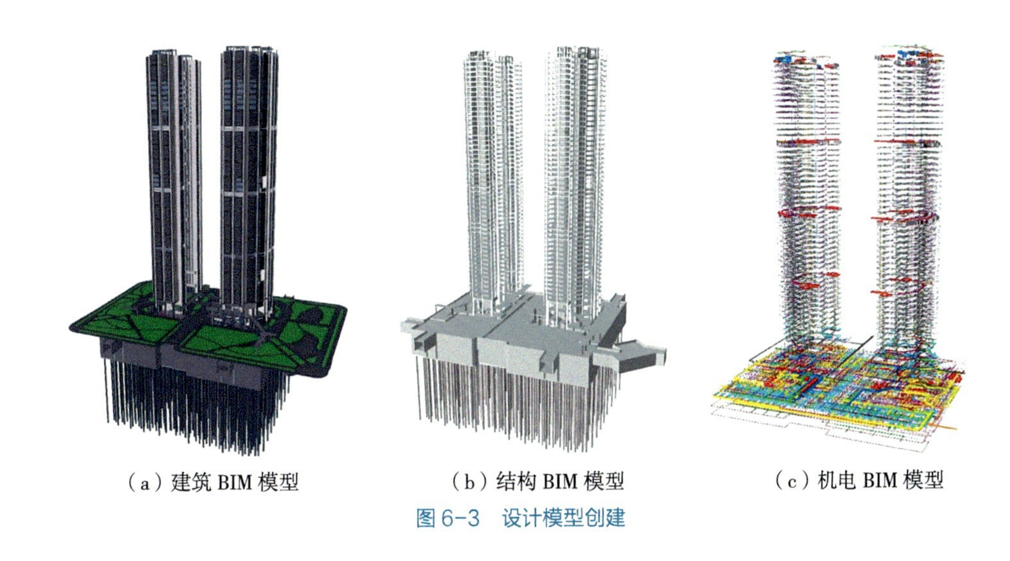

（a）建筑 BIM 模型　（b）结构 BIM 模型　（c）机电 BIM 模型

图 6-3　设计模型创建

5. 建筑性能模拟分析

结合当地气候条件和日照参数，依据 BIM 模型对建筑的整体进行性能分析及优化，根据前海管理局 BIM 报建需求，配合利用设计阶段 BIM 模型进行日照分析、风环境分析等工作，并提交相关的分析报告。

6. 可视化展示

设定视点、漫游路径、实时效果渲染，反映建筑物整体布局和空间协调关系，在方案阶段，通过可视化展示做多方案对比，讨论确定最终方案，将成果落实到设计阶段的 BIM 模型中，呈现设计表达意图。

6.1.3　初步设计阶段的BIM正向设计

1. 正向设计及出图

项目在设计过程中逐步进行 BIM 设计出图，覆盖全专业，通过 BIM 软件实现三维可视化 BIM 正向设计（图 6-4）。通过 BIM 模型输出工作方案中约定的各专业施工图图纸，用于报批报建以及施工交底等，除常规图纸外还需输出诸如局部三维图、面积分布图、净高分析图、管线综合图、各种明细表等，用于辅助项目中的各种应用需求及指导现场施工等工作。

2. 协同设计与空间协调

（1）管线综合。各专业设计师通过中心文件的同步完成协同设计、优化设计、提高净高，生成各专业平面图。

（2）净高分析。为满足建筑使用功能，经过多次排布及优化，最终确定了设计阶段的净高分析图。

（3）优化机电管线排布方案。对建筑物的净高空间进行检测分析，并给出最优净空高度；通过 BIM 云平台协同的方式将问题提交到平台进行协调解决，形成问题记录；最后将解决方案落实到 BIM 模型中，形成最终版的净高分析图和管线综合图（图 6-5）。

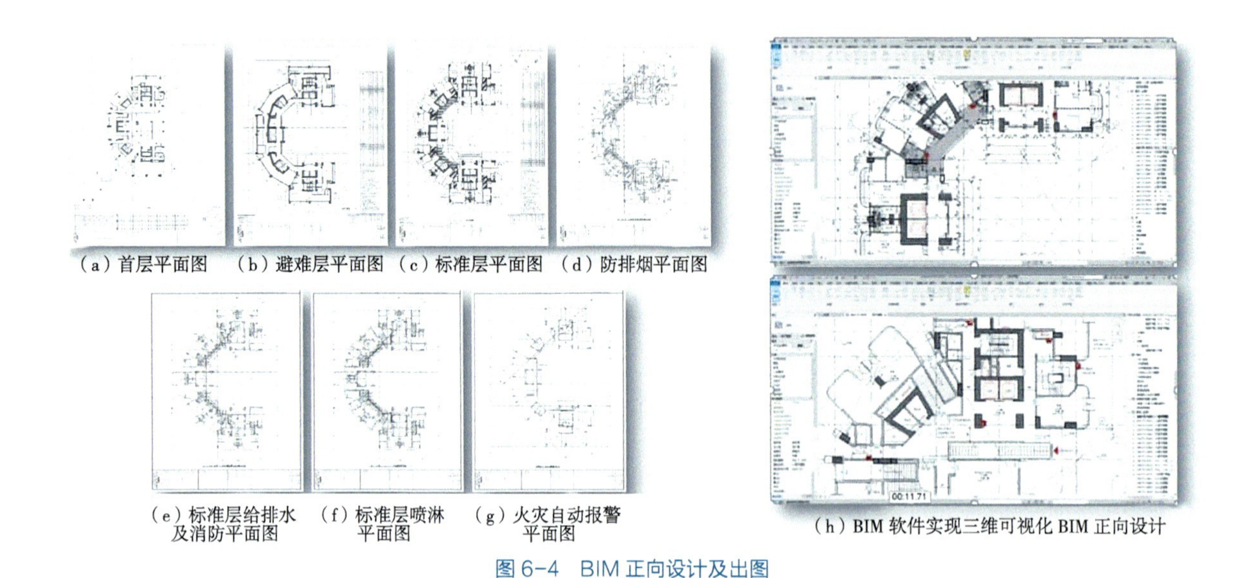
（a）首层平面图 （b）避难层平面图 （c）标准层平面图 （d）防排烟平面图
（e）标准层给排水及消防平面图 （f）标准层喷淋平面图 （g）火灾自动报警平面图
（h）BIM 软件实现三维可视化 BIM 正向设计

图 6-4 BIM 正向设计及出图

（a）通过进行多次管线综合优化和调整，标准层层高为 3.2 米，净高控制在 2.35 米，并对开洞位置进行预留
（b）净高分析图
（c）机电漫游
（d）净高讨论会

图 6-5 BIM 净高分析及管线排布

3. 方案比选

（1）塔冠建筑选型。项目以 BIM 模型为基础，经过多个方案的对比和推敲，最终选择了性价比较高的方案三为最终方案（图 6-6）。

（2）玻璃幕墙选型。因工艺需求，弧形玻璃段无法采用 LOW-E 中空玻璃（LOW-E 镀银膜延展性差，无法拉伸），弧形玻璃只能采用镀膜夹胶玻璃。根据优化成本要求，依据 BIM 模型考虑，保证原有方案设计效果，将原设计的非标 R 角和分割进行优化，避免开模定制，大大节省成本。比较优化前后的方案，原方案玻璃生产难度大，圆弧位置半径加大后，优化成常规半径尺寸，可以减少成本；内侧增加竖梃，弧直玻璃分开，优化后玻璃无须开模生产，且由特制玻璃优化为常规玻璃，成本大大降低（图 6-7）。

（3）室内精装选型。使用 Rhino 模型进行室内布局的渲染，体现公寓“灵活的家”的设计意图，体现公寓通过可拆式隔墙方式，分割室内布局，便于快速决策，具体如图 6-8 所示。

（a）塔顶剖面关系分析图　　（b）基于 BIM 模型的方案对比

图 6-6　方案比选—塔冠建筑选型

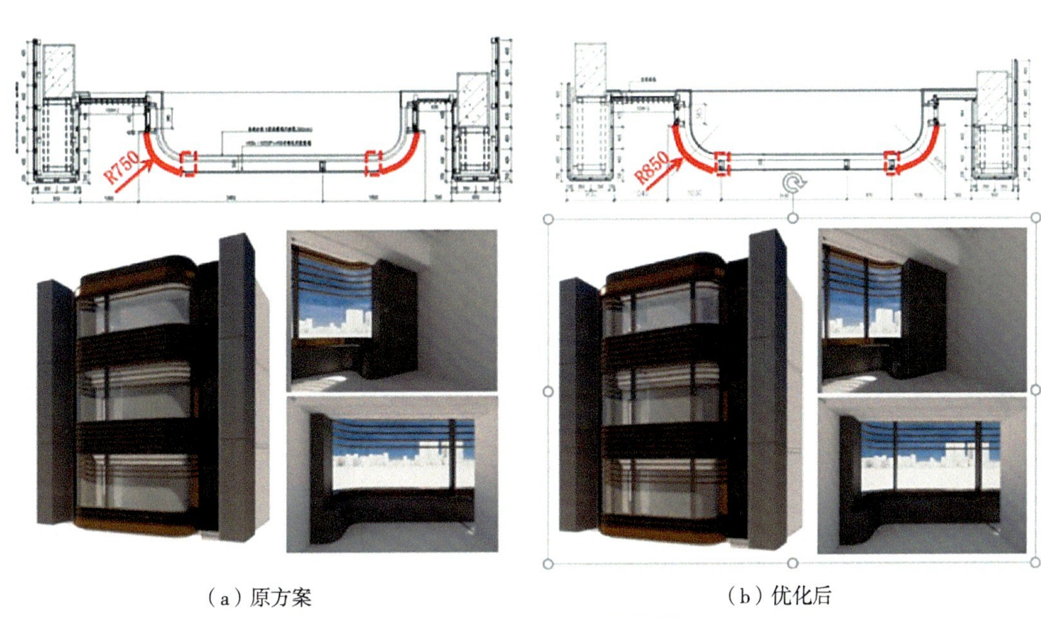

（a）原方案　　（b）优化后

图 6-7　方案比选—玻璃幕墙选型

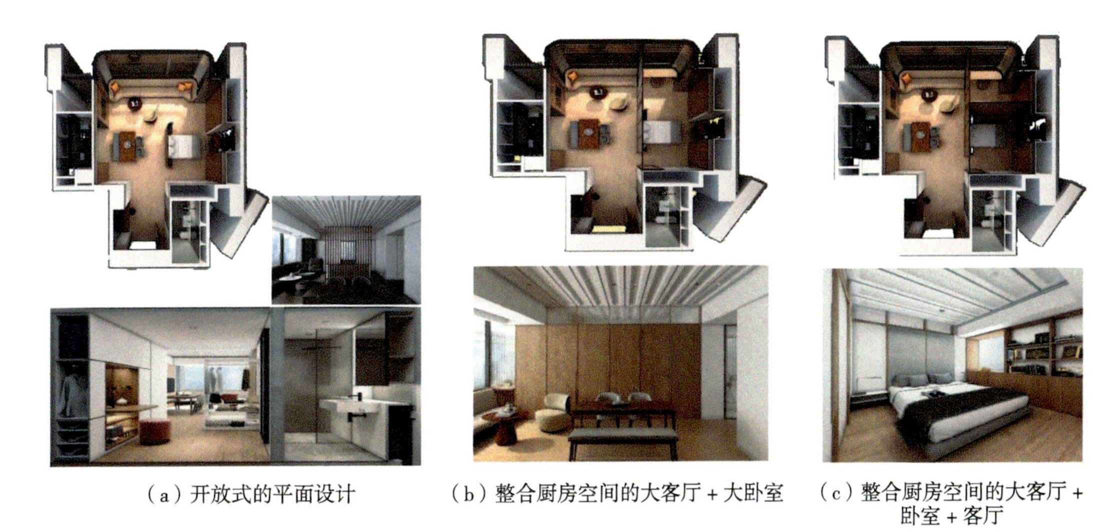

（a）开放式的平面设计　　（b）整合厨房空间的大客厅 + 大卧室　　（c）整合厨房空间的大客厅 + 卧室 + 客厅

图 6-8　方案比选—室内精装选型

6.1.4 施工图阶段的BIM正向设计

1. 工程量计算

使用 BIM 模型进行工程量的计算，根据施工总承包招标清单在 BIM 云平台给 BIM 模型的各种构件进行编码，最终导出算量清单用于工程量预算。图 6-9 为幕墙系统工程量分析示例，通过对玻璃幕墙、铝板幕墙、石材幕墙的系统分析，得出对应工程量，为后续招标投标提供数据支持。

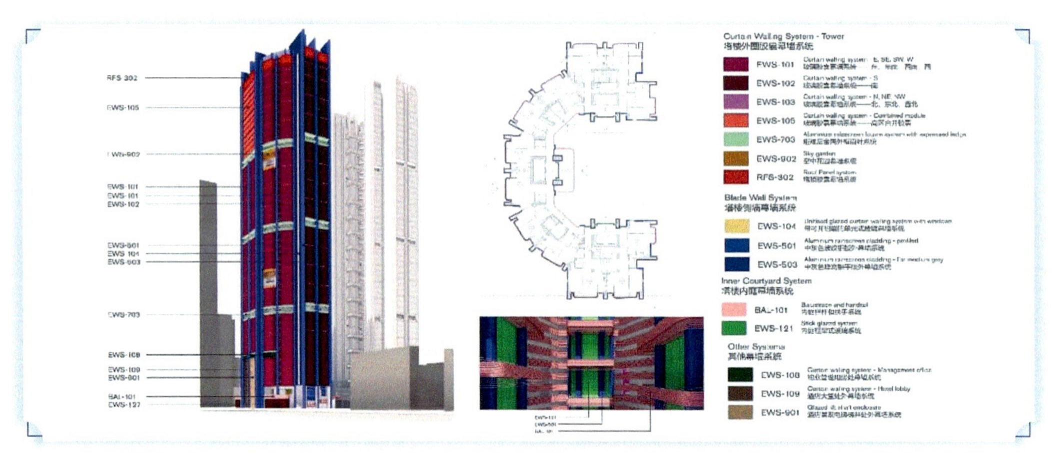

图 6-9　幕墙系统工程量分析示例

2. 碰撞检测

整合模型后各专业模型进行碰撞检测，对构件之间、构件与现浇部位之间进行碰撞检测，生成碰撞检测报告，分析碰撞点，实现空间协调，总结共计 21 条管线优化问题，汇编生成《施工图综合管线优化报告》，其示例如图 6-10 所示。

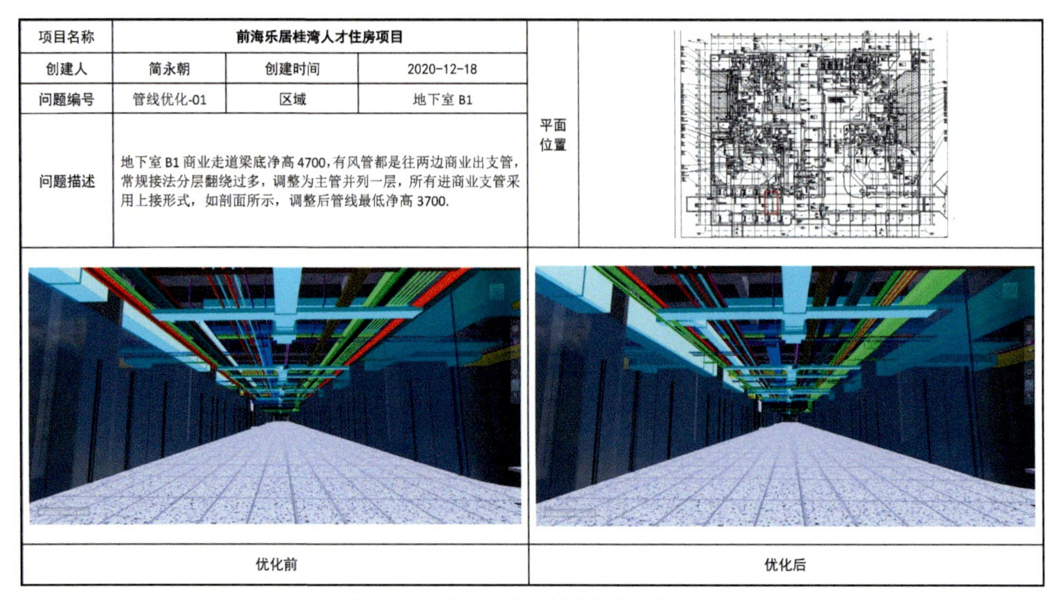

项目名称	前海乐居桂湾人才住房项目			平面位置
创建人	简永朝	创建时间	2020-12-18	
问题编号	管线优化-01	区域	地下室 B1	
问题描述	地下室 B1 商业走道梁底净高 4700，有风管都是往两边商业出支管，常规接法分层翻绕过多，调整为主管并列一层，所有进商业支管采用上接形式，如剖面所示，调整后管线最低净高 3700。			
优化前				优化后

图 6-10　施工图综合管线优化报告示例

3. 装配式建筑构件虚拟建造及 3D 打印

制作装配式建筑的施工模拟动画，对装配式建筑构件进行施工工序的模拟，完成对复杂装配式建筑的施工吊装模拟，用于施工中进行可视化交底。此外还使用 3D 打印技术，进行构件选型及预拼装可行性验证。

（1）3D 打印—单元式幕墙。采用 1 ： 50 的 3D 打印单元式幕墙模型，进行预拼装可行性尝试（图 6-11）。

（a）原方案 3D 打印效果　　（b）现方案 3D 打印效果

图 6-11　3D 打印—单元式幕墙

（2）3D 打印—外立面波纹板。利用 3D 打印技术研究幕墙竖向波纹板侧墙系统，辅助快速决策，最终选用方案四（图 6-12）。

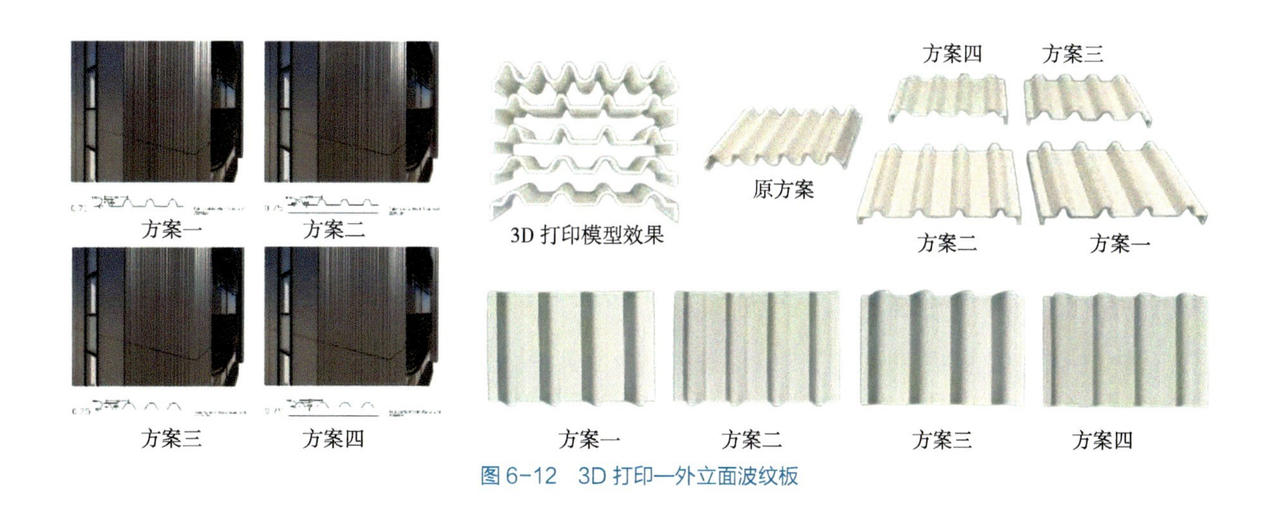

图 6-12　3D 打印—外立面波纹板

（3）3D 打印—风洞试验。结合 3D 打印技术辅助进行结构风洞试验，试验得到项目高层建筑位移角、位移比、风荷载舒适度、墙体受拉分析等结果，保证结构安全性（图 6-13）。

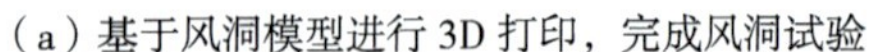

（a）基于风洞模型进行 3D 打印，完成风洞试验

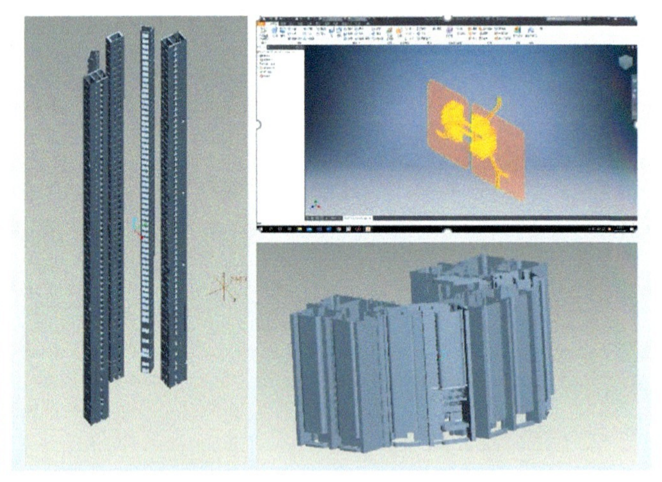

（b）Autodesk Revit（Rvt）模型使用 Autodesk Inventor 打开，转出 Proe 模型格式，然后进行风洞计算

图 6-13　3D 打印—风洞试验

6.2 幕墙与模数化设计

6.2.1 幕墙与模数化设计相关概述

1. 幕墙设计概述

幕墙作为现代建筑结构的重要组成部分，是现代建筑外部视觉效果的直接体现。随着建筑设计中绿色节能理念与艺术理念的渗透，幕墙的基础功能已经不再局限于传统的建筑外立面防护，而是融入了更多的内容，这为现代建筑中幕墙设计内容与形式变化提供了丰富的素材，也使幕墙在展示现代建筑艺术美感的同时，成为文化艺术新的载体。此外，相比较其他装饰设计来说，幕墙的艺术呈现效果好，设计人员可以根据需求设计各种幕墙造型，可呈现不同颜色的搭配形式，并与周围环境相融合，配合光照等使建筑物与环境融为一体，减轻现代建筑高密度、多层数等带来的压迫感。

幕墙作为现代建筑的附属部分，主要起到外墙围护的作用。从建筑结构功能的角度来看，幕墙的装饰性特点较为明显。因此，幕墙在现代建筑设计中多作为建筑整体的艺术体现载体，通过对幕墙造型、材质、色彩等相关要素的调整，赋予建筑主体不同的艺术美感。然而，幕墙设计中的艺术体现与建筑主体结构有着一定的相关性，不同类型的建筑主体设计对幕墙设计的艺术体现效果存在着一定的适应性问题。所以，现代建筑中幕墙设计的艺术体现，应当以建筑主体结构为参考，并充分考虑建筑空间特点，使其艺术体现遵守现代建筑设计的整体性、艺术性等原则，满足各类型建筑外部空间的艺术呈现需求。

2. 模数化设计概述

建筑模数指的是在建筑设计中，为实现建筑业的大规模工业化生产，使不同形式、材料、制造方式的建筑构件能够具有统一性和通用性，方便替用及互换而选定的统一协调的建筑尺寸单位。同时建筑模数也是空间设计、装配施工、建材及设备选定等各建筑相关部门进行尺寸协调的标准，这是为了方便建筑部件的安装具有互换性。

中国于 1986 年颁布实施建筑模数协调标准，建筑模数协调体系共分为四个层次：最高层次为总标准《建筑模数协调统一标准》；第二个层次是分类标准《厂房建筑模数协调标准》《住宅建筑模数协调标准》；第三个层次为专门部位的标准《建筑门窗洞口尺寸系列》《建筑楼梯模数协调标准》《住宅卫生间功能和尺寸系列》《住宅厨房及相关设备基本参数》；第四个层次是建筑的构配件及各类产品、零配件的标准。

当前的标准化模数大致分为三种类型：第一种为总标准，提供了数值概念、理论以及用法；第二种是专业的分标准，分为公共建筑、民用建筑、工业建筑；第三种为建筑特定部位的标准，如厨房、阳台、卫生间等部位。模数化的设计思路不但能够减少成本支出，降低工程损耗，缩短工期，还可以有效减少现场施工的次数，更便于现场的装配组合，提升统一完整性。进一步讲，模数化设计能够使建筑构件的库存和运输变得更为便利，因此可以降低成本。

6.2.2 幕墙设计

珑湾项目由两栋约 180 米高的超高层双子塔楼组成，外立面造型复杂且极具特色，包含单元式太空舱玻璃幕墙、框架式玻璃、铝板、格栅、石材幕墙等多种幕墙系统，形成了一体化的幕墙工程（图 6-14）。

项目幕墙设计精心组合了四大主要元素，太空舱式的单元幕墙、独特的色彩搭配、公建化的外立面和垂直绿化系统。基于为人才提供灵活生活空间的出发点，项目立面元素在考虑可构造性

图 6-14 珑湾项目幕墙效果图

外，也充分围绕“灵活”这一核心概念。建筑设计师创新性地设计了极具标志性的太空舱玻璃单元，再通过富有垂直感金属侧墙围合玻璃单元。每个单元由四大精心设计的部分组成：铜色铝板边框以及水平百叶、炭灰色哑面层间铝背板以及竖向格栅、中灰色砂面铝板竖墙和双层 LOW-E 超白玻璃。这些组成部分共同构建了坚固、高效且美观的幕墙系统，为建筑提供了优越的隔热、防雨和视觉效果（图 6-15）。在设计理念和建筑功能的双重指导下，建筑师致力于展现项目的国际化社区特色，采用简洁的玻璃材质与垂直金属侧墙，精心打造了一套具有精致质感和标志性特征的立面幕墙系统。

铜色砂面铝板边框
以及水平百叶

炭灰色哑面层间铝背板
以及竖向格栅

中灰色砂面铝板竖墙

Low-e 节能双层玻璃

（a）玻璃单元幕墙系统

铜色砂面铝板边框
以及水平百叶

炭灰色哑面层间铝背板
以及竖向格栅

中灰色砂面铝板竖墙

Low-e 节能双层玻璃

（b）塔楼侧墙铝板幕墙系统

图 6-15　幕墙立面设计

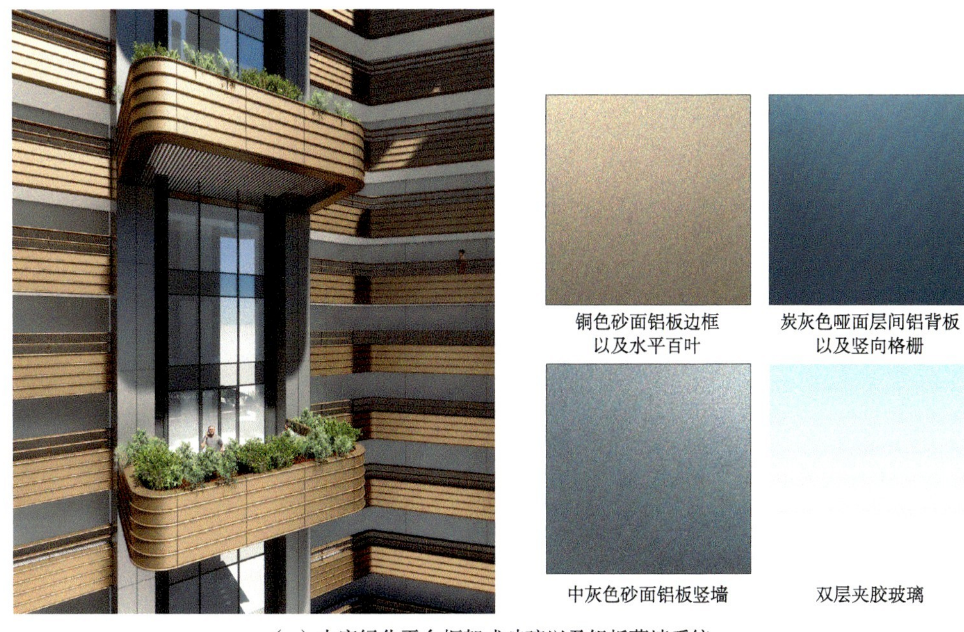

（c）内庭绿化平台框架式玻璃以及铝板幕墙系统

图 6-15　幕墙立面设计（续）

本项目在幕墙立面增设横向遮阳系统，以降低阳光直射对室内空间环境的影响。立面加入横向遮阳系统后，玻璃选用 LOW-E 中空双银玻璃（图 6-16）。

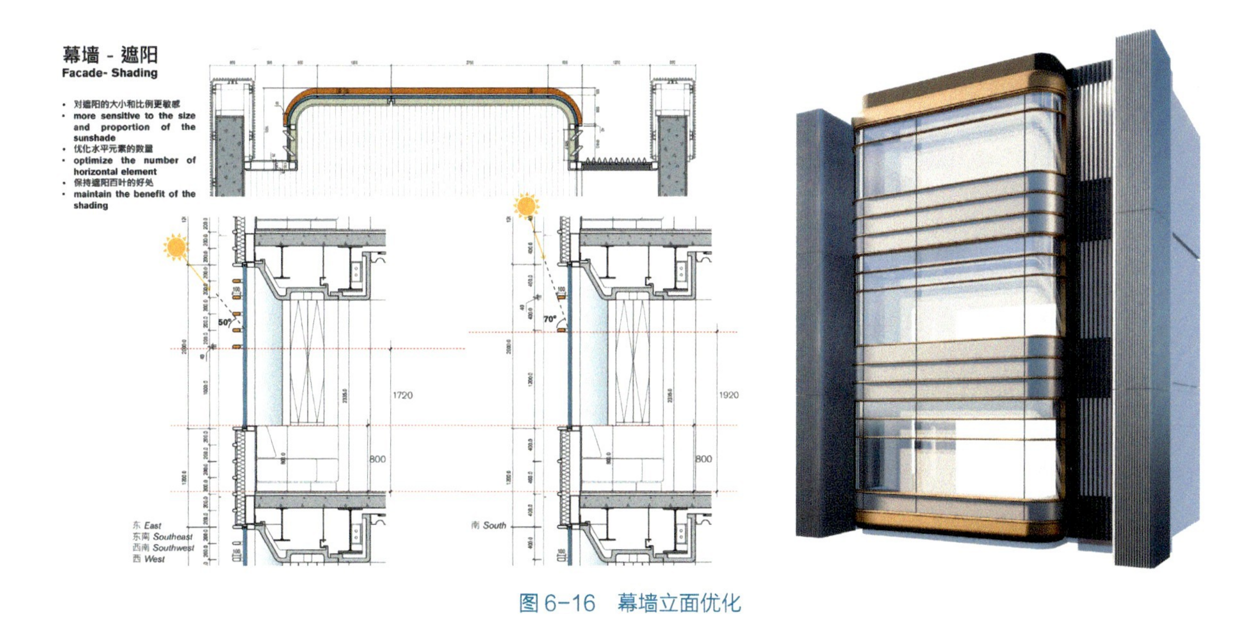

图 6-16　幕墙立面优化

6.2.3　模数化设计

1. 立面的模数化设计：幕墙标准化

在项目建筑立面的玻璃单元设计中，根据邻里单位构建模块化的预制幕墙单元。同时，建筑师提出“可使用的功能性外窗”这一设计理念，将室内空间设计和通风换气、隔绝噪声、卫生视觉、节能遮阳等功能统一集成进玻璃单元中幕墙预制单元（图 6-17）。

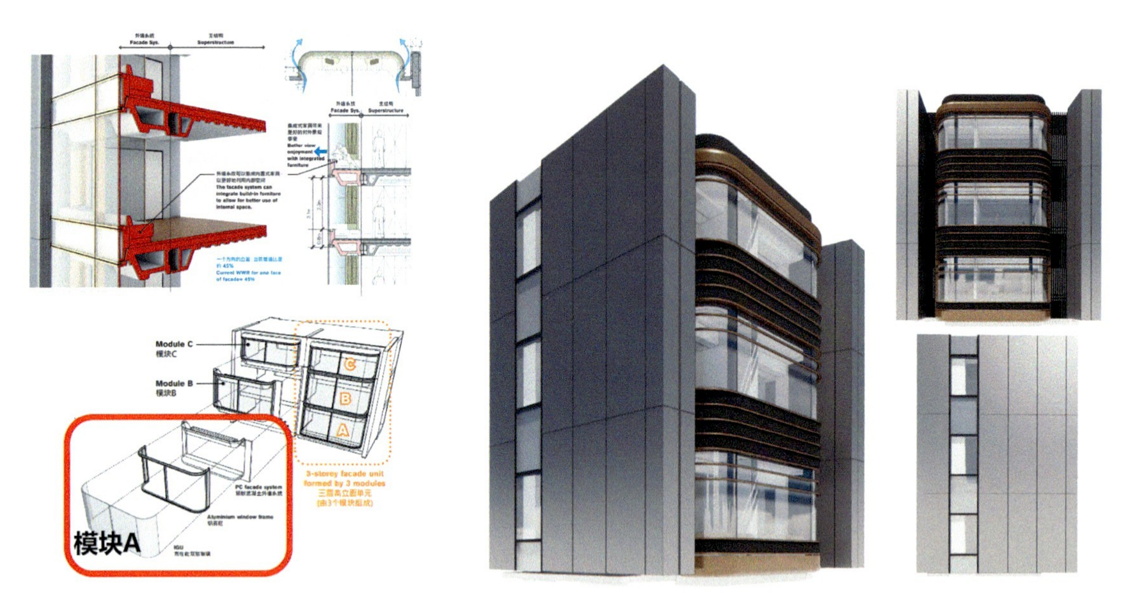

图 6-17　幕墙的模数化设计

模数化设计可以在节省时间、确保质量控制的同时提高灵活性，并降低成本。首先，珑湾项目建筑立面每两个单位设有钢管柱框架结构，因此可以在未来灵活地组合成不同的单元。尽管每种单元类型可能有所不同，但这些单元内的内部元素是标准化的，可以提高施工效率。其次，模数化设计允许建筑元件的预制和组装化生产，有效减少了现场施工的时间和人工成本。预制混凝土外墙系统和铝板防雨幕墙系统的标准化制造，不仅提高了生产效率，还减少了材料浪费，进一步节约了成本。最后，模数化设计的标准化部件使得采购和安装过程更为简化和高效。由于所有部件都是根据统一规格和标准制造的，因此可以降低采购成本，并减少由于不匹配或误差导致的额外费用。通过模数化设计，项目能够更精准地控制成本，避免由于设计变更或现场问题导致的额外支出。这种成本效益不仅使项目更具竞争力，也为居民提供了高品质且价格合理的居住选择。

2. 平面的模数化设计：布局和户型标准化

珑湾项目的模数化设计注重平面布局的标准化和户型的统一性，以有效控制成本并实现高效建设。平面布局的标准化设计围绕小社区概念展开（图 6-18），每层利用分桶式设计分成 3 个交通单元，每个单元由 4 户组成，以共享空间为核心，为居民创造温馨且互动的居住环境。在整体规划中，一个社区被视为一个模块，以扇形布置的方式在两个基地上重复排列，形成了统一的标准层布局。这种扇形布置不仅赋予了建筑独特的外观特点，也可以确保每个公寓都能在紧凑的城市商业中心中享有最佳的景观资源，每个公寓都能够直接面向基地周围的三个绿化带，为居住者提供宁静的自然景观和舒适的生活空间。这种设计不仅可以增强居住者的生活质量，也为他们提供了可以更加直观地欣赏和享受周边环境的居住体验。

在具体户型设计上，项目遵循少规格、多组合的设计原则，通过平面及立面上不同的排列、镂空、交错，户型重复率高，在实现丰富建筑效果的同时，结构布置尽可能均匀，构造做法满足工业化建造的需求（图 6-19、图 6-20）。

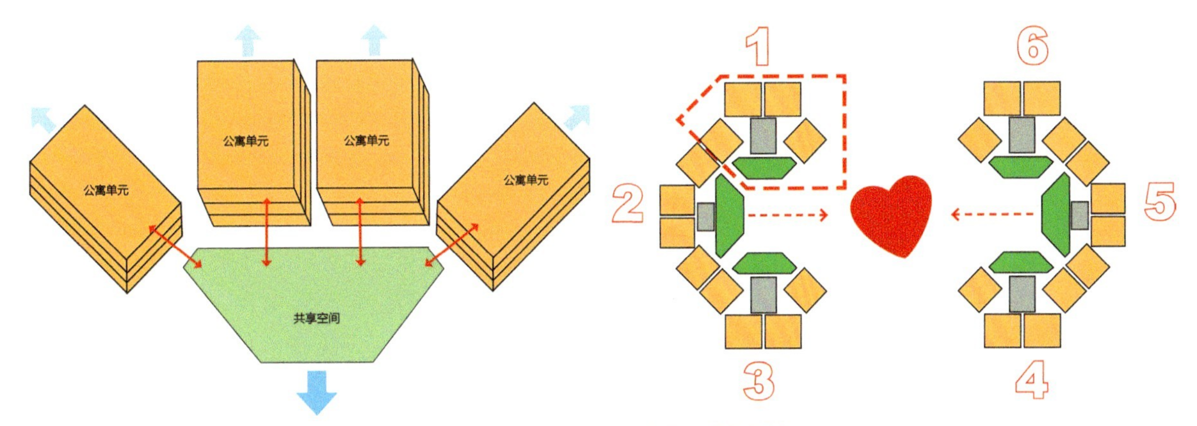

图 6-18　小社区的平面布局标准化设计

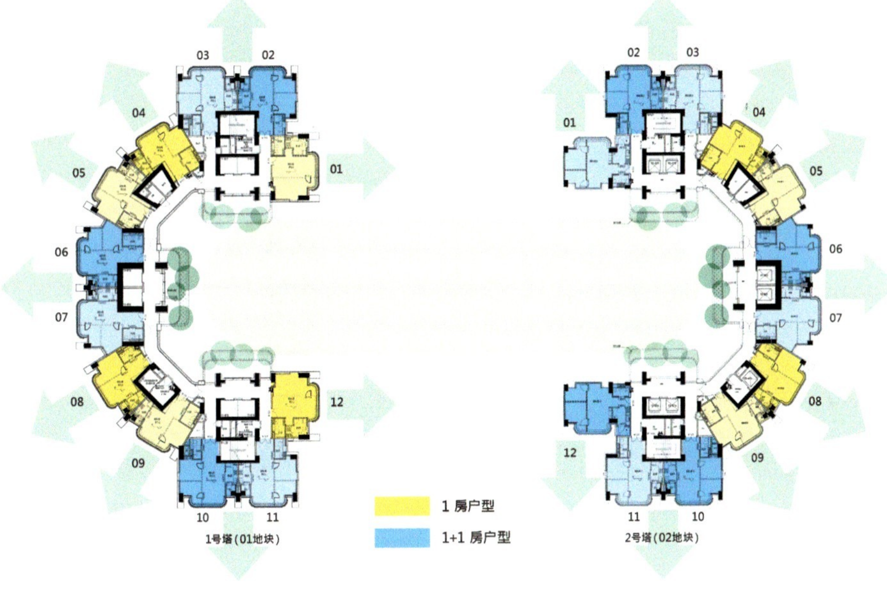

图 6-19　塔楼标准层户型布局—低 / 中区

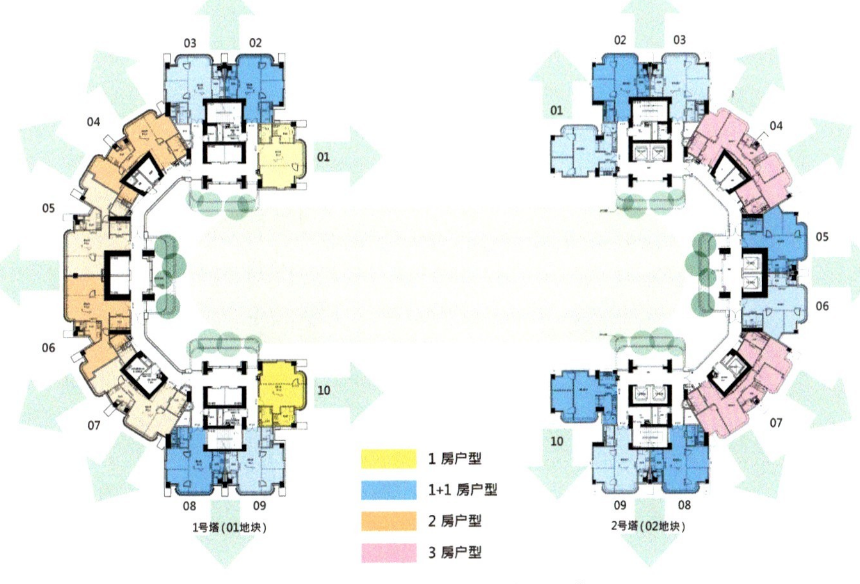

图 6-20　塔楼标准层户型布局—高区

6.3 精装修设计

6.3.1 精装修服务设计与标准化理念

服务设计理念是一种以用户为中心的系统思维方法。在设计学领域，服务设计指从用户视角进行服务功能和形式的设计，将用户体验置于首要位置，深入了解用户需求、期望和行为，以确保服务设计符合用户的真实需求。将服务设计理念应用于住宅精装修设计中，有利于提升客户体验、优化流程、增强沟通协作，确保装修效果满足甚至超越客户期望。服务设计理念的具体应用包括利用 BIM 技术，促进建设单位、设计师和施工团队之间的信息共享和协同，以及通过模块化和标准化设计保证项目品质，同时提供足够的定制选项满足用户的个性化需求等。

标准化理念指在特定领域建立一套统一的规范和标准，以确保产品、服务或流程的质量。标准的建立通常基于最佳实践和严格测试。将标准化理念应用于住宅精装修设计中有助于保障项目品质、提高施工效率和降低成本。标准化理念的具体应用包括制定技术标准，确定产品或服务的技术规范，以及制定质量标准，建立质量管理体系和评估标准等。

6.3.2 精装修设计体系

珑湾项目结合管理企业以往项目经验，编制了《前海乐居居住类产品装修标准化手册》（2023 版），其中包括适用范围、室内装修标准化体系全景图、不同产品系列的精装修配置标准、参考图片和细节要求等内容。标准化手册的制定为项目实行标准化装修提供了实践依据，也为项目运营设计融合和项目成本可控提供保证。此外，珑湾项目在精装修上还采用了全装修标准一体化设计和智能家居系统设计，旨在为住户提供高品质的居住环境和体验。

1. 全装修标准一体化设计

珑湾项目采用全装修标准一体化设计，这种方式环保节约。全装修范围包括门厅、客餐厅、茶水间、卫生间和卧室等室内空间。图 6-21 为装修效果图。

（a）入户走廊

（b）客餐厅

（c）卧室

图 6-21 装修效果图

2. 智能家居系统设计

珑湾项目在大户型住宅内打造了智能家居系统，涵盖 APP 管理平台、智能数字屏、智能开关面板、窗帘电机、红外线探测器、推窗器等。项目基于物联网技术构建了家居生态圈，为用户提供个性化生活服务。智能家居为用户管理家庭电子设备提供便利，如通过管理平台 APP，远程控制智能设备，形成多设备联动，实时反馈家庭情况。此外，智能家居内各种设备相互关联，无须用户操作也能根据不同状态互动运行，从而给用户带来高效、便利、舒适、安全的生活空间。智能家居的主要应用场景有：安全模式、离家模式、回家模式、娱乐模式以及睡眠模式等。智能家居的实现需要系统设计，系统拓扑结构如图 6-22 所示。

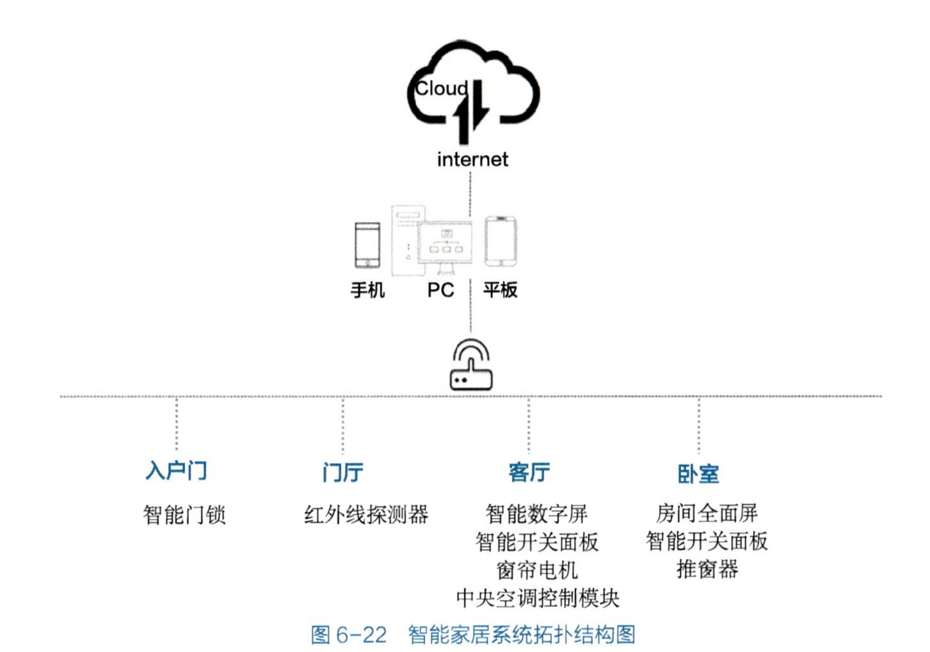

图 6-22　智能家居系统拓扑结构图

6.3.3　精装修细节设计

珑湾项目旨在打造能改善住户健康、情绪、睡眠及舒适性的居住环境。因此，珑湾项目在精装修上不仅注重系统设计，还特别注重细节把控，项目着重打造温馨舒适的室内风格，对标高端服务式公寓品质。针对项目住宅空间内的各处细节，管理团队从用户体验和需求出发，总结先进设计经验，形成了具体做法和设计指导，以保证项目精装修品质。下面展示本项目在精装修方面的细节设计：

1. 太空舱玻璃单元大面积景观凸窗

珑湾项目居住空间设计的一个亮点是大面积景观凸窗（图 6-23），兼顾实用性和美观性。首先，自然光的充分利用，大面积景观凸窗将自然光线最大化地引入室内空间，使整个客厅明亮开阔。其次，景观享受，大面积凸窗为住户提供了无与伦比的海景和商务区景观，提升住户的居住体验。第三，空间感上，景观凸窗的设计将室内外空间无缝连接，使客厅在视觉上更宽敞。此

（a）客餐厅

（b）卧室

图 6-23 大面积景观凸窗实景图

外，在景观凸窗周围还设有窗边座位、内嵌储物、多功能桌等，在为住户提供窗外美景的舒适角落的同时，提升空间的使用效率。

2. 人性化门厅

门厅是连接室外和室内的过渡空间，也是来客进入室内的第一视觉印象。在现代设计中，倾向于将门厅设计成多功能空间，兼具实用和美学。珑湾项目门厅设计的细节如表 6-1 所示。

门厅设计细节 表 6-1

细节点	具体做法/设计
换鞋区	采用一体化设计，从柜体到墙面一直延伸至天花板，更具整体感、方便起坐、美观大气
门厅柜中部挖空	作为展示台、放置摆件、装饰品或者收纳常用小物件，方便拿取，避免浪费时间
门厅柜体离地	作为开放区，方便鞋子临时收纳，便于日常清扫和打理
活动隔板（门厅柜）	尽可能考虑所有生活场景，结合要素划分功能区，布置合理收纳空间，便于整理分类
全身镜	结合门厅柜一体化设计
挂衣区	门厅柜里预留挂衣区，供收纳外出衣物，减少室内与外界接触区域
防撞拉手	做隐藏式拉手，减少磕碰，美观简洁，更具安全性
一键开关	设置在门厅处，体现智能生活
暗藏式电箱	通过门厅柜遮挡，增强门厅一体化和集成化
入户挂钩	安装在入户门处，挂放购物袋、雨伞等物品
扫地机器人收纳/充电	放置在门厅柜下，体现智能化

3. 多功能家具

室内使用多功能家具（图 6-24）实现空间复合化，节省空间的同时提高居住舒适度。如将床、书桌和储物柜结合，书桌和储物柜在白天使用，晚上切换成床，实现一物多用。

（a）床　　（b）书桌　　（c）储物柜

图 6-24　多功能家具

4. 灯光照明

在灯光设计中采用无主灯设计，合理设置灯光功能，保证照明效果的同时将光源隐藏于视线之外。在材料选择上，选用铝槽灯带、高密度灯珠以及细小的灯具边框，体现高品质的照明效果、精细工艺与细节处理。部分户型灯光功能模式设有工作模式、舒适模式和昏暗模式三种，如图 6-25 所示，以适应用户在不同情景下的需求。

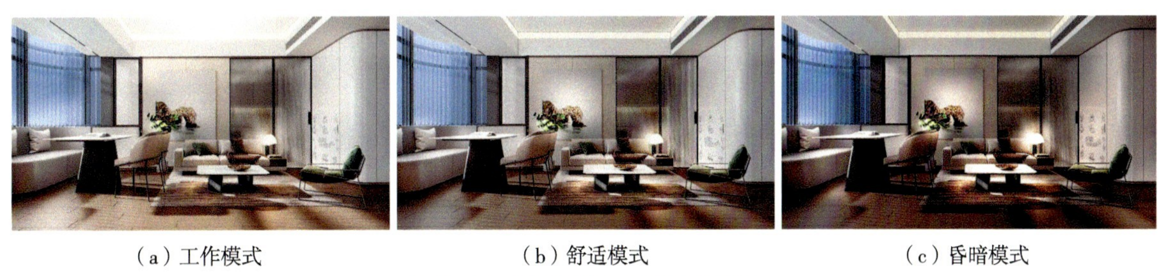

（a）工作模式　　（b）舒适模式　　（c）昏暗模式

图 6-25　三种灯光模式下客厅效果图

在客厅天花区域，由于天花灯带灯槽边缘的二次反射和天花向下照射的射灯在地面发射的二次灯光以及空间的限制，天花区域不会出现暗区问题。书桌及厨房层板柜下方使用成品的感应灯具，在保证灯光效果的同时维护、安装简单方便，如图 6-26 所示。

6.3.4　商业配套设计

珑湾项目将形成临街底商 + 下沉绿色广场的商业形态，打造以餐饮和生活配套为主的商业业态。为匹配目标客群需求，项目以小巧而精品的中高端品牌级次为打造方向。项目商业设计风格与公寓风格协调，商业街区注重与绿色、景观相融合。在布局方面，为减少层数尽量将商业配套控制在三层内，并在商业顶层与公寓交界面打造屋顶花园。

项目建筑负一层为下沉绿色广场，打造 6000 平方米的冷气街市或精品超市 + 轻餐、生活配套；一层临街，在展示性强的位置规划高端餐饮、配套和零售，在边角位置规划生活配套、体验和便利店；二层实现多入口可达，部分商铺可与一层连通打造跨层形象店，用于规划餐饮、体验、培训、健身中心、诊所、医美会所和美容美发等业态。

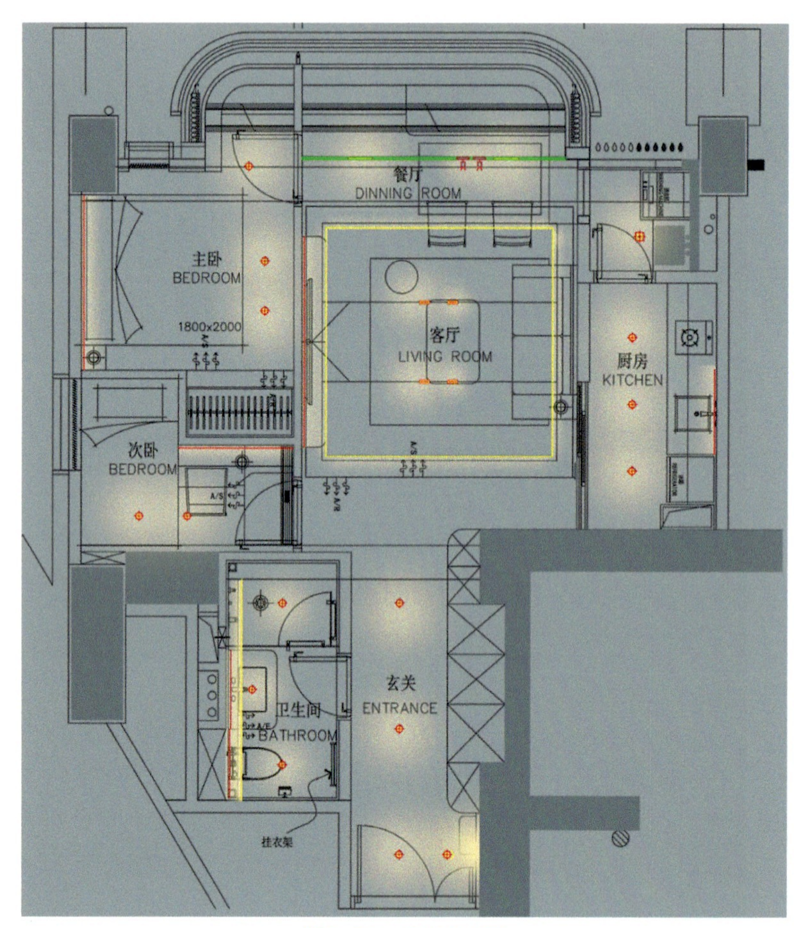

图 6-26 灯光设计图

珑湾项目各区均设计了从停车场直达各楼层的客梯，以及商业区各层可达的扶手梯，在区域之间设计了连廊进行连接。考虑到运营成本，针对商业配套设计了楼梯和扶手梯相结合的形式。项目将同时实现公区精装修交付和商户内毛坯交付，其中商业大机电（风、水、电）与公寓分开，做到独立系统、独立机房和独立计量。

6.4 绿色低碳设计

珑湾项目按照《绿色建筑评价标准》（GB/T 50378—2019）二星级标准进行设计，针对工程特点实现了绿色低碳设计。

6.4.1 可持续设计理念

可持续设计源于“可持续发展”理念，强调系统规划、纵观全局的整体设计。可持续发展的定义是有能力使开发持续下去，既满足当代需要，又不损及后代满足其发展的能力，也就是当下不做有损于未来的事情。可持续设计理念的演化和发展可分为四个阶段。

第一阶段始于 19 世纪 80~90 年代，可称为“绿色设计”阶段。该阶段强调对环境影响小的材料和能源使用，涉及 3R（Reduce，Recycle，Reuse）理念，即减少物质和能源的消耗、产品和零部件能够便于分类回收并可再生循环和重新利用。当时，“无害化设计”“可拆解设计”以及“持久性设计”理念都被纳入“绿色设计”范围。但早期的“绿色设计”理念停留在“过程后的干预”，即在意识到问题和危机后采用缓和补救措施。

第二阶段是“生态设计”阶段。生态设计师采取面向“产品生命周期”完整过程的设计方法，不仅关注最终结果，且全面考虑产品设计的各阶段、各方面和各环节中的环境问题。生态设计范围包括：产品生产过程中的能源消耗；对水源、空气和土壤的污染排放；噪声、振动等领域产生的污染；以及废弃物的产生和处理等问题。

第三阶段是基于生态效率的“产品服务系统设计”阶段。系统设计是指从设计器具转变到设计“解决方案”。

第四阶段的“可持续设计”关注社会公平与和谐，涉及本土文化的可持续发展，对文化以及物种多样性的尊重，对弱势群体的关注以及提倡可持续的消费模式等。

在设计规划阶段，可持续设计需要引入“整合设计方法”，综合考虑水资源、能源使用、建筑材料、废弃物、“内环境”与健康、空间质量以及交通机动性等，对项目内部环境进行整体评估。在设计实施阶段，需要根据所拟建的绿色小区目标，制定相应的可持续建筑策略。绿色小区的建设一般分为四个主题：①能源和材料利用率高的建筑；②环境友好的区域性解决方案；③安全且健康的居住区域；④社会和生态可持续的区域。可持续建筑策略如图 6-27 所示。

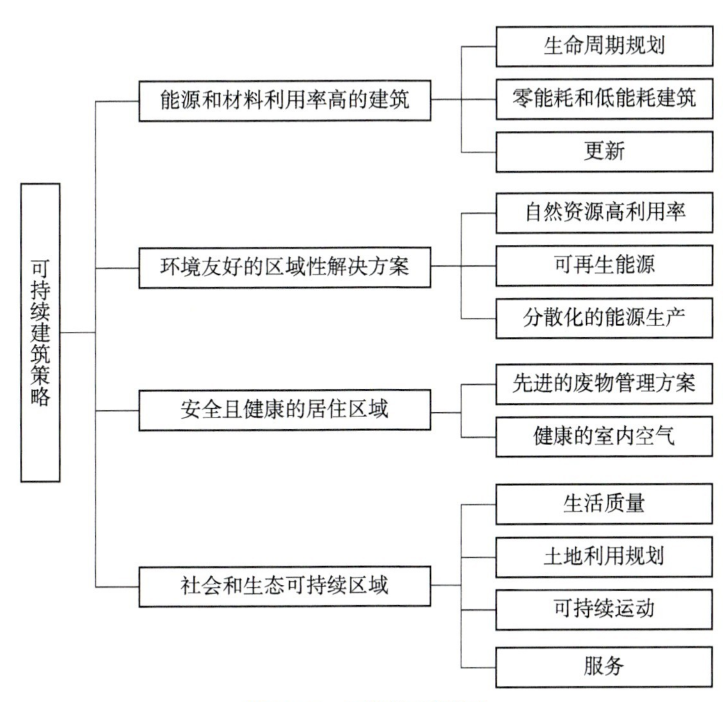

图 6-27 可持续建筑策略

绿色建筑的可持续设计实践应遵循以下原则：①节约资源与能源，提高建筑资源利用效率。在设计绿色建筑时，应充分利用各种现有资源与能源，减少资源浪费，提高建筑领域的资源配置效率。如在设计建筑通风系统、采光系统时，可优先考虑利用自然风和光照来满足建筑室内空间需求，通过调整窗户位置与面积来利用外界光线等，实现资源的高效利用。②优化建筑外部环境，创造绿色健康建筑空间。绿色建筑的主要功能是降低建筑能耗，为居住者提供一个舒适、安全的环境空间。因此，设计绿色建筑时应注重建筑与外部环境空间的融合，如增加绿植种植，吸附周边的 CO_2，构建绿色生态、低碳环保的建筑空间环境。

6.4.2 垂直绿化设计

垂直绿化设计是珑湾项目景观设计的一大亮点。塔楼每三层的公共阳台和避难层外侧布置有空中花园，美化建筑外观、为住户提供独特的休闲空间。空中花园内种植各种花卉和绿植，打造宜人的生态环境（图 6-28、图 6-29）。

6.4.3 节能与光伏设计

1. 围护结构节能设计

珑湾项目在幕墙上安装了遮阳百叶（图 6-30），可将外窗太阳能的热系数降低 0.18。对项目不同朝向的幕墙进行对比，可以在保持遮阳百叶优势的同时优化水平数量，图 6-31 展示了项目不同朝向的幕墙遮阳百叶效果图。

图 6-28　空中露台意向图

图 6-29　垂直花园露台效果图

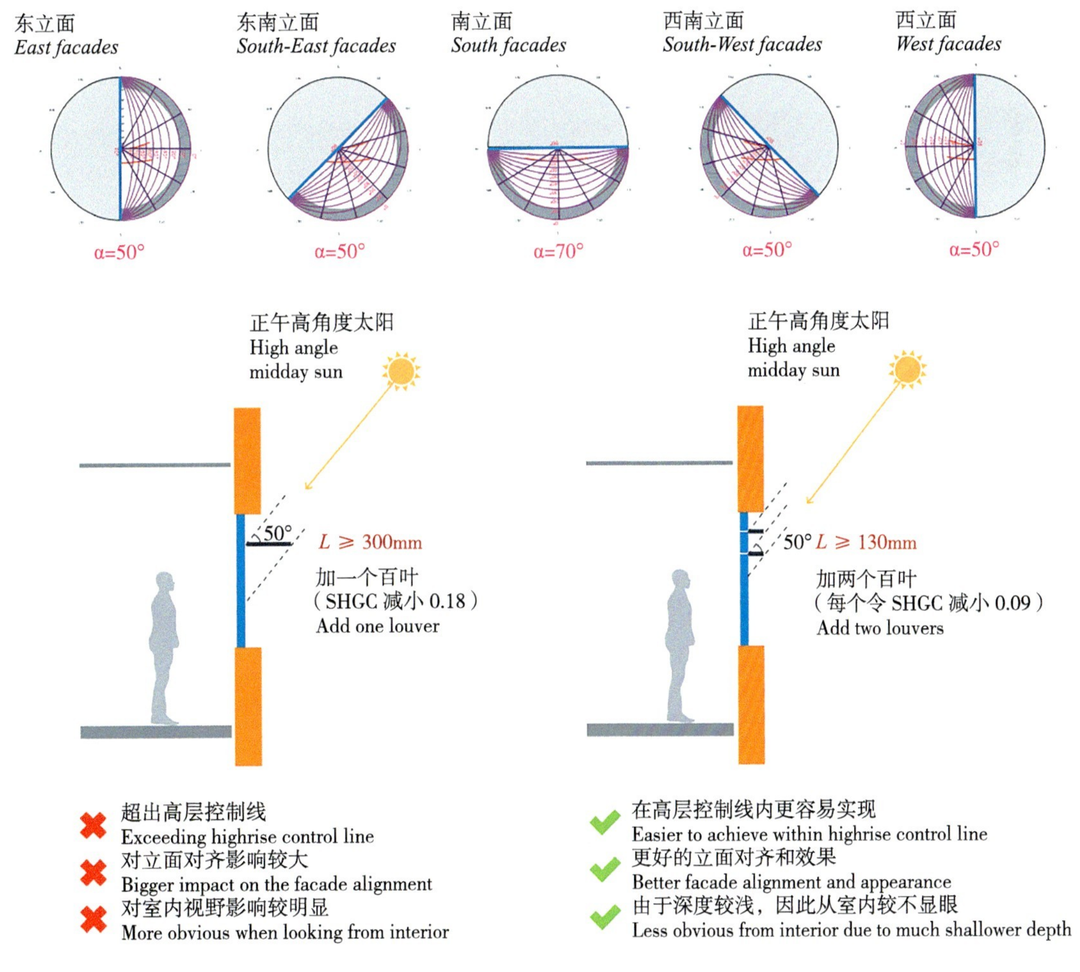

图 6-30　遮阳百叶设置

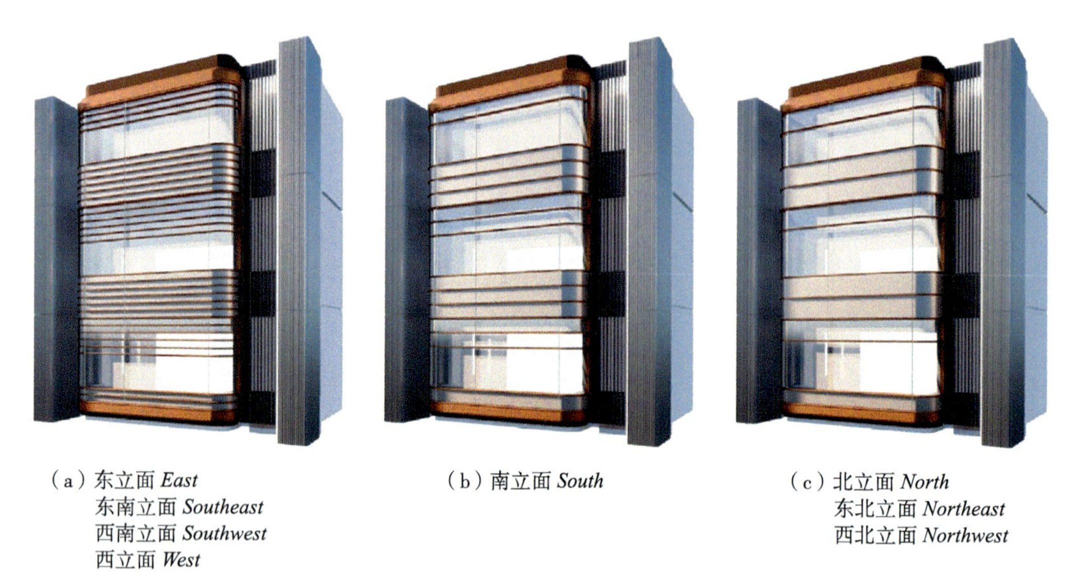

（a）东立面 *East*
东南立面 *Southeast*
西南立面 *Southwest*
西立面 *West*

（b）南立面 *South*

（c）北立面 *North*
东北立面 *Northeast*
西北立面 *Northwest*

图 6-31 珑湾项目幕墙遮阳百叶效果图

2. 公共空间照明节能设计

珑湾项目在照明上使用特定元素处理的光源温度，结合暖冷色调确定不同光源的色温，以确保色度的连贯性以及视觉上的趣味性，同时也让建筑空间更加多样化。项目根据不同的视觉层次以及不同的建设任务、空间主题和设备外观进行灯具选择，以充分利用光能避免浪费、节省公共开支，从而减少由能源生产和资源开采引起的空气污染、水污染和二氧化碳排放。此外，珑湾项目通过选择灯柱、护柱灯和壁灯来打造“幽暗夜空”的氛围，使水平线上的光输出最小，从而减少对夜空的光污染。小区绿化树木照明集中设置在树丛景观特征的关键区域和节点，以减少洒到树外的光照。

3. 光伏系统铺设

珑湾项目在南侧空中步道的顶部设置约 800 平方米光伏雨棚（图 6-32），该光伏发电系统所产生的电力可直接满足地下商业公共区域的日常用电需求，有助于降低项目的运营成本。项目因增设光伏增加约 66 万元的投资成本，而光伏系统预计每年能发电约 14 万度，可带来约 12 万元的年收益，预计 6 年内即可收回全部投资。考虑到光伏系统具有大约 25 年的使用寿命，项目在整个生命周期内预计将获得额外收益约 228 万元，从而实现全生命周期成本的最优化效果。

6.4.4 海绵设计

海绵城市是指通过加强城市规划建设管理，充分发挥建筑、道路和绿地、水系等生态系统对雨水的吸纳、蓄渗和缓释作用，有效控制雨水径流，实现自然积存、自然渗透、自然净化的城市发展方式。海绵城市的建设本质是通过控制雨水的产汇流，恢复城市原始的水文生态特征，使其地表径流尽可能达到开发前的自然状态，从而实现“修复水生态、改善水环境、涵养水资源、提高水安全、复兴水文化”五位一体的目标。珑湾项目根据场地条件，设置雨水基础生态设施，对

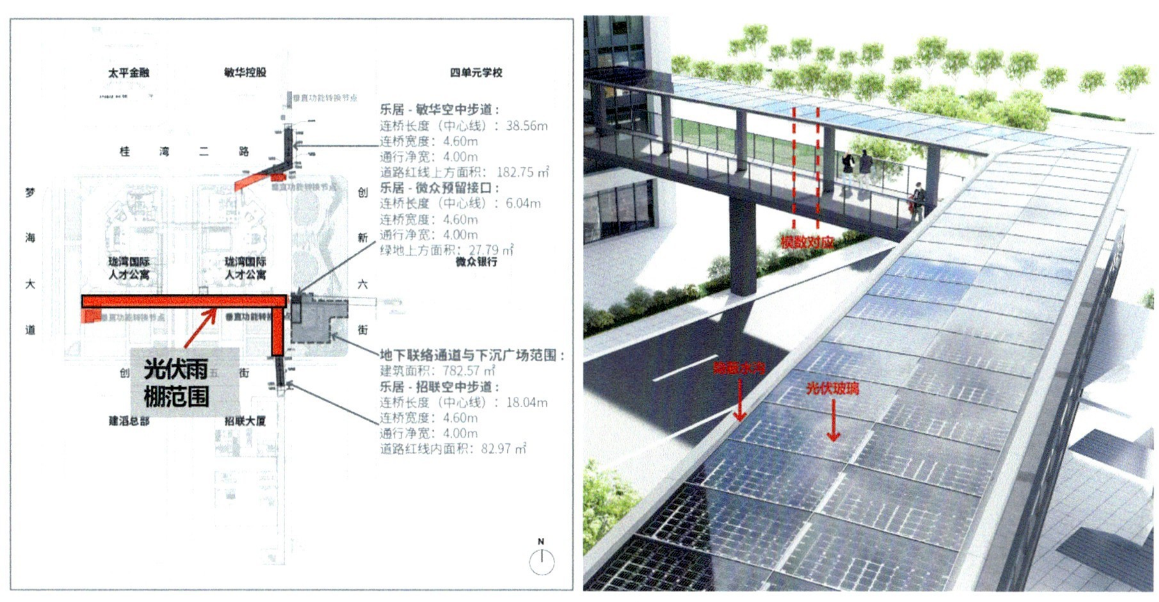

图 6-32　光伏系统铺设示意图

场地雨水进行消纳，以减少场地雨水的外排量，缓解城市雨水管网的泄洪压力，将内涝灾害防控、径流污染控制和雨水资源化利用有机结合，取得多目标的环境生态效益，促进城市建设开发与水文生态的和谐发展。

珑湾项目的场地绿化主要包括地面绿化以及地下室的顶板绿化。项目场地的地面绿化面积较大，结合场地设计共聚花园。本项目地块东高西低，高差 1.8 米；北高南低，高差 0.5 米，场地西南部分的绿地对海绵城市雨水承载力需求更高（图 6-33），是设计的重点。第一步，塑场地，低于地面高度的下沉设计是最好的雨水分流场所，因此，本项目将多元共享的开放草坪局部下沉，在赋予空间集水功能之外，还在纵向上增添了趣味性。第二步，引水系，下沉式生态水廊以妖娆灵动的曲线和高差转换，诠释“流动与围合”的空间感，水流自东向西，不仅满足排水、赏鱼功能，也成为一道亮丽的风景线。第三步，赋功能，硬质铺装平台与连接生活的空间露台在竖向设计上不仅丰富空间功能，优化场地视觉感受，还提供了多样的交通选择。露台结合水景形成夏日嬉戏的活动空间。第四步，串空间，环状道路串联起场地各个开敞空间。局部乔灌草的软化设计，丰富空间横向与纵向之间的过渡与联系，提高空间绿化覆盖率，改善局部生态环境。图 6-34 为共聚花园方案生成演绎过程。在共聚花园内部，采用下凹绿地、雨水花园、透水铺装、开口路缘石和雨水收集利用系统五项措施实现海绵设计，满足深圳海绵城市的规范要求。

1. 下凹绿地设计

结合场地原有地形，珑湾项目的道路及建筑周边绿地被设计成下凹式绿地形式（图 6-35）。下凹式绿地的平均下凹深度≥ 150 毫米，其绿化标高较道路降低 0.1~0.2 米，在降雨时可有效集蓄雨水，从而将雨水设置在绿化中。简单的标高设计使路面（地面）高于绿地，雨水口设在绿地

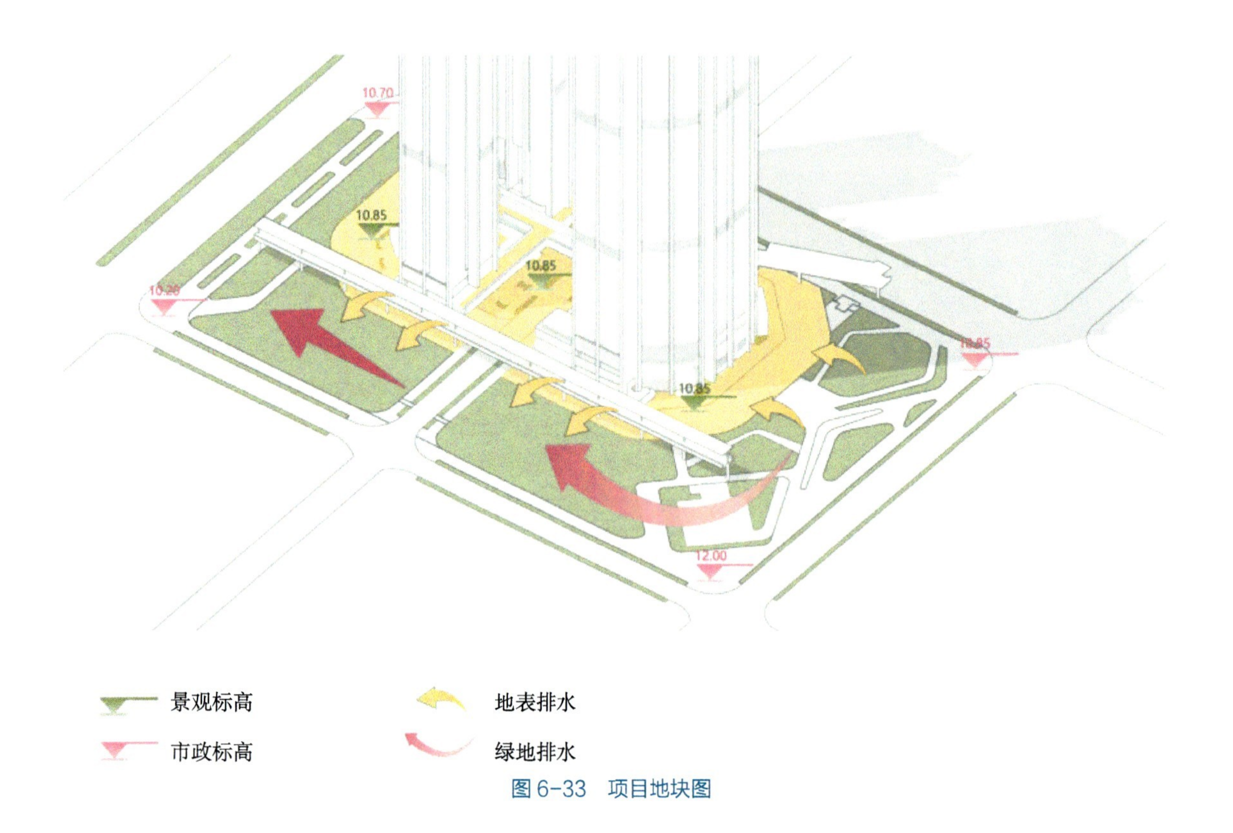

图 6-33　项目地块图

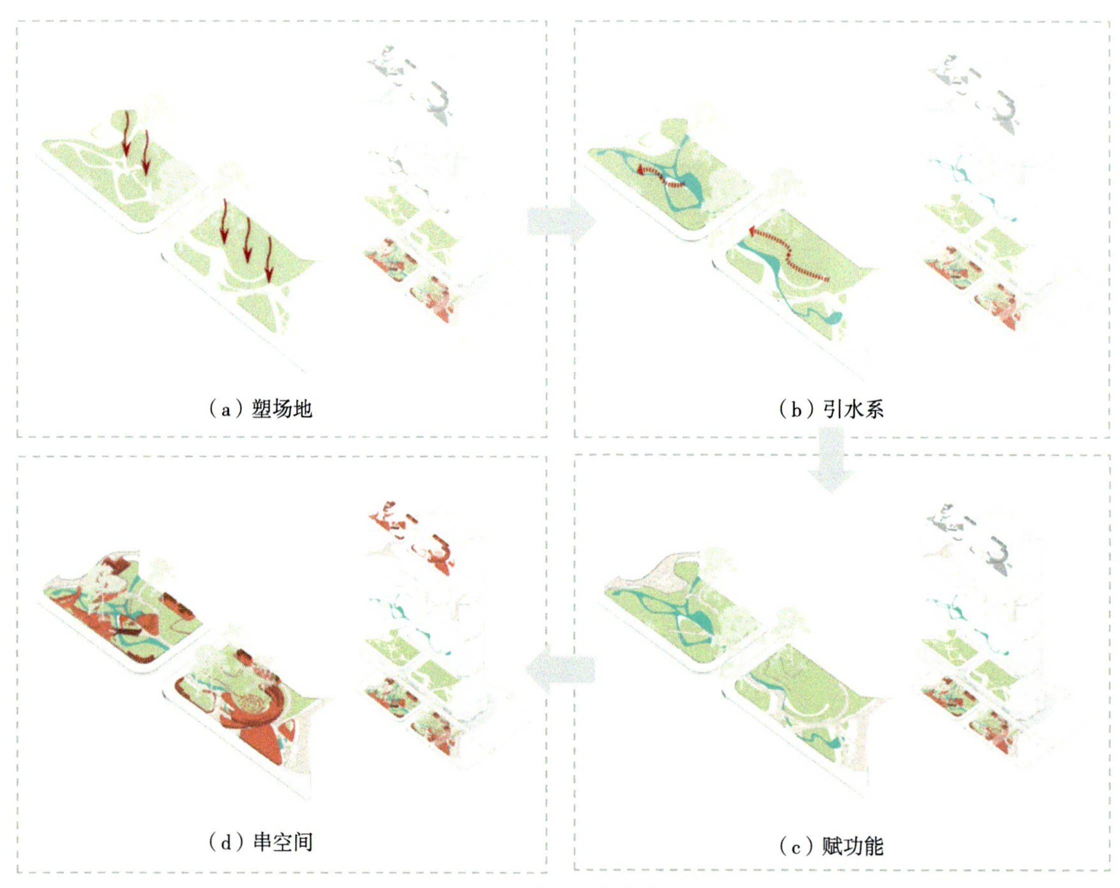

图 6-34　共聚花园方案生成演绎图

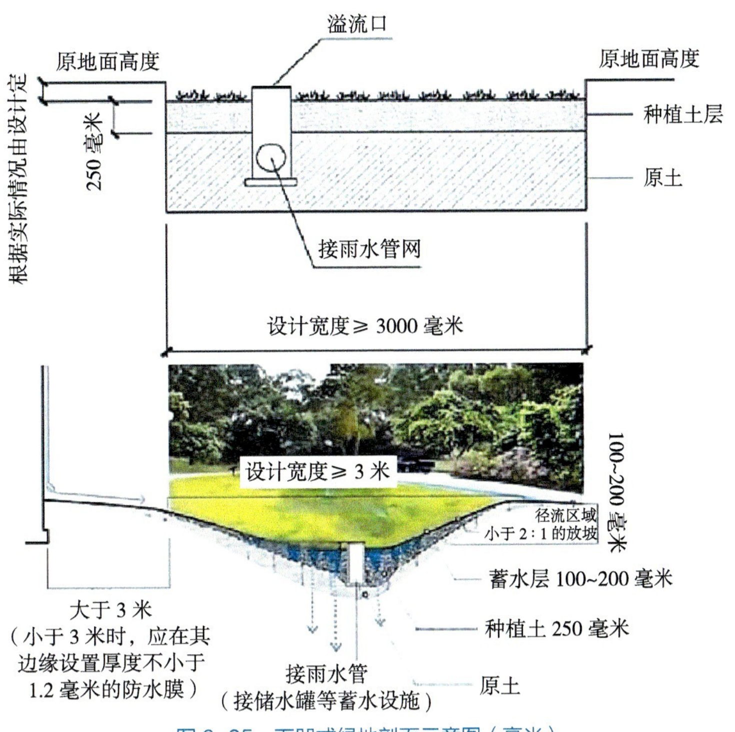

图 6-35　下凹式绿地剖面示意图（毫米）

上，高于绿地而低于路面。因此，道路和建筑等不透水区域的雨水径流会先流入生态滞留区。经绿地蓄渗后多余的雨水被排出，以天然方式处理、收集初期路面雨水，用以解决道路径流、雨水入渗等问题。在设计园林时，雨水口宜设置在绿化内。

2. 雨水花园设计

雨水花园设计巧妙地融入自然水系，美观实用，能够有效收集和利用雨水资源。它具有建造费用低、运行管理简单、自然美观、易与景观结合等优点。雨水花园结构简单，一般无须专门溢流装置，若所在位置不易将多余雨水直接排除，可设置一个简单溢流装置。雨水花园通过土壤的过滤和植物的根部吸附和吸收等作用去除雨水径流中污染物，一般由前处理系统、进水系统、排水系统、表面溢流系统、积水区、填料和植物等组成。其中，填料是核心设施，自上而下一般依次是覆盖层、种植土壤、粗砂及碎石（图 6-36）。雨水花园适用于处理道路、场地、屋顶径流雨水。若雨水花园离周边建（构）筑物较近（≤ 3 米），则需做防渗处理，溢流及出流雨水流入附近的排水系统中。项目后期将采用防渗处理。

3. 透水铺装设计

珑湾项目内的活动场地、轻荷载道路和慢跑道等均可采用透水铺装设计，易积水点宜采用透水铺装，包括透水砖、透水混凝土和透水沥青三种形式。如果透水铺装做在地面上，则应在夯实土基层上做砂砾垫层或透水混凝土，在面层干铺透水砖，在垫层中设置排水管道，将入渗雨水引入雨水管网中（图 6-37）；如果透水铺装做在地下室顶板上，则应加强防水措施，设置防水层和排水层，采用疏水板和导水管将雨水引入雨水管网或周边土壤中。

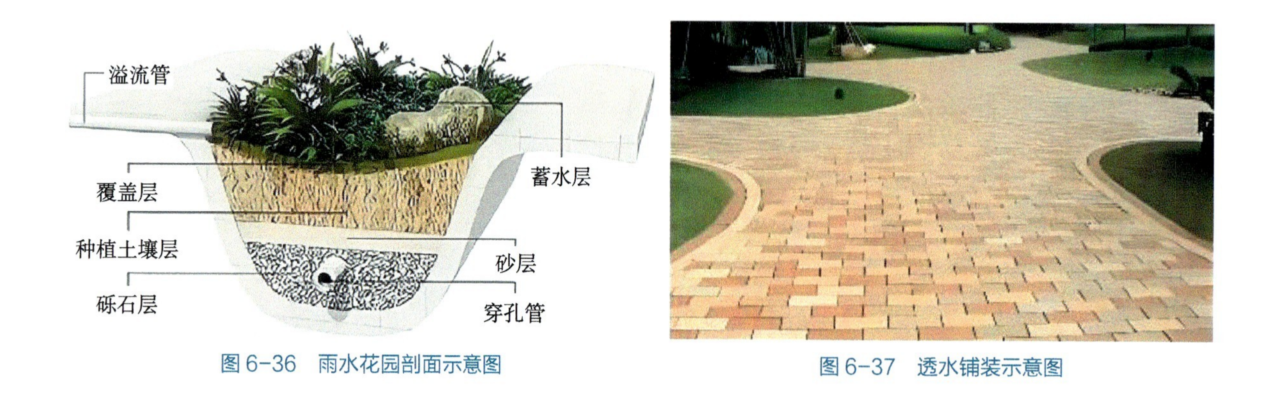

图 6-36　雨水花园剖面示意图

图 6-37　透水铺装示意图

4. 开口路缘石设计

在绿化带与道路交界处如需设置路缘石，应采用间断开口设计，确保路面雨水可依靠重力流入绿化中，如图 6-38 所示。

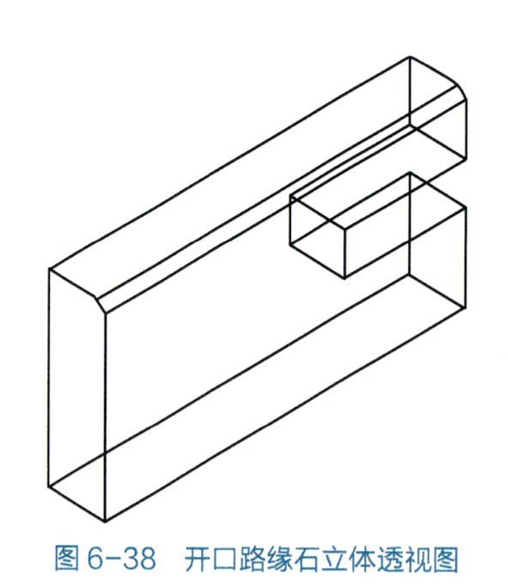

图 6-38　开口路缘石立体透视图

5. 雨水收集利用系统设计

对非传统水源进行简单处理回用，一方面，可以实现建筑自身水资源的循环使用，节省用水成本；另一方面，可以有效减缓市政供水压力以及市政雨水排放压力，减小城市水处理的负荷。珑湾项目拟收集部分建筑物的屋面雨水，这些雨水经过弃流、沉淀、过滤和消毒处理后回用作室外绿化浇洒、道路以及景观用水补水。项目雨水收集利用工艺流程如图 6-39 所示。

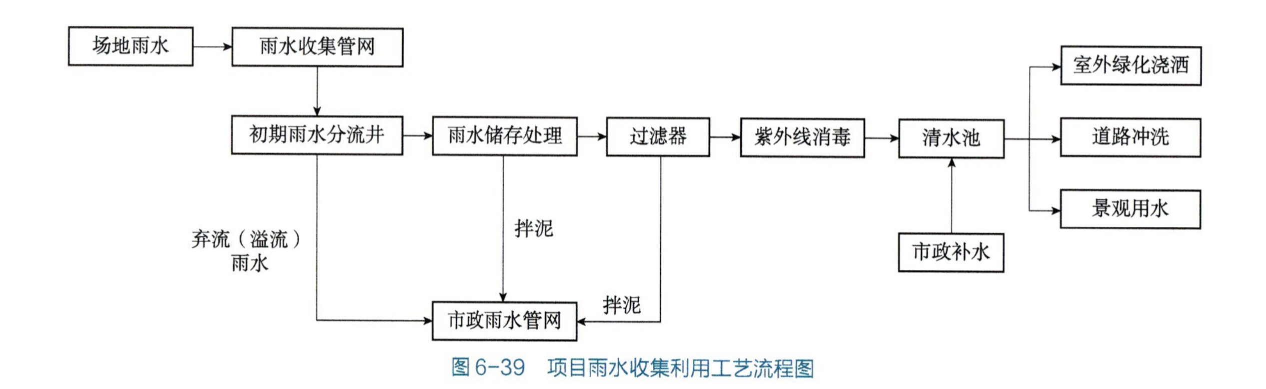

图 6-39　项目雨水收集利用工艺流程图

根据珑湾项目的布局特点及雨水收集利用要求，在场地南侧分别设置了两座雨水收集池。汇水分区内的雨水收集池用于收集屋面雨水和道路雨水，经雨水收集池收集处理后用于绿色灌溉、道路冲洗及车库冲洗。根据场地竖向地面特点、下垫面类型以及雨水管网类型，项目分为 2 个汇水分区（图 6-40），汇水分区内的雨水经入渗与海绵设施、蓄水池调蓄后，汇集至雨水口末端，并最终接入各自市政雨水管网中。

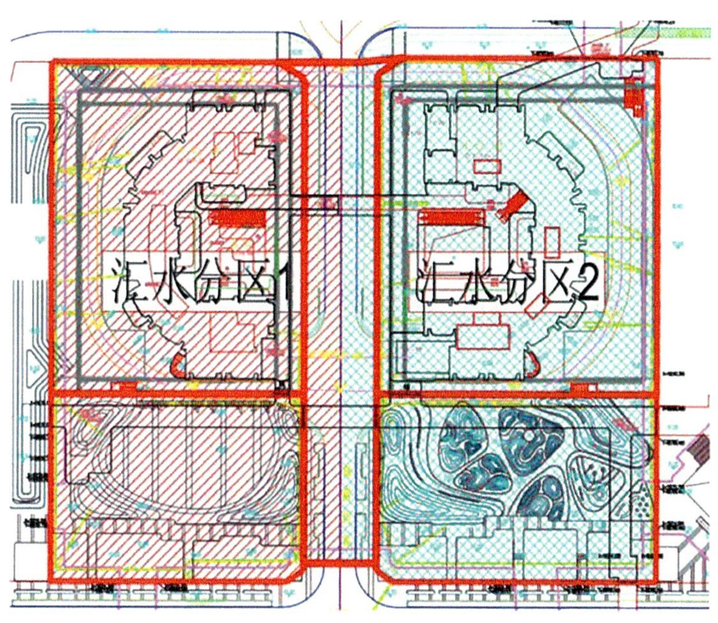

图 6-40　项目汇水分区图

CHAPTER 7

第 7 章
前海珑湾国际化人才社区项目智能建造创新

智能建造作为推动建筑行业高质量发展的重要抓手，珑湾项目在建设过程中充分运用智能建造技术，实现了装配式超 70% 且达到国家 A 级标准的项目目标。本章将重点介绍珑湾项目在建造上采用的装配式建设技术、智能停车技术、BIM 技术和智能施工技术。这些技术的应用不仅提高了项目管理的效率，还提升了项目的品质。珑湾项目是前海在智能建造上的一次重要实践，为今后同类超高层公寓项目的建设提供可参考、可推广的“前海经验”。

7.1 装配式建设技术

随着我国城乡建设步伐的不断加快，建筑产业化成为推动建筑现代化转型的关键力量。但建筑产业化在超高层建筑领域的应用仍面临挑战，尤其是受制于复杂的结构设计和技术。作为前海建筑产业化先行先试的典范，珑湾项目采用钢管混凝土柱 + 钢梁框架 + 混凝土剪力墙结构体系，独特的结构设计不仅满足超高层建筑的安全和稳定性需求，装配率更是高达 70%，成功实现国标 A 级的高标准。珑湾项目为后续超高层及其他建筑项目的装配式建造提供了可借鉴的模式和路径。

7.1.1 超高层装配式建筑结构选型分析

珑湾项目设置两栋建筑高度约为 180 米商务公寓，含 53 层地上及 3 层地下室。基本风压按 50 年重现期取值为 0.75 千牛 / 平方米，强度计算取 50 年重现期基本风压的 1.1 倍，地面粗糙度类别为 C 类。其抗震设防烈度为 7 度，设计基本地震加速度值为 0.10G，设计地震分组为第一组，场地类别为 II 类。建筑结构设计使用年限为 50 年，建筑结构安全等级为二级，超高层抗震设防类别为丙类。

珑湾项目的方案设计理念聚焦于创造自由灵动的生活空间，实现户型的灵活性，确保户内视觉流畅，无梁柱暴露，以此提升居住的舒适度与美学体验。外观设计上，项目以独特的“双 C 环抱”形态为标志，不仅彰显设计的独特美学，也与内部空间的自由分割理念相呼应。基于此，项目建造团队选择安全可靠又高效经济的装配式建筑体系，旨在突破传统建造方式的局限。由于超《装配式混凝土结构技术规程》(JGJ 1—2014) 高度限制，装配式混凝土结构在超高层项目中的运用受限，而《装配式建筑评价标准》(GB/T 51129—2017) 要求竖向主体装配超 35%，对本项目的装配式及结构设计是一个挑战。

针对珑湾项目的高装配率目标，在充分考量当前装配式混凝土设计存在的局限性，项目团队经慎重考虑与创新设计，最终采用窄空间超高层多框筒钢混组合结构 (图 7-1、表 7-1)。①窄空间：T1 塔楼 7 层及以上，T2 塔楼四层及以上，单层面积约 970 平方米；②多框筒：两栋塔楼，平面轮廓成“C”形左右对称布置，每栋塔楼 5 个核心筒分散布置于 C 型内侧，为现浇钢筋混凝土结构；③钢混组合结构：钢管柱分布于楼层外围，核心筒之间设置两个钢板墙，内灌自密实混凝土，核心筒外为型钢梁 + 钢筋桁架楼承板 + 现浇混凝土楼板。预制构件包括钢梁、钢管混凝土柱、钢板剪力墙及钢筋桁架楼承板，实现免模施工。

结构设计方案与装配式方案同步研究，在方案设计期间项目技术部对钢筋混凝土结构及钢框架—钢筋混凝土核心筒混合结构进行了选型分析和部品部件体系分析，并召开专家评审会针对不同结构形式的分析模拟和装配式程度预判，考虑高预制率超高层建筑结构选型具有较多限制，珑湾项目最终采用混合结构，既满足结构安全及工业化程度要求，也为其他超高层装配式建筑提供参考范例。

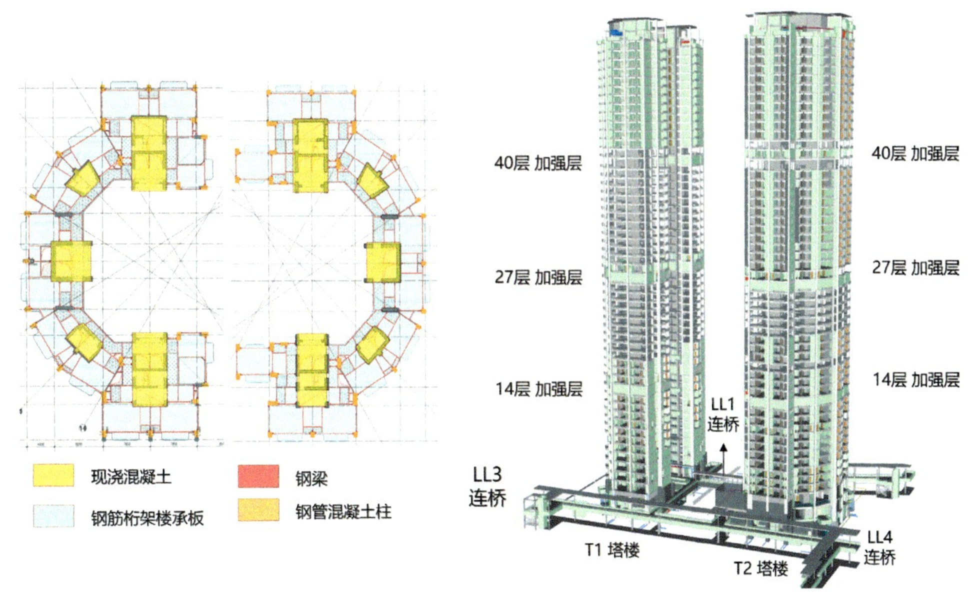

图 7-1　窄空间超高层多框筒钢混组合结构示意图

窄空间超高层多框筒钢混组合结构设计概况　表 7-1

结构体系	钢管混凝土框架—钢筋混凝土剪力墙结构
建筑层数	地上53层，地下室3层
钢结构	钢柱、钢板墙、钢梁、加强层桁架、钢筋桁架楼承板，钢柱为箱型钢管混凝土柱和劲性柱，柱截面主要为箱型柱、日型柱、目型柱、H型和十字型劲性柱，钢板厚度最大为70毫米
加强层	14层、27层、40层
转换层	T1塔楼2层，T2塔楼3层
结构混凝土强度	C30~C60

1. 结构体系分析

项目采用两种结构形式进行建模分析。方案一采用钢筋混凝土剪力墙及型钢混凝土柱布置（以下简称混凝土结构），方案二采用钢框架—钢筋混凝土核心筒混合结构（以下简称混合结构）。结构体系分析过程中，对结构的自振特性、多遇地震下的结构性能两个方面进行分析，并对两种结构形式的装配式程度进行预判，最后得到结构体系比对及选择结果。

一是自振特性。经分析得到结构的前六个阶段自振特性，两方案振动表现相似，结构刚度较大且分布均匀。一阶振型均以 Y 向水平侧移为主，二阶振型以 X 向水平侧移为主，三阶振型以扭转变形为主。由于建筑形体限制，Y 向刚度较小。混凝土结构采用布置剪力墙，组合结构采用布置支撑增加 Y 向刚度。周期比为 0.697 及 0.730，均符合抗震规范要求。振型周期计算结果对比见表 7-2。

二是多遇地震下的结构性能分析。项目平面布置不规则，结构侧向刚度不规则，考虑到深圳为台风多发地区，有必要对抗震性能及抗风性能进行深入分析。采用振型分解反应谱法，即按

振型周期计算结果对比 表 7-2

周期	混凝土结构（s）	组合结构（s）	振型描述
T1	5.0703	5.2042	Y向平动第一周期
T2	3.6475	4.7551	X向平动第一周期
T3	3.5361	3.7978	扭转第一周期
T4	1.1817	1.3892	Y向平动第二周期
T5	1.0164	1.3515	X向平动第二周期
T6	0.9312	1.1702	扭转第二周期
Tt/T1	0.697	0.730	满足规范要求

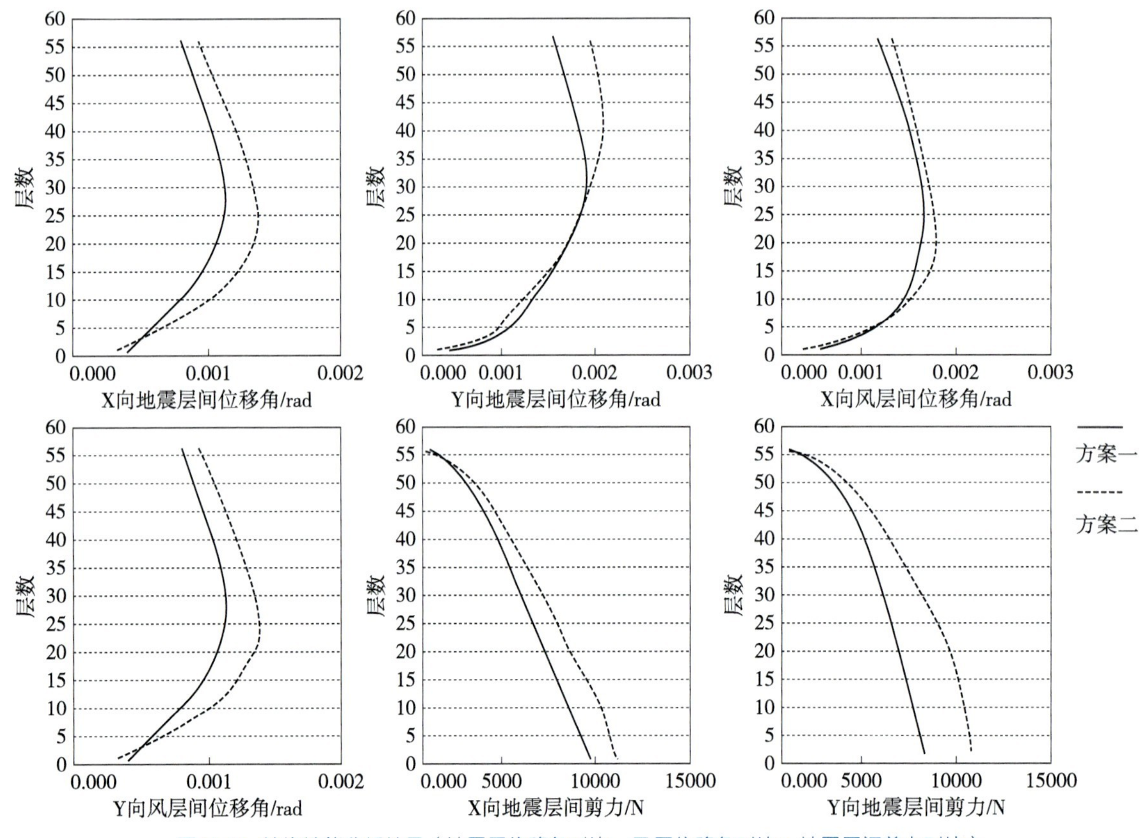

图 7-2 结构性能分析结果（地震层位移角对比；风层位移角对比；地震层间剪力对比）

照小震作用效应和其他荷载效应的基本组合验算结构弹性变形，对比不同方案的变形能力。从图 7-2 分析结果可以看出组合结构双向地震及风载作用下层间位移角大，地震层剪力小，展示出较强的变形能力。组合结构抗侧移刚度适宜，且延性更好。柱子采用钢管混凝土结构可明显减小柱截面，而楼面梁采用钢梁亦可进一步减轻结构自重。钢筋混凝土核心筒为主要抗侧力结构，构成钢管混凝土钢框架和钢筋混凝土核心筒结构，满足多道抗震设防要求。

在结构体系分析结果的基础上，对珑湾项目可能实现的装配式程度进行预判。由于国标尚无针对叠合剪力墙、混合结构等结构类型的详细评价准则，项目参考广东省装配式建筑评价标准的细则，针对国标进行结构得分预判。混凝土结构中，混凝土竖向构件参照受力钢筋与免拆模板形成一体的中空预制构件（含叠合剪力墙）进行评价。预制率可达 70% 并达到 A 级装配式建筑。

采用组合结构，钢管混凝土柱实现免模施工，水平构件采用钢梁及钢筋桁架楼承板，其装配式得分预判可达到国标 A 级。

因此，本项目混合结构在满足结构安全、建筑性能及工业化程度上均有优势，尤其在超高层建筑中，优势明显，主要如下。

（1）工业化程度高，结构体系安全可靠。超高层项目中，考虑到主体结构竖向构件中预制部品部件应用比例不低于 35%，采用混合结构体系安全可靠，满足抗震要求，装配化程度高，易于实现住宅工业化。

（2）空间布局灵活，契合建筑设计理念。采用混合结构可减少套内结构梁柱的布置，使空间布局灵活，分割自由，实现建筑全生命周期运用。

（3）建筑自重小，基础造价低。混合结构自重为钢筋混凝土结构的 74%，剪力及倾覆力矩亦小，基础造价可有效降低。

（4）结构面积小，提升空间使用感受。较混凝土结构相比，混合结构抗侧及变形能力强，竖向结构单向截面尺寸可节省约 20%，提升空间使用感受。

但采用混合结构也有局限，包括含钢量较大，造价较高，同时对外围护系统的变形能力要求高。

2. 部品部件体系

装配式建筑的核心是以工业产品的思维打造建筑，打破各种传统技术要素处于“碎片化”状态，采用“建筑、结构、机电、内装的一体化”设计方法。装配式建筑部品部件体系包括结构体系、外围护系统、设备和管线系统及内装体系。

（1）方钢管混凝土组合柱。钢柱采用矩形截面，内灌注混凝土，有如下优势。第一，性能优势。结合混凝土及钢材两种材料优势，可提高钢柱强度，提高承载力，减少钢柱截面，具有良好的延性和抗震性能。第二，施工便利，缩短工期。钢构件零件少，构造简单，节点连接容易，同时免除了脚手架、支模、钢筋绑扎等施工作业。第三，工业化程度高，构件标准化，规格统一。

（2）楼板体系。装配式楼板有预制叠合板、钢筋桁架楼承板、压型钢板组合楼板、双 T 板、SP 板等。装配式的楼板选择需考虑楼板结构刚度、自重、装配化率、安装难易程度、施工工期及防火防腐性能。针对公寓项目，楼板采用钢筋桁架楼承板，产业化水平高，施工速度快，无须支模，底部较平整。

（3）其他系统。外围护系统包括嵌挂结合式外墙、外挂式外墙、幕墙、预制凸窗等各种形态。结合项目结构体系变形能力高的要求及建筑设计要求，项目采用幕墙体系。机电及管线系统设计中，建筑设计与机电设计互相融合，水暖电设备点位全部预留到位，并在预制构件中做好预埋部件。套内设备与管线尽量设置在吊顶，充分合理地利用空间。装修设计标准化、集成化、模块化，采用整体预制的复合墙板，轻质、高强、保温、隔声、防火、几何尺寸精确。内装采用干式作业，可大量节省砌筑、抹灰、刮腻子等人工材料费用，提高效率，节约工期，保证品质。

3. 混合结构及优势

混合结构在满足结构安全、建筑性能及工业化程度上均有优势，尤其在超高层建筑中优势明显，主要如下：

（1）工业化程度高，结构体系安全可靠。超高层项目中，考虑到主体结构竖向构件中预制部品部件应用比例不低于 35%，采用混合结构体系安全可靠，满足抗震要求，装配化程度高，易于实现住宅工业化。

（2）空间布局灵活，契合建筑设计理念。采用混合结构可减少套内结构梁柱的布置，使空间布局灵活，分割自由，实现建筑全生命周期运用。

（3）建筑自重小，基础造价低。混合结构自重为钢筋混凝土结构的 74%，剪力及倾覆力矩亦小，基础造价可有效降低。

（4）结构面积小，提升空间使用感受。较混凝土结构相比，混合结构抗侧及变形能力强，竖向结构单向截面尺寸可节省约 20%，提升空间使用感受。

但采用混合结构也有局限，包括含钢量较大，造价较高，同时对外围护系统的变形能力要求高。

4. 结构选型优化

珑湾项目的塔楼采用钢管混凝土框架—钢筋混凝土剪力墙结构，项目建筑场地抗震设防烈度为 7 度，设计基本地震加速度 0.10G，设计地震分组为第一组，场地类别为Ⅱ类，抗震设防类别为标准设防类（丙类），抗震性能目标为 C 级。T1 及 T2 整体存在扭转不规则、凹凸不规则、竖向构件间断、局部不规则等 4 项不规则类型，需进行超限审查。

此前结构设计标准层平面图如图 7-3 所示。结构设计存在以下几点问题：首先，原结构设计用钢量较大；其次，钢筋混凝土筒体内有较多的型钢及钢板，钢梁与钢筋混凝土筒体连接采用刚接，施工较为困难。

（1）结构设计优化目标

针对以上问题，提出结构设计优化目标如下：①减小含钢量；②取消钢筋混凝土筒体内的型钢及钢板；③提高施工的方便性；④尽量减少对原建筑功能与美观的影响。

（2）结构优化措施

针对以上问题，提出结构优化措施如下：①为方便施工，取消钢筋混凝土筒体内的型钢及钢板，钢梁与钢筋混凝土筒体连接采用铰接；②在避难层（14F、27F、40F）及屋顶层增加连接混凝土核心筒的混凝土大梁，在避难层外围增加钢斜撑，提高结构侧向刚度；③侧向刚度提高后，优化梁柱截面尺寸，减少含钢量；④优化结构布置，取消部分钢梁，局部悬挑钢梁改为钢筋混凝土梁。

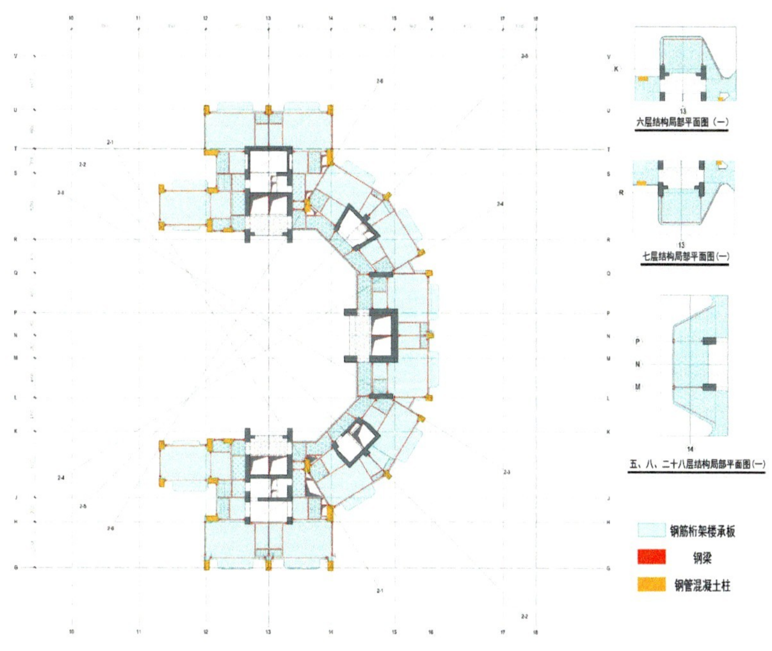

图 7-3　塔楼结构设计标准层平面图

取消钢筋混凝土筒体内的型钢及钢板，钢梁与钢筋混凝土筒体连接采用铰接时，结构刚度不足。为满足位移角要求，采取避难层（14F、27F、40F）及屋顶层增设大梁、避难层增设钢斜撑等措施以提高抗侧刚度，在刚度满足规范要求的前提下，适当减少梁柱截面尺寸。截取结构优化模型如图 7-4 所示。

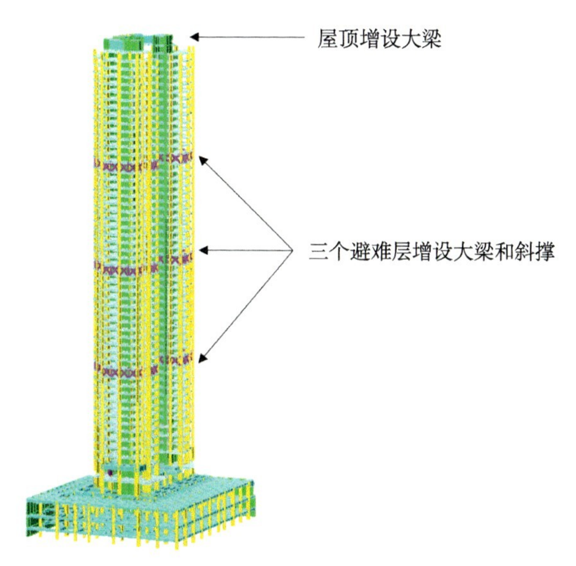

图 7-4　塔楼结构优化模型图

在保证结构安全性的同时尽量节省造价，使项目效益最大化，针对避难层及屋顶层增设大梁、斜撑等措施进行了敏感度分析（表 7-3）。

①三个避难层与屋顶增加钢筋混凝土大梁对结构整体刚度影响进行敏感度分析；四周剪力墙通过混凝土大梁连接起来，形成有效抗侧整体。

各项措施对结构整体刚度影响敏感度分析　　表 7-3

措施	最不利工况敏感度（较原设计）
仅在14F增加混凝土大梁	4.55%
仅在27F增加混凝土大梁	10.91%
仅在40F增加混凝土大梁	6.36%
仅在屋顶层增加混凝土大梁	8.18%
14F、27F、40F和屋顶层均设混凝土梁	26.97%
仅在14F设钢斜撑	3.76%
仅在27F设钢斜撑	5.41%
仅在40F设钢斜撑	1.41%
14F、27F、40F设钢斜撑	10.35%

②三个避难层增加钢斜撑对结构整体刚度影响进行敏感度分析。采用 X 型钢斜撑，在结构外围增加。

③针对避难层斜撑位置、斜撑截面、斜撑尺寸，进行结构整体刚度影响的敏感度分析。

由表 7-3 可看出，在避难层与屋顶层增设混凝土大梁对结构整体刚度均有所增加，其中 27F、屋顶层增设大梁效果较为明显，三个避难层与屋顶层全部增加钢筋混凝土大梁可使结构整体刚度提升 26.97%。在避难层外围增加 X 型钢斜撑均可提升结构整体刚度。三个避难层全部增设钢斜撑可使结构整体刚度提升 10.35%。同时增设混凝土大梁及钢斜撑，侧向刚度总计较原设计提升 37.32%。

针对避难层钢斜撑的不同位置、截面及尺寸，亦进行结构整体刚度影响的敏感度分析。可得出如下结论：斜撑截面形式采用箱型，截面高度采用 600 毫米，截面厚度采用 20 毫米时，其效率最大，即每增长单位造价其位移角减小量达到最大，由此确定设置斜撑的方案。

综上所述，最终抗侧刚度加强方案为：三个避难层和屋顶层均增设混凝土大梁以及避难层结构外围增加 X 型钢斜撑。在满足建筑使用功能前提下，通过计算模型对比，采用避难层和屋顶层加设混凝土大梁、避难层增加钢斜撑、取消筒体内型钢、优化梁柱截面尺寸、优化结构布置，将局部悬挑钢梁改为钢筋混凝土梁等措施后，双塔含钢量减小约 3500 吨；将钢梁与钢筋混凝土筒体连接方式改为铰接，也提高了施工的方便性。优化后的结构设计通过了超限审查，各项结构性能指标满足结构规范的要求。

7.1.2　项目装配式建设技术应用

装配式建筑的核心是以工业产品的思维打造建筑，打破各种传统技术要素处于“碎片化”状态，采用“建筑、结构、机电、内装的一体化”设计方法，本节以珑湾项目的结构体系为例，对楼板体系、钢梁柱体系、装修和机电体系中装配式建设技术的具体技术应用进行介绍。

1. 楼板体系

装配式楼板有预制叠合板、钢筋桁架楼承板、压型钢板组合楼板、双 T 板、SP 板等。装配式的楼板选择需考虑楼板结构刚度、自重、装配化率、安装难易程度、施工工期及防火防腐性能。本项目采用钢筋桁架楼承板（图 7-5），产业化水平高，施工速度快，底部较平整。钢筋桁架楼承板是将楼板中的钢筋设计成三角形的钢筋桁架，并在工厂加工成型，再将钢筋桁架与底模板焊接成一体的半成品组合模板，在施工现场，将钢筋桁架模板直接铺设在铝模支撑上，然后进行简单的面筋安装，形成了自承式的钢筋桁架模板体系，最后可直接浇筑结构混凝土形成自承式楼板体系。施工阶段，钢筋桁架模板能够承受混凝土自重及施工荷载，使用阶段，钢筋桁架与混凝土协同工作，承受使用荷载。该技术部分实现工厂化生产，简省了传统支架现浇的地基处理、支架搭设和模板拆除三道工序，简化了施工程序，提高了楼板施工效率。

图 7-5　钢筋桁架楼承板

2. 钢梁柱体系

钢梁采用 H 型钢梁、箱型钢梁，钢柱采用箱型钢柱，构件材质主要包括 Q235、Q355。优势包括，①性能优势。结合混凝土及钢材两种材料优势，可提高钢柱强度，提高承载力，减少钢柱截面，具有良好的延性和抗震性能；②施工便利，缩短工期。钢构件零件少，构造简单，节点连接容易。同时免除了脚手架、支模、钢筋绑扎等施工作业；③工业化程度高，构件标准化，规格统一。在此基础上，对钢结构进行设计深化，这是实际生产质量控制的重要工作，是对施工图设计的补充和完善。过程中须严格遵守钢结构有关设计规范和图纸规定，根据工厂制造条件、现场施工条件，并考虑运输要求、吊装要求和安装因素，确定合理的构件单元。深化设计流程如图 7-6 所示。

本项目钢构件数量众多，且工厂预制量大，质量管控方面，钢结构设计、制造、加工、检测均需要重点检查落实。以箱型构件制作加工为例，建设及设计单位例行主持周例会进行深化设计技术交流，监理设立驻场工程师进行旁站、验收，建设单位不定期进行突击检查，保证构件生产质量，制作加工流程如图 7-7 所示。

3. 装修和机电体系

本项目采用管线分离设计原则，水暖电设备点位全部预留到位，并在预制构件中做好预埋部件。套内设备与管线尽量设置在吊顶，充分合理地利用空间。装修设计标准化、集成化、模块

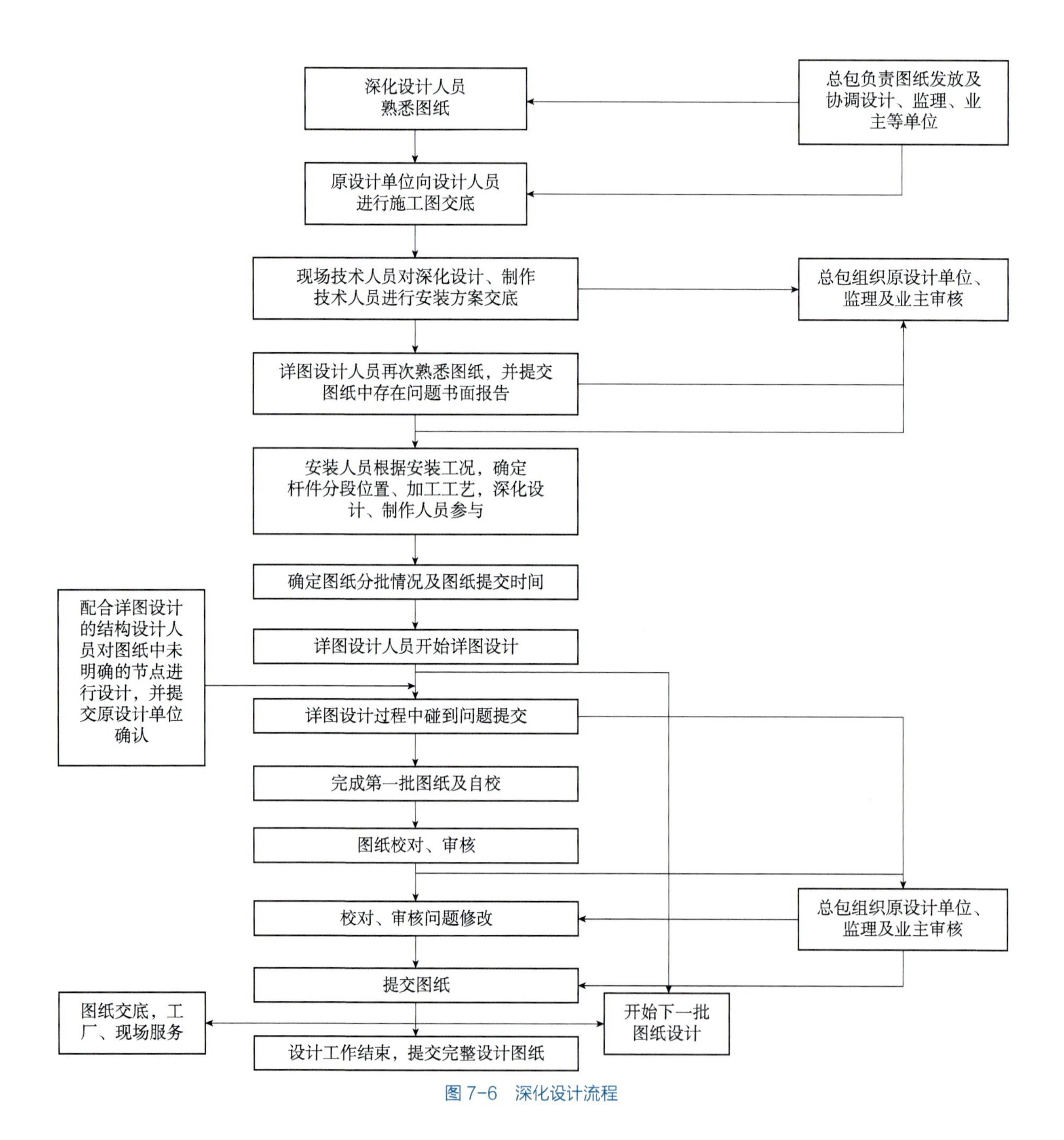

图 7-6　深化设计流程

化，采用整体预制的复合墙板，轻质、高强、保温、隔声、防火、几何尺寸精确。内装采用干式作业，可大量节省砌筑、抹灰、刮腻子等人工、材料费用，提高效率，节约工期，保证品质。

7.1.3　应用效果：国标A级装配式建筑

2020 年 11 月，珑湾项目经国标专家审核，被评定为满足《装配式建筑评价标准》(GB/T 51129—2017）要求，装配率为 70%（装配式设计阶段评分表见表 7-4），认定为 A 级装配式建筑。本项目是前海在装配化、绿色建筑、智慧建造上的率先示范，为装配式建筑高质量发展提供可参考、可推广的经验。

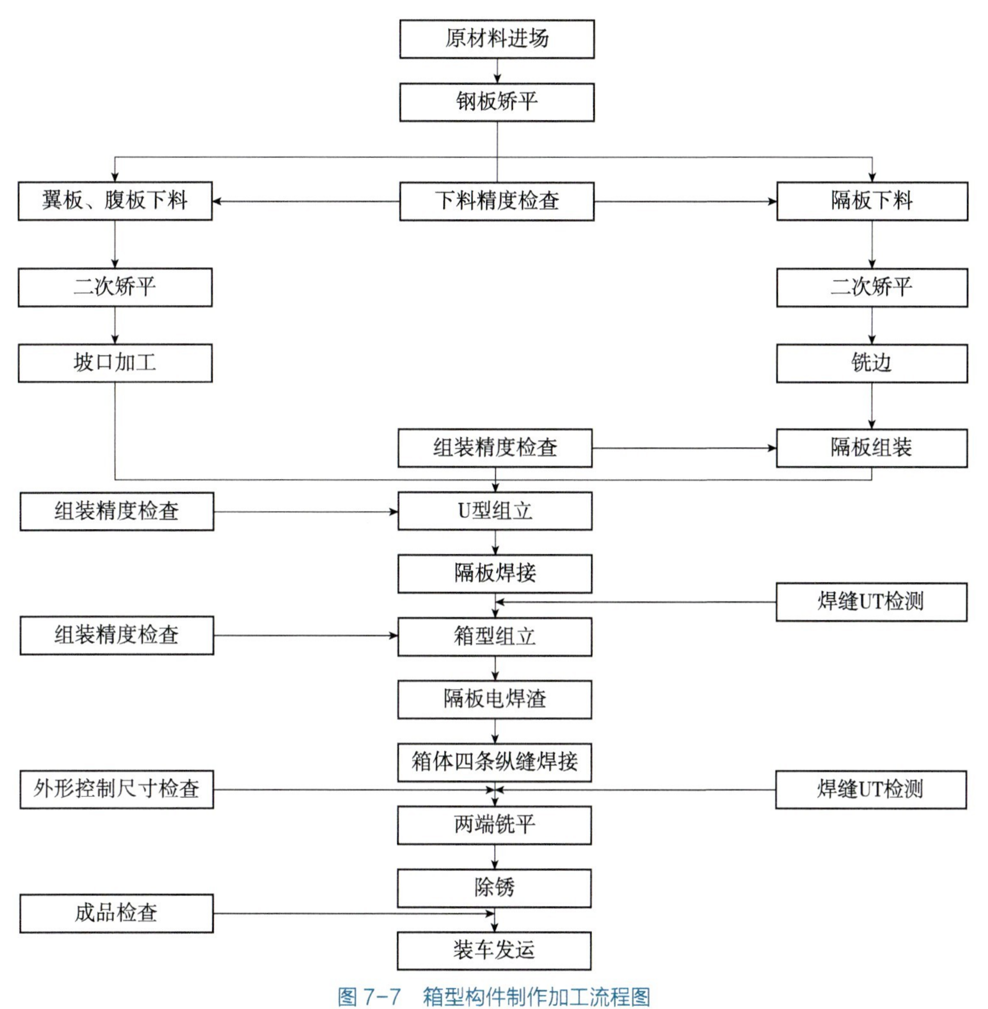

图 7–7　箱型构件制作加工流程图

装配式设计阶段评分表　　表 7–4

评价项	评价要求	评价分值	得分	最低分值	专家审核得分
实施装配式建筑楼栋号：T1					
主体结构（50分）	柱、支撑、承重墙、延性墙板等竖向构件	35%≤比例≤80%	20~30	20	25
	梁、板、楼梯、阳台、空调板等构件	70%≤比例≤80%	10~20		20
围护墙和内隔墙（20分）	非承重维护墙非砌筑	比例≥80%	5	10	5
	外墙与装饰、保温隔热一体化	50%≤比例≤80%	2~5		5
	内隔墙非砌筑	比例≥50%	5		5
	内隔墙与管线、装修一体化	50%≤比例≤80%	2~5		0
装修和设备管线（30分）	全装修	—	6	6	6
	干式工法楼面、地面	比例≥70%	6	—	0
	集成厨房	70%≤比例≤90%	3~6		0
	集成卫生间	70%≤比例≤90%	3~6		0
	管线分离	50%≤比例≤70%	4~6		4.5
合计					70.5

续表

评价项	评价要求	评价分值	得分	最低分值	专家审核得分
实施装配式建筑楼栋号：T2					
主体结构（50分）	柱、支撑、承重墙、延性墙板等竖向构件	35%≤比例≤80%	20~30	20	25
	梁、板、楼梯、阳台、空调板等构件	70%≤比例≤80%	10~20		20
围护墙和内隔墙（20分）	非承重维护墙非砌筑	比例≥80%	5	10	5
	外墙与装饰、保温隔热一体化	50%≤比例≤80%	2~5		5
	内隔墙非砌筑	比例≥50%	5		5
	内隔墙与管线、装修一体化	50%≤比例≤80%	2~5		0
装修和设备管线（30分）	全装修	—	6	6	6
	干式工法楼面、地面	比例≥70%	6	—	0
	集成厨房	70%≤比例≤90%	3~6		0
	集成卫生间	70%≤比例≤90%	3~6		0
	管线分离	50%≤比例≤70%	4~6		4
合计					70

7.2 智能停车技术

智能停车技术体现了智慧城市建设的核心理念，通过停车场的信息化、网络化和智能无人化管理，使城市生活更加智能化、现代化、人性化。珑湾项目的智能立体停车库内部无驾驶员和乘客进出，而是使用机械来独立移动停放车辆，汽车自动进出停车场，从而提高安全性和操作的顺畅性，全面提高用户的使用体验，并最大限度地发挥有限空间的价值。

7.2.1 智能停车技术概述

智能停车指的是利用无线通信、移动终端、GPS 定位和 GIS 等技术，对城市停车位进行数据采集、管理、查询、预订和导航的系统。其核心在于优化和整合停车资源，通过物联网和移动支付技术，简化停车流程，并通过移动互联网实现停车资源的共享。随着智能汽车的发展，智能停车系统能够与车辆及城市智能空间系统实现高度集成，使用户通过智能手机或车载系统快速找到并预订空闲车位，同时享受自动支付等服务，从而大幅节省时间，减少停车的不便。智能停车技术逐步打破了传统停车场信息系统的孤立状态，显著提升了停车场的利用率和用户体验。

为了推动智能停车行业的发展，近年来我国政府持续出台了相关政策。2022 年 11 月，科技部、住房城乡建设部发布的《“十四五” 城镇化与城市发展科技创新专项规划》明确提出，要研究城区各类建设场景的智慧建造技术，涵盖智能停车管理与慢行交通系统建造技术。在智慧城市建设体系中，智能停车已经成为不可或缺的一环。随着智慧城市建设的推进，智能停车作为城市基础设施的重要组成部分，正在助力打造更加现代化、智能化的城市环境。

珑湾项目作为智能停车技术的前沿代表，不仅在技术集成和系统优化上取得了重大突破，还在用户体验和运营效率方面树立了新的标杆。本节将深入探讨珑湾项目智能停车库建设中的关键创新，重点分析智能停车技术如何在这一实践中突破传统限制，从而打造出更加高效、便捷的城市生活体验。通过一系列创新设计与功能亮点，珑湾项目的智能停车库充分展现了先进技术在实际应用中的卓越成果。这些亮点不仅为行业树立了示范作用，还为未来城市停车管理的发展提供了宝贵的经验和启示。

1. 土地集约利用

珑湾项目的场地原始地貌属于滨海潮间带，后经过填海形成陆域，场地内存在软弱土层（包括人工填土和淤泥质土）。由于项目基坑开挖深度达 14.0~19.5 米，属于深基坑工程，每增加一层地下建筑都需要耗费大量资源。为实现土地的集约利用，项目设计了普通停车库和智能立体停车库两种类型的停车设施，以最大化土地的利用效率，容纳更多的汽车停放。

2. 运营主导车库设计

珑湾项目采用“投、建、管、运”一体化理念，在设计初期就将智能停车库的建设纳入整体规划。项目团队在规划和设计阶段深入考虑了用户的停车体验，充分结合智能停车库的需求和项目地形条件，合理配套设计了结构楼板和车库方案。

3. 充分考虑人才需求

在珑湾项目的智能车库方案设计中，充分运用了价值工程的理念，并将提升人才居住品质作为首要原则。项目建设了全自动智能立体停车库，显著减少了用户在车库内寻找车位的时间。此外，项目还设计了宽敞的停车等候区域，并优化了车库前的道路布局，提高了车辆的通行流畅度，从而大幅提升了用户的整体体验和舒适度。

7.2.2　智能停车库选型设计

珑湾项目地下室的可建设面积约为 13247.52 平方米，设计方案包括 3 层半地下室，其中，地下二层和地下三层的北侧设置了两层普通停车库，南侧通过缩小层高设置了四层智能停车库[①]（如图 7-8 所示）。

在设计智能停车库方案时，项目以满足人才需求为首要目标，并充分遵循价值工程的原则。首先，地面首层的设计旨在打造一个舒适的城市环境，确保人车分流的安全性和便利性。其次，地下一层设有与周边地块相连的开放式公共连廊，在夹层区域的两个塔楼大堂还设置了落客区，主要服务于人流通行。因此，项目在地下二、三层设置停车库，分为智能停车区域及普通停车区域。

---

① 全部停车区域位于项目地下 2–3 层，智能停车库位于南侧绿地下方。由于智能停车库不用进入，可以缩小层高，因此比普通的多 2 层。

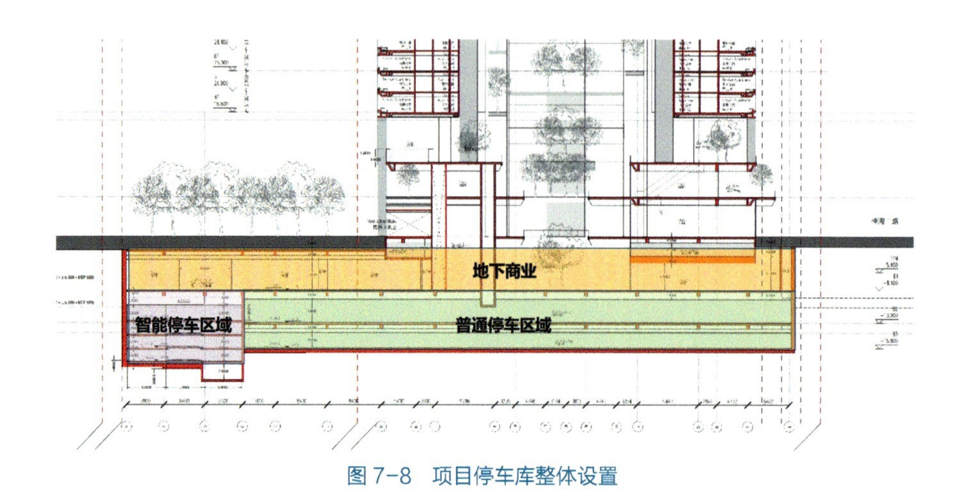

图 7-8 项目停车库整体设置

根据这一设计方案，智能车库的功能布局科学合理。机动车通过首层的旋转车道直接进入地下二层的停车大厅，智能停车和普通停车这两种停车方式按照出入口坡道进行了南北区分，以确保流线便捷通畅且互不干扰。这一设计方案为具有不同停车需求的用户提供了多样化的选择。此外，在停车库的出入口单独设置了宽敞的等候区，以减少车辆拥堵，保障用户安全、流畅的通行体验。

本项目的智能停车库占地面积约 2400 平方米，共设置了 300 个车位，智能停车库首层为 SUV 车位，其余三层为小轿车车位。智能停车库停放的一般车辆尺寸（单位：毫米）为长 × 宽 × 高≤ 5300×1900×1550，特大型车辆尺寸（单位：毫米）为长 × 宽 × 高≤ 5300×1900×2050。智能停车库的具体设置如图 7-9 所示。

项目以人才需求为导向，充分考虑用户便捷性和空间利用效率，详细分析了各类智能停车库的适用性（表 7-5），并选择了平面移动式智能停车库作为最佳方案。首先，该类型车库与项目建筑的布局、柱网和层高等参数高度契合。其次，平面移动式智能停车库内无车道和人员停留，

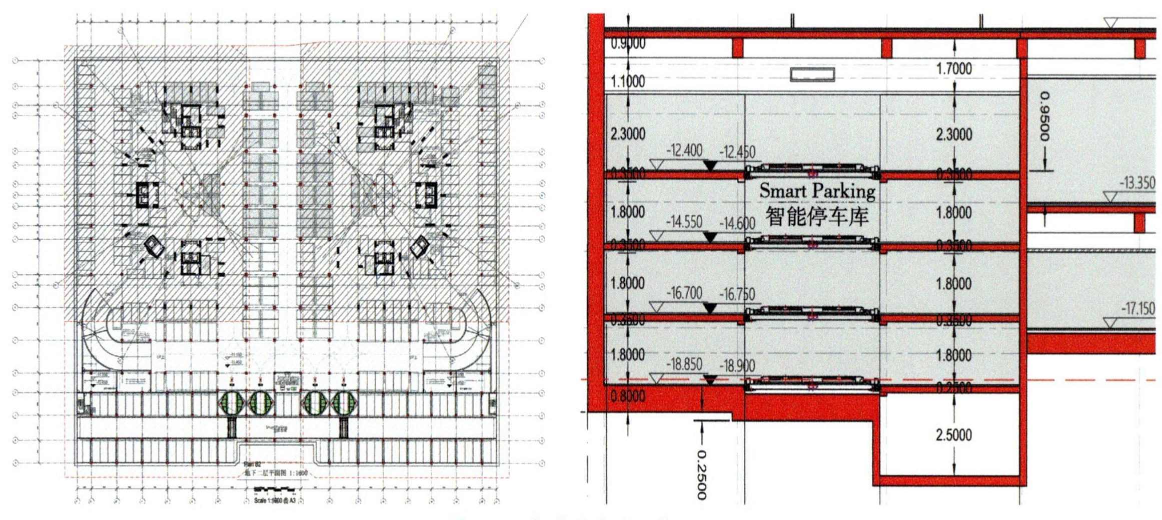

图 7-9 智能停车库具体设置

能够显著降低层高，增加柱网密度，从而大幅提升车辆容纳密度和空间利用率。由于项目从设计之初就充分考虑了智能停车库的需求，因此选择了平面移动式智能车库，而非更适用于后期改造项目的 AGV 机器人智能车库类型。平面移动式智能车库的设计能够显著提升车辆存取的便捷性，提供更流畅、舒适的使用体验。最终，本项目采用地下四层的平面移动式自动化机械停车库，设备型号为 PPY 型式，并在车库内设置了四个车厅和一个管理用房。

智能停车库类型比选　　表 7-5

智能车库类型		适用类型	是否适合
全自动化	平面移动式（机械手抱持轮胎式）	平面面积较大的市场主流产品	适合
	AGV智能机器人	传统车库，且需进行全封闭	较适合
	SSP人工智能机器人	设备模块化安装，以软件为主导	较适合
	巷道堆垛式	存取效率低，体验感差，用于2~9层	不适合
	垂直升降式	面积较小，层数在的7~25层	不适合
半自动化	升降横移式	室外后改造增加的车库，2~6层	后期扩展

项目引入先进的智能停车设备，致力于为用户打造高效便捷的停车体验。智能车库的核心技术是智能搬运器，通过高速升降机无缝配合，可以提高车辆出入库速度，同时充分利用地下空间。此外，智能车库还配备了管理及检测系统、车辆导引系统、门禁系统、场内监控系统、车辆识别系统和辅助系统等，以确保停车过程流畅高效，并优化用户使用体验。

7.2.3　智能停车库建造

在珑湾项目中，智能停车库采用了多种关键技术，包括智能无线传感、视频识别、地理信息系统、数据库和网络通信等，针对运营商、停车设施和车主的需求实现了多种智能功能。

1. 智能车库控制管理与存取车操作

珑湾项目为智能停车库提供了一套车库控制管理系统，不仅可以实现对相关硬件（卡设备、网络设备、各传感器、检测系统、驱动系统）的管理，还可以实现对整个过程的全自动程序管理。该系统由主控制箱盘、可编程控制器、电磁接触器、按键式控制盘、光电开关、定位及逾限开关和安全装置等主要部分组成，可以提供刷卡、雷达活体检测、防坠落、车辆限位、车辆指引以及位置和速度调整等一般性功能。此外，该系统还提供了长期用户有效期临近报警、储值卡余额不足报警和储值卡透支等功能，以及无空闲车位状况下的报警提示功能。主控系统的核心是 PLC（Programmable Logic Controller），由 PLC 程序控制系统完成停车设备的自动化执行，自动查询和指示车位的使用情况，实时显示车位运行、故障情况和开关状态，并对停车设备的操作权限进行限制，以及对停车设备直接发出运行命令。

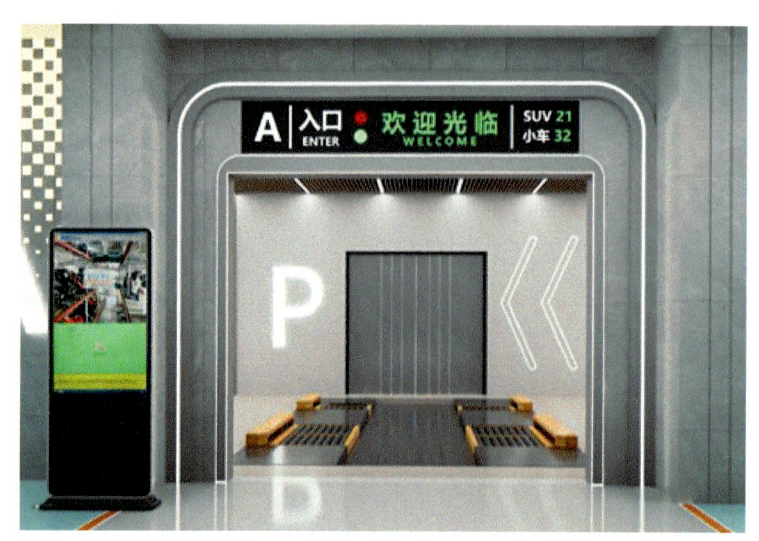

图 7-10　智能停车库泊位信息管理系统功能示意图

在自动模式下智能停车库有四种存取车方式，包括触摸屏终端、计算机操作、控制面板操作和小程序。临时牌用户使用系统分配的临时号牌，通过触摸屏或计算机操作进行车辆存取。此外，小程序取车还可实现预约存取车和微信缴费等功能。在车库出入口和分流点设置了泊位饱和与剩余信息牌，以向驾驶员提供实时有效空位信息。在存取车过程中，智能停车库泊位信息管理系统可以实时检测车辆进出，实时采集并传送停车位变化数据，并通过无线网络发送到信息显示牌（图 7-10），从而显著提高停车效率和使用体验。此外，依托系统的大数据分析，结合车辆进出和高峰状态，泊位信息管理系统还可以智能配置和引导车辆进出，自主优化出入口的配置。在存车高峰期，入口数量大于出口数量；而在取车高峰期则相反，出口数量大于入口数量。因此，泊位引导与信息发布功能实现了停车过程的优化。

2. 安全保护

为了保障车库安全性，智能停车库设置了故障和危险报警装置及警示牌，并配备了防坠装置、防重叠检测装置、强制制动装置、阻车装置、塔车平层锁定装置、智能搬运器安全进入检测装置、运转中警告装置、紧急停止按钮装置、欠逆相保护装置、过电压保护装置、电力过负荷保护装置和车长车高车重检查装置等安全保护装置，具备运行异常检测功能。智能停车库的安全保护功能见表 7-6。

3. 停车设备智能化程度及整体技术性能

（1）车库门

智能停车库的出入口配备自动门系统，内门采用自动感应镜面快速对开门，外门使用快速卷帘门，可以实现正进正出、一键取车，司机无须倒车，平均存取车时间在 90s 内。这些自动门采用了专用的工业级车库门系统，通过联锁机构控制，无须司机将后视镜收起即可实现正常进出。当系统未激活时，自动门保持关闭状态，确保无关人员不能进入。自动门在开启状态时，相关设备停止动作，而且配备了防夹装置，以确保车辆进出时的安全。

智能停车库安全保护功能列表　表 7-6

安全保护功能	作用
人员移动探测感知装置	在出入口处设置活体检测及人员检测装置，以确保人员和车辆等的安全
平层人车保护装置	专利技术保证平层后的车辆和设备的安全
超载保护功能	在停车设备上提供超载保护装置，具有动载抑制功能、自动工作功能和自动保险功能等功能
防重叠自动检测功能	在设备上装置镜面反射式装置，通过镜面反射装置检测停车位上有无车辆，以确保车辆安全
钢丝绳断绳检测与保护功能	钢丝绳断裂后自动检出同时具有多重保护
急停按钮	操作盘上设有紧急按钮（大型红色扣），当遭遇特殊紧急状况时，按下按钮则所有机械即刻动作停止，同时在状况未解除前，停车设备不会启动
强迫关门功能（消防联动）	在电控系统中为消防联动设置强迫关门功能，车库内接收到消防指令后，自动开启强迫关门功能
设备动作互锁功能	确保衔接动作不会发生错误
速度异常检出功能	不在指定速度下运行都能被系统检出
防止越限运行装置	确保设备运行安全
防止车辆坠落装置	对搬运的车辆进行保护
防止车盘坠落装置	车盘上都有防坠落装置
阻车装置	限制车辆停放位置，以免造成上升时碰撞设备，并采用前高后低设计，防止车辆滑动
上下极限缓冲装置	设有速度缓冲及机械缓冲
系统相序保护装置	漏电保护装置，欠、逆相保护装置，过载、过流保护装置和电机过热保护
失电制动保护装置	多重失电制动保护装置
系统温度过热保护	对电动机及主要元器件进行过载保护
故障预测功能	防患于未然，提高可靠性
故障自诊断系统	非间断性实时诊断
故障后保护功能	故障后系统够自动保护
故障后自动通知功能	故障后系统具有拨号通知功能
故障后处理提示功能	故障后系统提示如何处理故障
实时、远程监控诊断系统	管理人员及时观察设备运行状态，并具有远程网络监控能力，确保发生事件的可追溯性
系统运行过程记录	确保动作过程的可追溯性

（2）高速升降机

高速升降机是横移搬运器、智能搬运器及车辆的载体，负责在竖直方向上对车辆进行搬运（图 7-11）。在本项目中，智能停车库配备了 4 部升降机。该升降机最大的优点是升降过程平稳、噪声低、系统稳定可靠。其升降提升速度为 90 米 / 分钟，防坠落速度（时间）为 3 秒，在高速运行时的噪声≤ 65 分贝，对外部环境噪声影响≤ 55 分贝。此外，该升降机还具备车辆规格实时检测系统，可以确保升降机处于任何状态下都能够对车辆规格及其位置进行检测。

（3）横移搬运器

横移搬运器主要负责车辆在各个停车平面内的搬运工作，以实现横向运动。在本项目中，智能停车库配置了 8 台横移搬运器，其行走速度为 90 米 / 分钟，高速运行时的噪声≤ 60 分贝，库外测量噪声≤ 55 分贝。该横移搬运器由矢量变频控制的电机驱动，加减速距离为 1 米，即在 1 米距离内从静止状态加速到最大速度，减速过程以同样的加速度完成减速操作。

（4）智能搬运器

本项目所使用的智能搬运器类型为抱持搬运器（图 7-12），其行走速度为 60 米 / 分钟，高速运行的噪声≤ 60 分贝。该设备采用 8 个承载轮来承受汽车的重量，通过合理的结构设计可以对承载重量进行合理分配，因此具有极高的承载能力，最大承载可达 2500 公斤，并且对轮胎的伤害较小。由于采用了两部独立车身设计，该智能搬运器可以对不同轴距的车辆便捷地实现自适应调整。该设备能实现轴距从 2200 毫米到 3200 毫米之间各种车辆的搬运，车型适应能力强。

7.2.4 智能停车技术的先进性

本项目所使用的全自动智能立体停车库与传统普通停车场的详细比较如表 7-7 所示，从该表中可以看出，智能立体停车技术在多个方面展现出显著的优势，是应对本项目以及其他类似项目停车需求的有效解决方案。

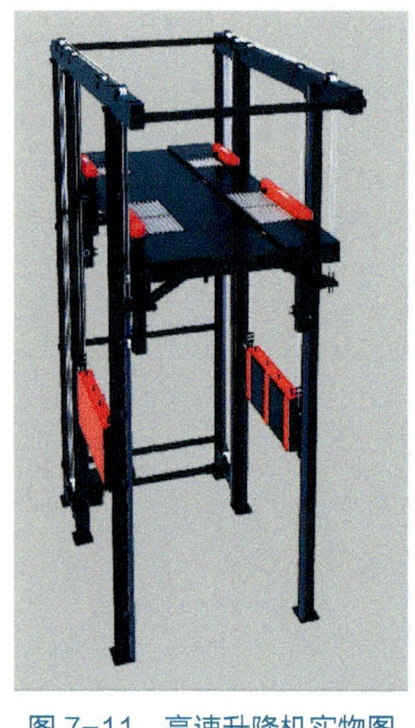

图 7-11 高速升降机实物图

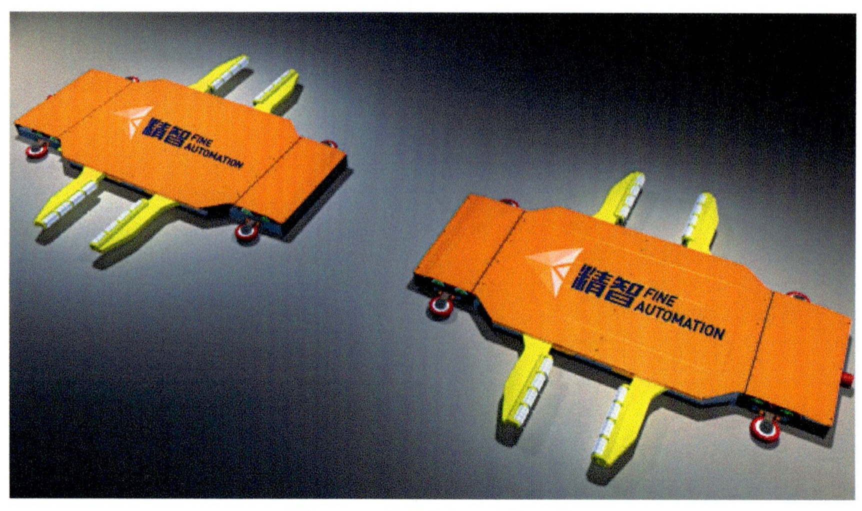

图 7-12 抱持搬运器实物照片

全自动智能立体停车库与传统普通停车场比对明细表　　表7-7

比选项目	全自动智能立体停车库	传统普通停车场	比较结果
土建空间利用率	停放轿车层净空高度为1.7米；停放越野车层高度为2.25米；每车位宽2.2米；平均每车位占地面积在25平方米以下（包含水平跑道、停车设备占地和预留空间等）	每层平均净空高度在2.5米至3.0米；每车位宽在2.4米以上；平均每车位占地面积在40平方米（包含坡道、设备机房和通道等）	在占地面积和开挖深度（高度）方面，智能立体停车库均胜过传统普通停车场
人性化安全系数	实现了“无人式智能停车库”的目标，完全做到了人车分离，从而降低了交通事故发生的可能性；人员无须进入停车库内部，有效保障了其人身和财产安全	人员和车辆在停车库里交叉来往，无法真正实现人车分离，可能导致交通事故；统计数据显示，地下停车库是治安犯罪盲点，因为它们通常比较隐蔽，人身和财产安全性较低	人身安全是人性化的最直接表现，在以人为本方面，智能立体停车库相较于传统普通停车场具有明显的优势
车辆安全系数	作为一个独立封闭的区域，没有人进入就可以排除人为意外损坏或盗窃的可能性；车辆进入车库后就会被实时闭路监控，能够清楚地记录损坏和丢失发生的具体环节，从而明确责任	停放车辆时可能会发生其他车辆倒车时剐蹭后逃逸，或者车辆被盗但不知是谁所为的情况，责任难以确定，车主可能会遭受损失	在车辆安全方面，智能立体停车库相较于传统普通停车场具有明显的优势
驾驶员舒适性与安全性	当驾驶员达到自动车库时，停车系统的语音装置和大屏幕会通过视听方式告知司机前往指定编号的出入库泊车	驾驶员需要低速驾驶寻找停车位，如果一层没有，就继续往下一层找，直到找到为止。如果到最后一层还没有停车位，就必须开车离开停车库；在狭窄的地下停车库里找车位时，驾驶员可能无法专心开车，因为光线暗、视线受阻，容易发生安全事故	智能立体停车库更便捷、舒适，适合驾驶员使用；一般情况下，驾驶员不愿意停车在地下三层及以下的区域
低碳绿色与环保节能	当车辆驶入入口时，要求熄火，这样可以减少尾气排放，降低空气污染；减少车辆行驶距离和倒车时间，因此降低了汽油消耗	车辆长时间低速行驶会产生大量尾气，导致室内空气污染；长时间低速行驶还会增加油耗，造成能源损失	绿色环保和节能是当前国家和政府所推崇的建设项目指导理念；在低碳绿色与环保节能方面，智能立体停车库比传统普通停车场更具优势
通风和照明投入	在车辆进入车库之前，需要将车辆熄火，因此显著减少尾气排放量；考虑到车库内无人滞留，换气频率可降至每小时6次；车库内没有人员或车辆活动，因此不需要24小时持续强光照明，只需备有检修应急照明即可，平时无需使用照明设备；内部监控可以通过“三维动画状态”模拟设备运行情况，完全还原实际设备的运行状态	由于车辆行驶缓慢，会排放大量废气；为确保停车库内的人员有足够的新鲜空气供应，需要保持24小时不间断的通风；人员和车辆活动需要良好的照明，因此需要24小时持续提供强光，增加了电力消耗	智能立体停车库的通风和照明投入成本大幅减少，其后期的维护运营费用也得到了更好的控制；智能立体停车库内部的照明设计非常灵活，可以选择连续照明，也可以在车辆进出时才自动点亮，无车辆进出时自动关闭，进一步节省能源和降低运营成本
使用效率和便捷性	进入宽敞明亮的出入室房间后，驾驶员立即熄火锁车，然后使用刷卡系统锁好车门，随即离开车库前往目的地；如果车辆停放位置有些偏移，系统会自动纠正车辆位置，然后会有设备自动将车辆搬入停车库内部。取车时可以选择通过贯穿门或转盘自动实现车辆掉头，使车辆朝向出库方向，无须倒车	驾驶员找到停车位后，需要缓慢倒车入位；由于各种客观和主观因素的影响，驾驶员可能无法一次性将车停好，而这会影响通道的车流和其他行人的速度和安全	在智能立体停车库中，司机不需要花费大量时间来倒车入位，也不必担心车辆是否停放正确；取车时，车辆都是朝向出库方向，方便快捷

续表

比选项目	全自动智能立体停车库	传统普通停车场	比较结果
标识和清洁工作投入	作为封闭空间，车库内部无人进入，因此不需进行装修或设置标识、标志和划线；由于几乎没有垃圾产生，因此省去了与垃圾清理和养护相关的工作，只需要在出入室附近做少量的清洁工作	每一层都必须进行全面装修，包括安装所有必要的交通标志、车位划线以及通道划线； 需要定期清洁和维护，尤其是地板漆的部分	智能立体停车库在标识和清洁方面需要的投入比传统普通停车场少
前后排子母车位利用	在规划停车位布局时，可以巧妙地利用前后排子母车位，甚至减少水平跑道的需求，从而增加实际可用的停车位数量	由于场地条件限制，停车位数量有限。若想利用正常车位后部空间增加停车位，必须将前排车辆钥匙交给管理员，或者留下联系方式。这一做法存在安全隐患，同时责任也难以界定	在空间利用方面，智能立体停车库更为出色，它实现了高密度、大容量的停车方式
对建筑工程师的设计便利性	设计院只需确定立体车库的区域和指标参数，然后委托专业厂家完成方案设计；这样设计师就可以集中精力进行建筑设计，而不必花费太多时间在停车库设计上	—	在考虑建筑设计便利性时，智能立体停车库比传统普通停车场更方便
提升建筑主体形象品位	在建筑主体上采用智能系统产品，可以提升其形象和品质，增加科技气息和科技含量	—	在提升建筑主体形象品味方面，智能立体停车库比传统普通停车场更具优势

7.3 BIM技术应用

建筑行业正在逐步向数字化转型，传统的建筑施工方式逐渐被数字化技术所取代，从而引领行业朝着更高效、更智能的方向发展。珑湾项目是全国首例可评价为国标 A 级并且装配率超 70% 的超高层公寓项目，BIM 等技术手段和多种智能设备在工程建设过程中广泛应用，在高效建造和安全生产中发挥了巨大作用。

7.3.1 建设管理BIM应用综合策划

1. 项目重难点分析

（1）项目场地狭小，施工现场协调难度大。项目位于深圳市南山区梦海大道与桂湾二路交会处深圳前海四单元五街坊内，场地如图 7-13 所示。项目占地仅 1.84 万平方米，施工区与生活区共占 1.6 万平方米，场地非常狭小。总平面管理、交通组织管理、施工机械安拆管理、立体交叉施工是重难点。施工前北侧桂湾二路暂未开放，场地南侧三个项目共用一条道路，施工时车辆密集、人流密集，场外交通组织是重点也是难点。从临建现状情况上来看，施工现场临建位置过

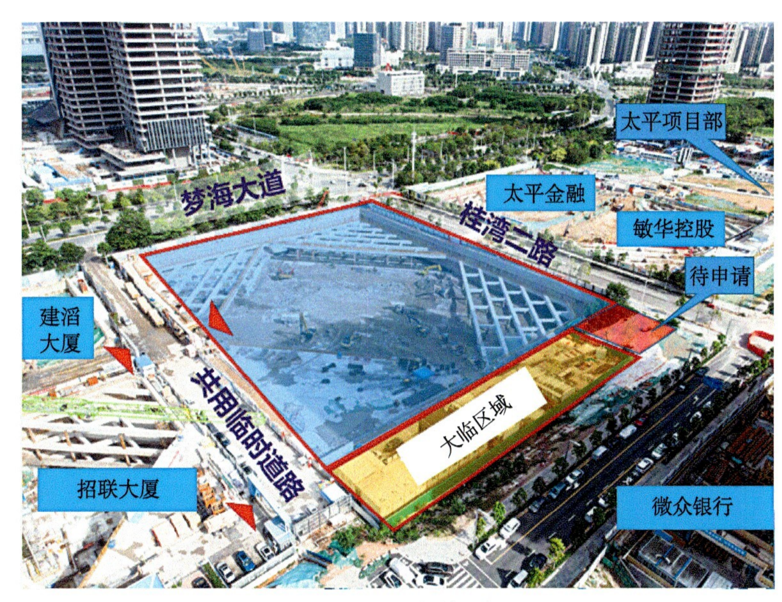

图 7-13　项目场地示意图

小，可使用面积约 1683 平方米，且场地"细长"，东西宽度仅 22 米，除去施工便道，宽度不足 17 米，交通十分不便。

（2）设计复杂，技术难度大，超危大工程多。结构形式为"钢管混凝土柱 + 钢梁剪力墙"混合结构，隔墙采用"ALC+ 轻钢龙骨 + 砌块"的形式，外形为"双子塔"呈左右"C"字对称布置，为超高层装配式钢结构公寓（图 7-14）。由于独特的造型及复杂的结构特点，项目涉及超危大工程众多，包括深基坑、拆换撑、超高幕墙安装等。

（3）单位众多，BIM 协调管理难度大，总包管理困难。项目从报建开始便树立全员、全专业、全过程参与和使用 BIM 技术的目标。参建单位、参与专业众多，且均涉及 BIM 工作流，总包 BIM 管理及协调难度大。

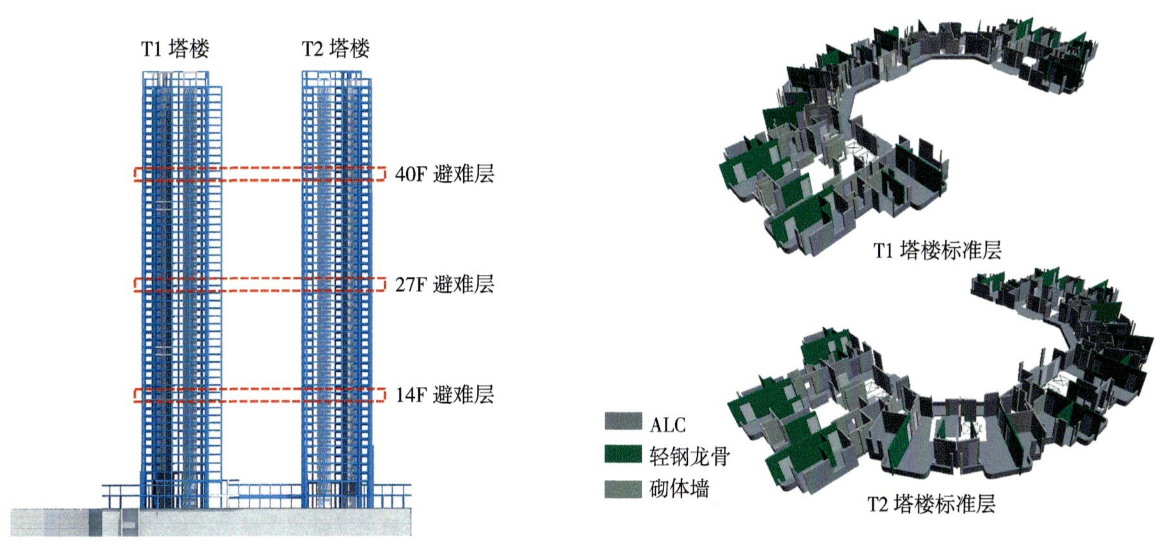

图 7-14　项目结构示意图

2. 施工阶段 BIM 应用实施目标

总目标：通过项目 BIM 实施细则的制定，保证项目建设过程中 BIM 应用的延续性、可用性、管理性。

子目标一：运用 BIM 技术进行三维协同设计，提高图纸深化设计的效率、准确性和一致性。基于 BIM 模型，向各参建方提供信息对称的可视化设计沟通工具，检查各专业设计的碰、缺、错、漏问题，进行设计深化，从而减少在施工阶段的问题和延误。

子目标二：运用 BIM 技术，对项目建设过程进行模拟施工，对施工进度实现精确计划、跟踪和控制。利用 BIM 模型评估不同施工方法和顺序，找到最优的施工方案，从而指导施工，辅助施工现场工程验收，提高现场质量验收精细度；助力实现建设项目全生命周期 BIM 应用的目标，协助进行项目成本、进度的控制与管理，提升项目效益。

子目标三：通过 BIM 技术提供信息载体，运用数据管理平台，为高效、便捷、及时决策提供所需信息。在 BIM 数据支持下，提高工程建设质量和项目综合管理水平，实现项目进度、质量、投资、安全的全面管控。

子目标四：以项目为依托优化前海乐居各项指引文件、规范文件，建立基于 BIM 的管理体系，实现面向全生命周期的 BIM 技术在城市建设工程中的集成综合应用。将珑湾项目打造成前海城市开发和工程建设的标杆项目，使珑湾项目建设工程信息化实施经验转化为可复制、可推广的示范基础，并由此推动前海片区成为国际领先的数字化城市建设示范区。

3. 管理模式

（1）BIM 实施团队建设。项目建设过程中成立了专门的 BIM 总包协同管理团队统筹管理相关工作，以推动全员、全专业、全过程 BIM 综合应用，其组织架构如图 7-15 所示。施工总承包

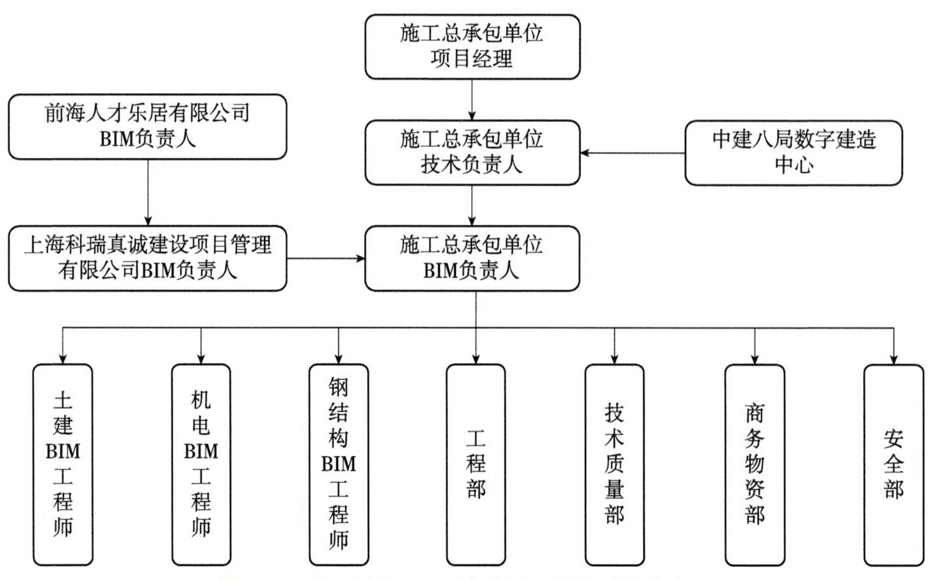

图 7-15　施工阶段 BIM 总包协同管理团队的组织架构

单位项目经理和项目技术负责人负责组织协调项目开展 BIM 工作，中建八局数字建造中心负责提供 BIM 相关技术支持，施工总承包单位项目 BIM 负责人负责统一协调各专业 BIM 工程师及项目部各部门开展工作。各专业配置至少 1 位熟练掌握本专业业务、熟悉 BIM 建模、浏览软件操作的人员，负责专业工作。

BIM 总包协同管理团队负责的任务主要包括：BIM 模型的创建、维护以及确保设计和深化设计图清楚并形象地展现在 BIM 模型里，以便及时发现图纸问题并解决；模拟钢构件组装流程和各种施工工艺等；优化施工方案和工作计划，进行模拟施工，进而优化工程施工进度计划。有关工作职责如表 7-8 所示。

BIM 总包协同管理团队工作职责表　　表 7-8

岗位	工作职责
前海乐居BIM负责人	领导整个项目，有权限批准BIM相关的事项和信息
科瑞真诚BIM负责人	代表委托方承担信息管理职能，提供交换信息需求，生成项目信息的管理，商业和技术方面的内容
施工总承包单位项目经理	负责沟通及协调BIM相关工作，配合业主制定各项BIM应用目标，建立总承包BIM管理部组织机构，主持领导BIM技术开展工作
施工总承包单位技术负责人	负责组织统筹各相关部门工程师对BIM技术使用的相关工作，对BIM模型建立及使用中各部门的相关责任进行划分，并监督BIM成果应用到具体的施工工作中，并负责在施工前后及后期运营阶段组织BIM管理部提供技术支持
中建八局数字建造中心BIM负责人	参与项目BIM策划编制工作，为项目提供必要的技术支持，对项目技术质量目标责任进行考核，确保BIM实际落地
施工总承包单位BIM负责人	负责推动BIM工作有序开展，督促各专业BIM工程师完成BIM工作组织编制《项目施工BIM实施细则》，确定BIM应用标准和数据格式，同时推动BIM应用实施，及时整理BIM成果
土建BIM工程师	随施工进展提供各阶段施工平面布置，利用BIM输出的模型和信息结合实际情况模拟施工进程，对施工现场管理进行优化。建立BIM模型及最终竣工模型。使用BIM模拟重难点施工工艺，并利用BIM输出的模型和动画作为辅助手段进行管理。使用BIM进行建造过程中的4D进度模拟，辅助项目对进度进行分析管控
机电BIM工程师	创建和管理机电系统的BIM模型，结合实际情况模拟施工进程，优化施工现场管理。模拟重难点施工工艺，利用BIM进行4D进度模拟。与项目团队协作，确保项目顺利进行和最终交付
钢结构BIM工程师	建立钢结构BIM模型及最终竣工模型，使用BIM进行建造过程中的模拟分析，辅助钢结构等深化设计。使用BIM模拟相关施工工艺，并利用BIM输出的模型和信息作为辅助手段对结构施工进行管理
项目部各部门	配合BIM工作有序进行和展开，使用和复核BIM成果，采集必要的工程信息提供给各专业BIM工程师

（2）设计—施工 BIM 工作管理。施工总包进场后，接收并审核设计院移交的 BIM 模型，在施工阶段深化完善 BIM 模型，最终形成竣工及运维模型，归档业主方（图 7-16）。

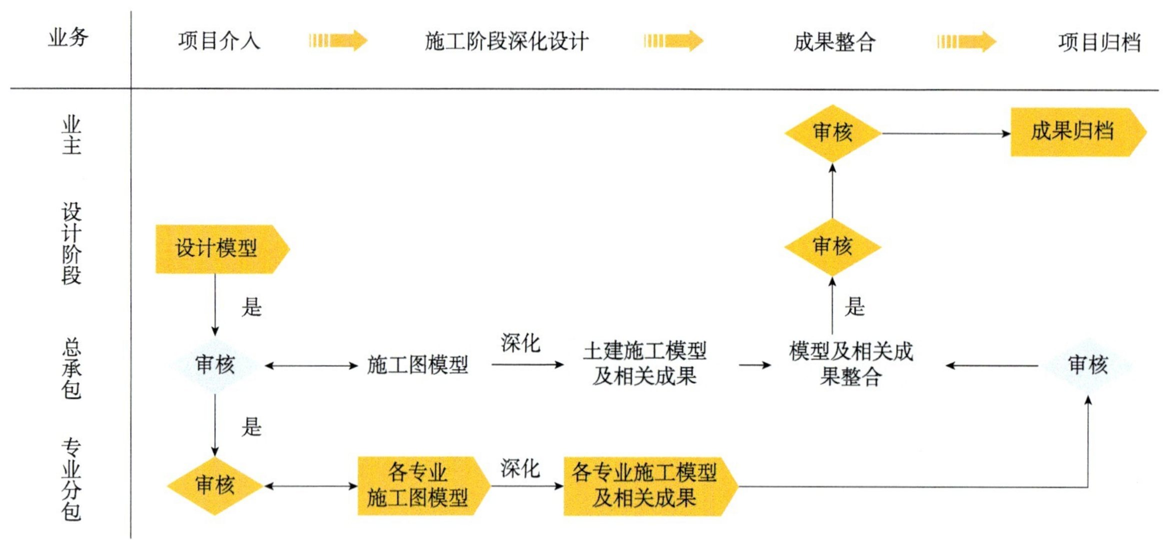

图 7-16 设计—施工 BIM 工作流程

7.3.2 BIM在施工过程中的应用

1. 施工模型创建

（1）结构 BIM 模型深化。结构 BIM 模型在设计模型的基础上进行竖向构件的分层，水平构件的打断分割；在设计模型的基础上为构件进行标准化命名，便于筛选和过滤；根据施工 BIM 模型按照施工作业段进行拆分，便于工程量统计、进度模拟等（图 7-17）。

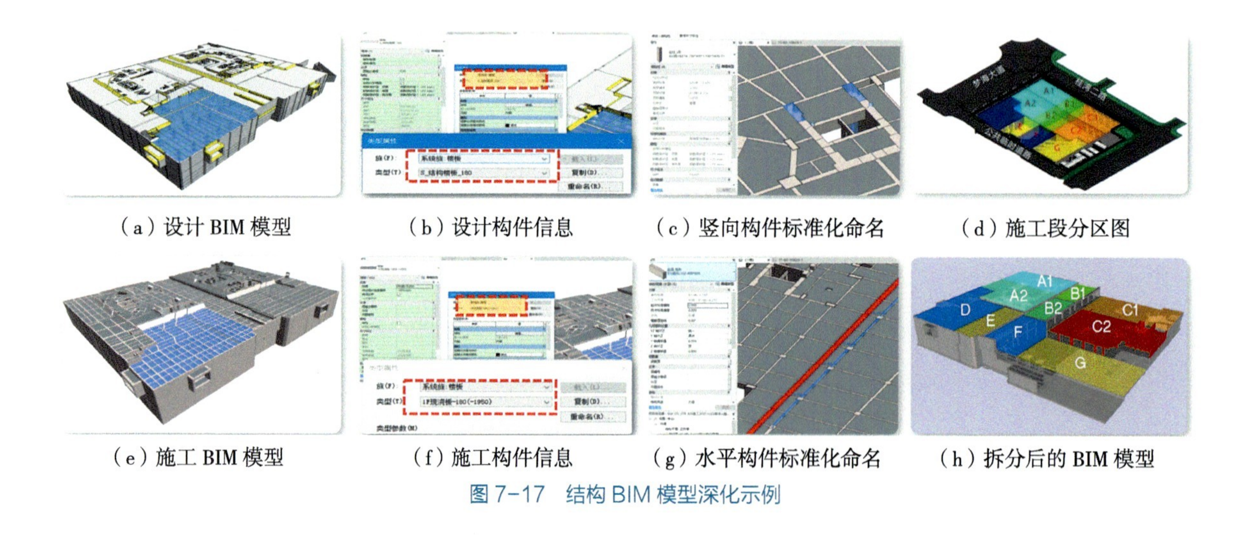

（a）设计 BIM 模型 （b）设计构件信息 （c）竖向构件标准化命名 （d）施工段分区图

（e）施工 BIM 模型 （f）施工构件信息 （g）水平构件标准化命名 （h）拆分后的 BIM 模型

图 7-17 结构 BIM 模型深化示例

（2）机电 BIM 模型深化。地下室区域的机电模型在施工阶段重新创建；标准层机电模型在设计模型的基础上进行末端的补全、配合精装进行点位的调整；补充各机房综合排布模型（图 7-18）。

（3）二次结构 BIM 模型深化。在设计模型的基础上校核门窗的尺寸、标高，洞口尺寸、标高等；补充建筑地坪、补充构造柱、反坎、圈梁等，形成施工 BIM 模型（图 7-19）。

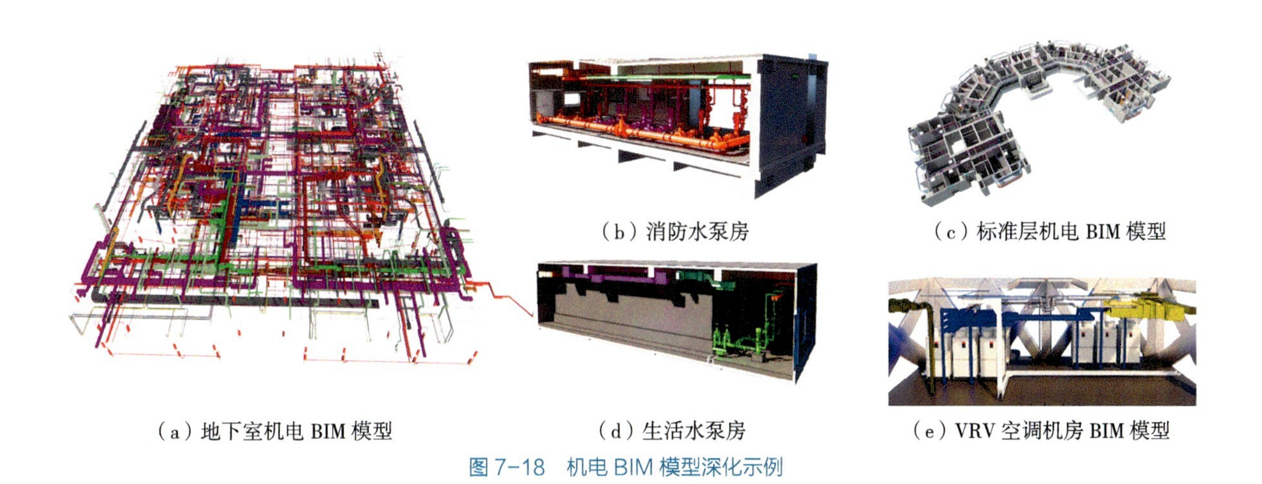

（a）地下室机电 BIM 模型　（b）消防水泵房　（c）标准层机电 BIM 模型　（d）生活水泵房　（e）VRV 空调机房 BIM 模型

图 7-18　机电 BIM 模型深化示例

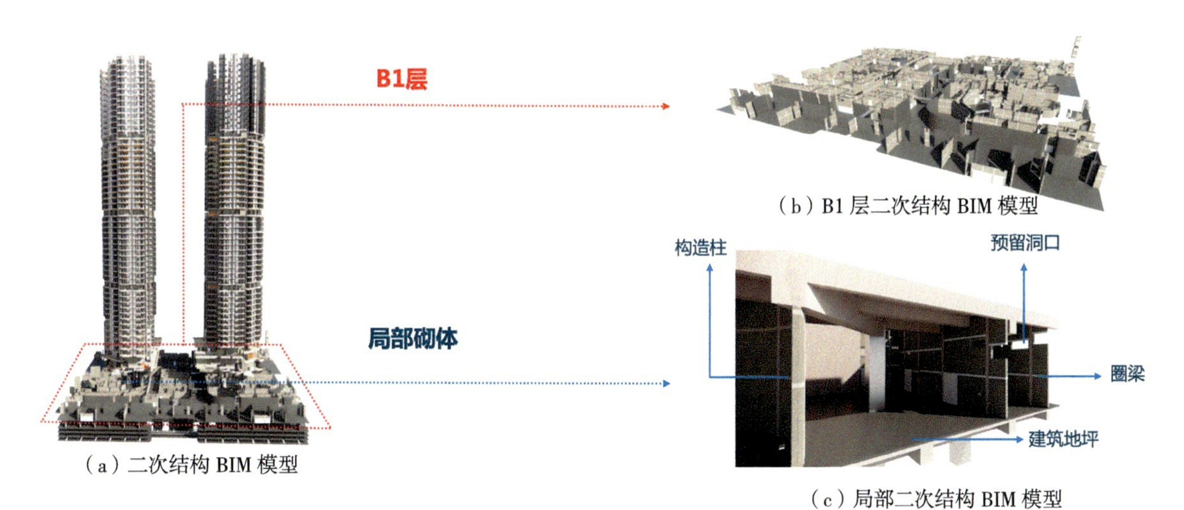

（a）二次结构 BIM 模型　（b）B1 层二次结构 BIM 模型　（c）局部二次结构 BIM 模型

图 7-19　二次结构 BIM 模型深化示例

（4）幕墙 BIM 模型深化。在方案模型的基础上校核铝板的尺寸、收口、标高，玻璃的尺寸、标高，窗户的尺寸、标高；补充龙骨、型材、连接件等，形成施工 BIM 模型（图 7-20）。

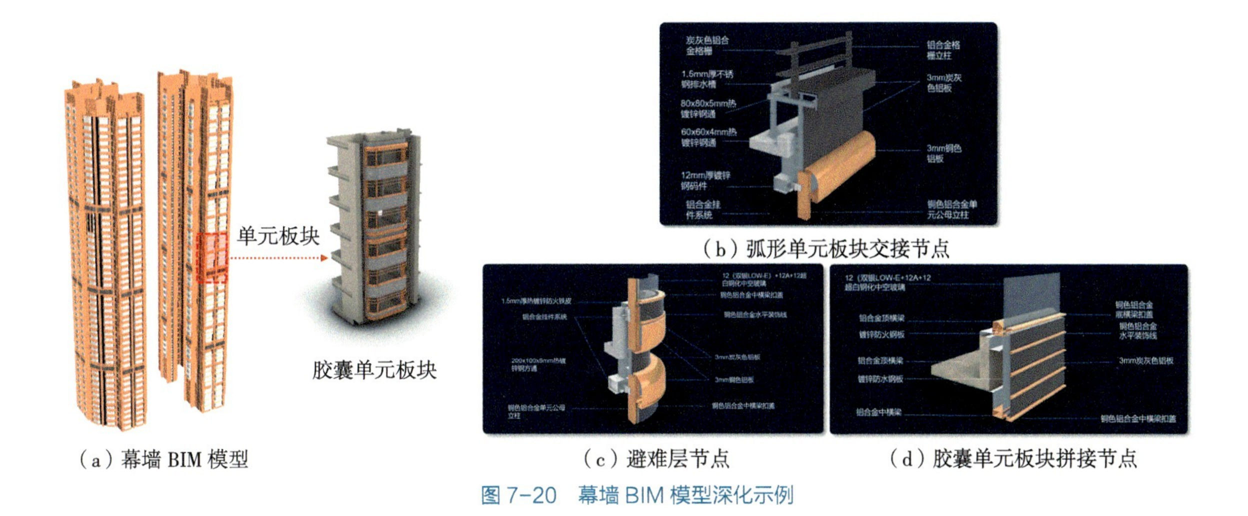

（a）幕墙 BIM 模型　（b）弧形单元板块交接节点　（c）避难层节点　（d）胶囊单元板块拼接节点

图 7-20　幕墙 BIM 模型深化示例

（5）钢结构模型创建。根据设计结构施工图的基础上建模，完善钢结构节点做法、构件对接坡口，紧固件及埋件等；补充机电开孔、钢筋搭筋板及开孔、燃气连接件、构件临时连接措施等，形成施工 BIM 模型（图 7-21）。

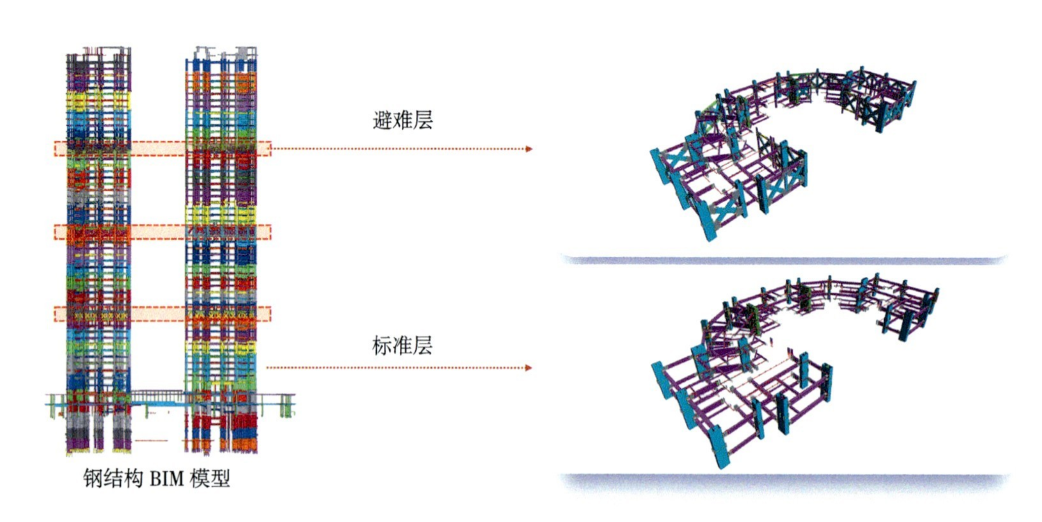

图 7-21　钢结构模型示例

2. 图纸会审

为加快图纸疑问的解决速度，每周进行技术例会跟踪各项问题的进展情况。定期形成 BIM 问卷，进行问卷答疑与图纸修改指导，相关工作如图 7-22 所示。

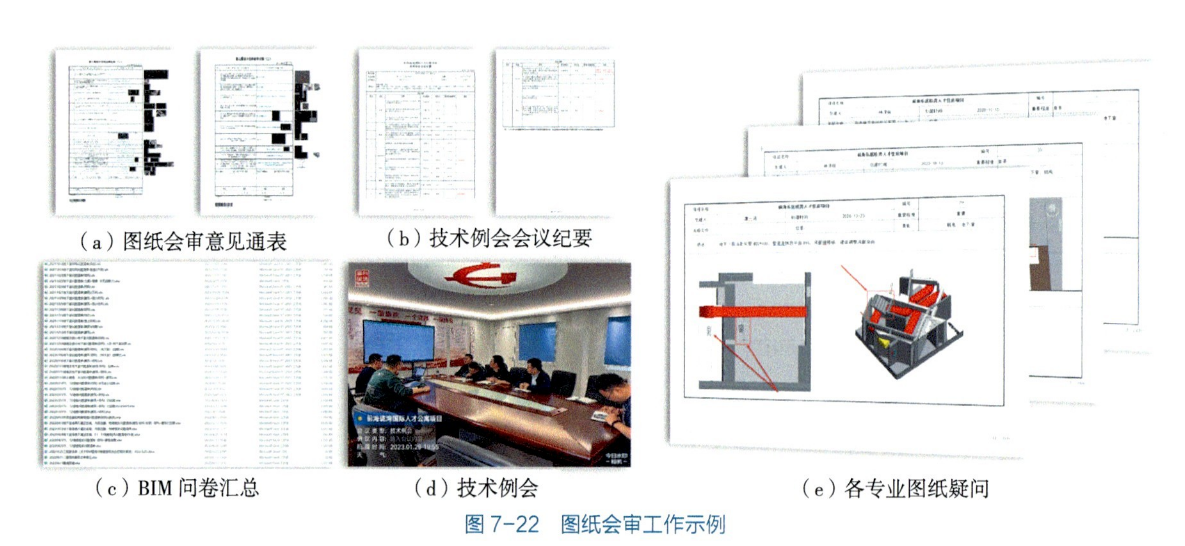

图 7-22　图纸会审工作示例

3. 碰撞检测

碰撞检查是二维时代转向三维时代的重要标志，通过全面的“三维校审”，在此过程中可发现大量隐藏在设计中的问题。在真实建造施工之前理论上能 100% 消除各类碰撞，减少返工，缩短工期，节约成本。具体工作内容如图 7-23 所示。通过对多专业 BIM 模型进行人工、机械碰

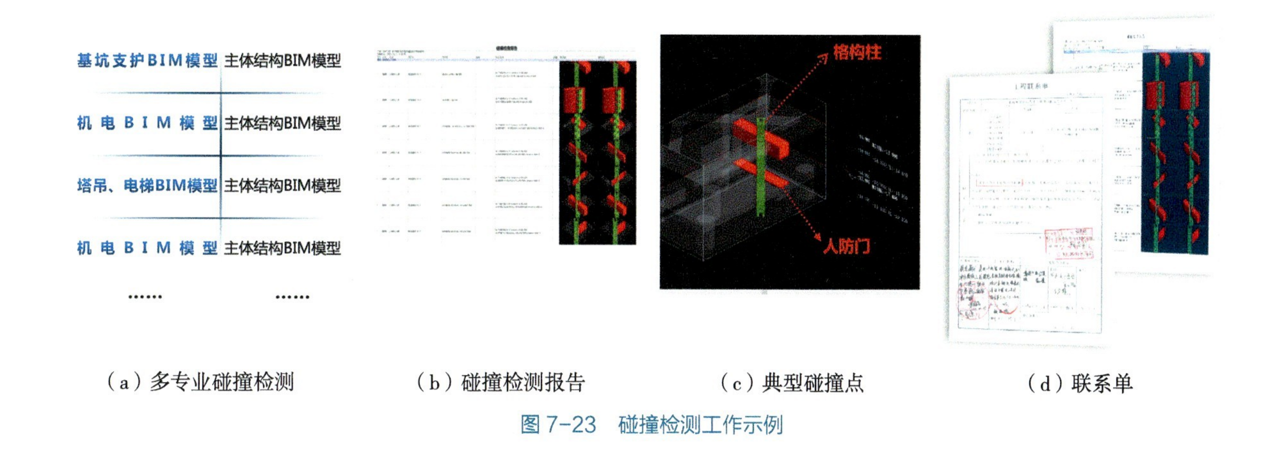

（a）多专业碰撞检测　（b）碰撞检测报告　（c）典型碰撞点　（d）联系单

图 7-23　碰撞检测工作示例

撞检测，出碰撞检测报告，提前解决冲突问题，减少返工，节省工期，节约成本。涉及重大变更的，过程中由施工单位通过联系单的形式及时同前海乐居方沟通解决。图 7-24 展示了碰撞检测的典型问题。

4. 场地平面布置

施工场地的布置与优化是项目施工的基础和前提，合理有效的场地布置方案在提高场地利用率、减少临建使用数量、减少二次搬运、提高材料堆放和加工空间、方便交通运输、避免塔吊打架、加快施工进度、降低生产成本等方面有着重要的意义。场地布置方案包含地下室结构施工阶段平面布置图、地上结构施工阶段平面布置图、幕墙进场后主体施工阶段平面布置图、幕墙封闭前装饰装修施工阶段平面布置图、幕墙封闭后装饰装修施工阶段平面布置图。针对不同的施工阶段，现场的施工道路、材料堆放、机械设备需求量等在场地布置时也需要及时变化。基于 BIM 的场地布置，能适应不同施工阶段的需求。通过施工场布 BIM 模型的创建，根据现场场地大小并结合现场施工手册的要求，对现场临建、道路、材料加工区、塔吊等进行场地布置。最后运用 Lumion 软件对整个场地生成漫游动画，从而发现临建布置的位置、道路的宽度，转弯处的弯度、材料加工区是否在塔臂覆盖范围之内，以及塔吊连墙件的设置、塔臂是否存在打架等现象。

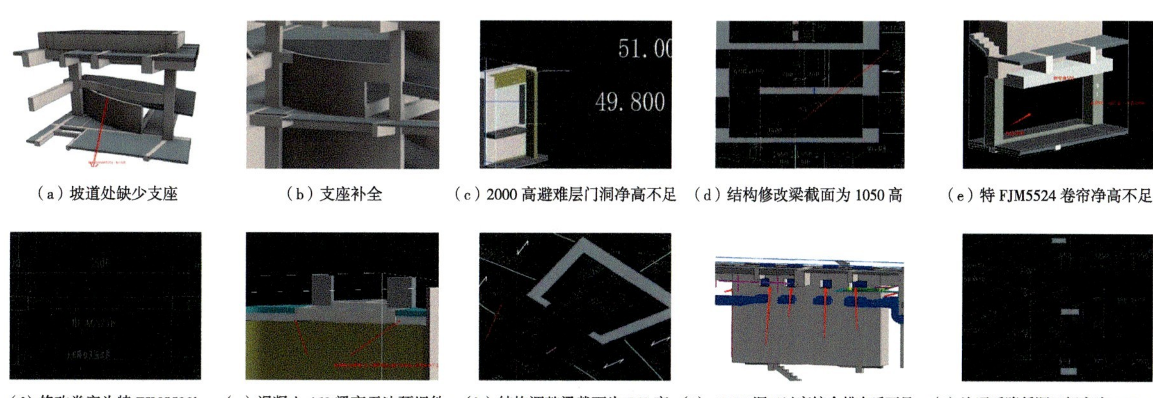

（a）坡道处缺少支座　（b）支座补全　（c）2000 高避难层门洞净高不足　（d）结构修改梁截面为 1050 高　（e）特 FJM5524 卷帘净高不足

（f）修改卷帘为特 FJM5523b　（g）混凝土 460 梁高无法预埋件　（h）结构调整梁截面为 560 高　（i）-8.950 洞口过高综合排布后不足　（j）沟通后降低洞口标高为 -9.250

图 7-24　碰撞检测典型问题示例

结合原始 CAD 平面布置和各专业场地需求提资，建立各阶段平面布置模型，创建完成后组织参与方进行场地布置评审，考虑大型机具覆盖面积、各专业材料堆场面积等因素，合理布置场地，可以使空间最大利用，避免多次转运情况影响现场施工（图 7-25）。

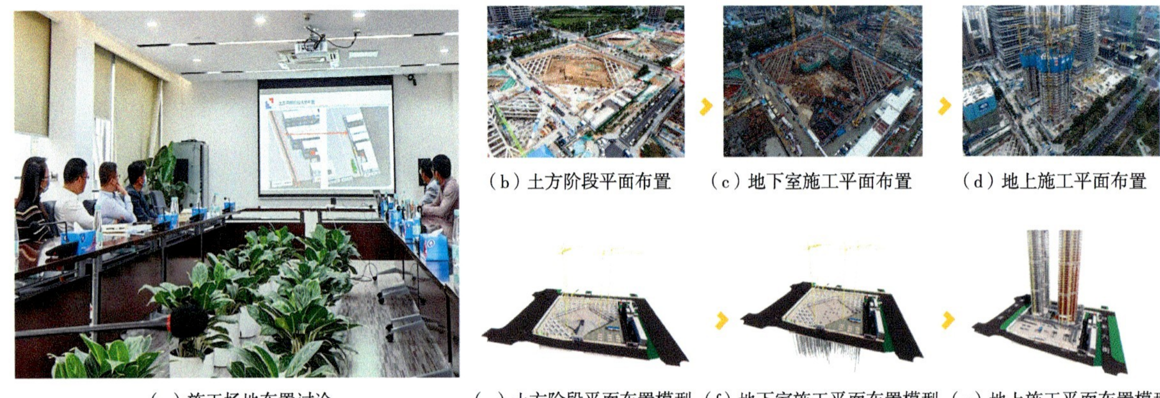

（a）施工场地布置讨论 （b）土方阶段平面布置 （c）地下室施工平面布置 （d）地上施工平面布置 （e）土方阶段平面布置模型 （f）地下室施工平面布置模型 （g）地上施工平面布置模型

图 7-25 场地平面布置——施工场地布置

正负零顶板高差变化较多，车辆无法通行，考虑地上主体结构施工周期长、涉及专业多、材料进出场频繁等，通过 BIM 技术提前规划临时道路，综合考虑回填范围和高度，并在此基础实现平面布置的正向设计（图 7-26）。

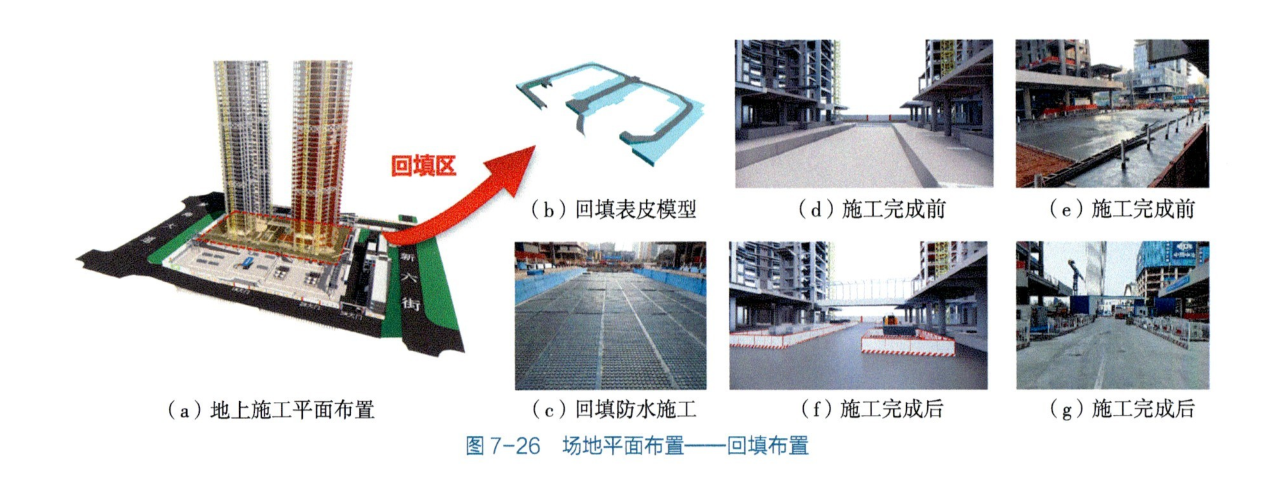

（a）地上施工平面布置 （b）回填表皮模型 （c）回填防水施工 （d）施工完成前 （e）施工完成前 （f）施工完成后 （g）施工完成后

图 7-26 场地平面布置——回填布置

5. 施工进度模拟

通过模型与航测结合的手段，每周进行进度统计，根据各区域完成的时间和工程量，分析工期偏差原因，实时纠偏。结合 Project 施工进度计划，利用 Navisworks 生成动态可调整的 4D 施工模型，直观展示各个时间段项目建造的计划进度。增加对时间的把控，在真正施工之前将工序、材料、人工、安全等全部进行把控，减少预期之外开销，并且可以进行优化从而减少生产施工中的浪费，从而节约更多的价格及时间成本（图 7-27）。

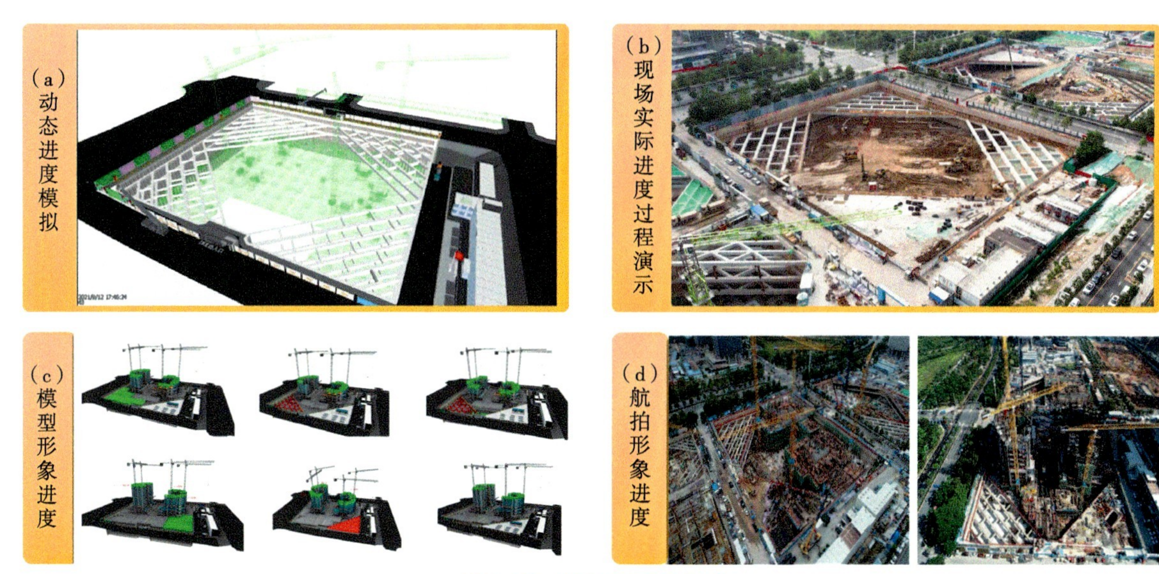

图 7-27　施工进度模拟示例

6. 无人机倾斜摄影

利用航测技术，周期性对现场进行航测，同时配合地面测量进行矢量数据纠偏（图 7-28）。从模型中获取点、线、面数据为项目提供基础数据支撑，同时建立基坑倾斜模型档案，为后期提供真实的基坑模型便于信息追溯。

（a）摄影测量航测规划　　（b）无人机倾斜摄影测量

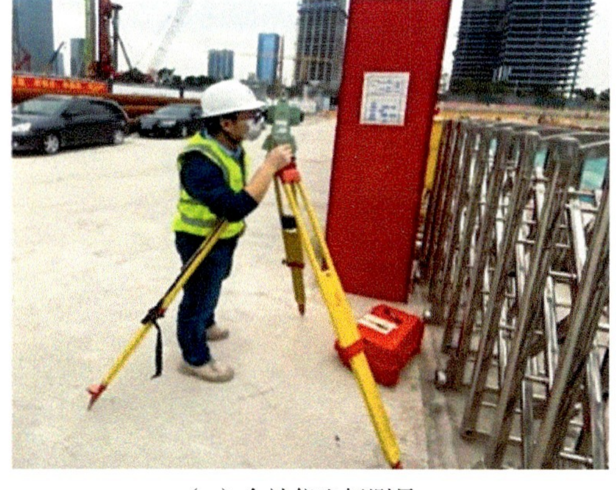

（c）全站仪坐标测量

（d）水准仪高程测量

图 7-28　现场航测及数据纠偏示意图

7. 方案模拟

珑湾项目土建总包专业基于 BIM 技术编制 6 大项施工辅助方案，通过建立施工模拟 BIM 模型，审核方案技术可行性，辅助方案交底、提高施工质量（图 7-29）。

（a）坑中坑专项施工方案

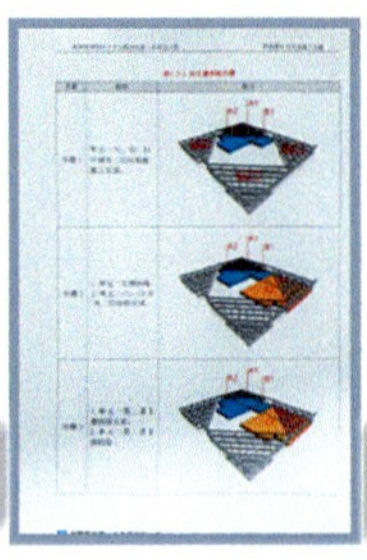
（b）拆换撑专项施工方案

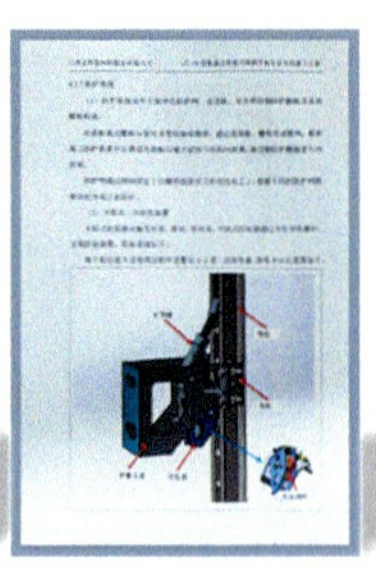
（c）爬架专项施工方案

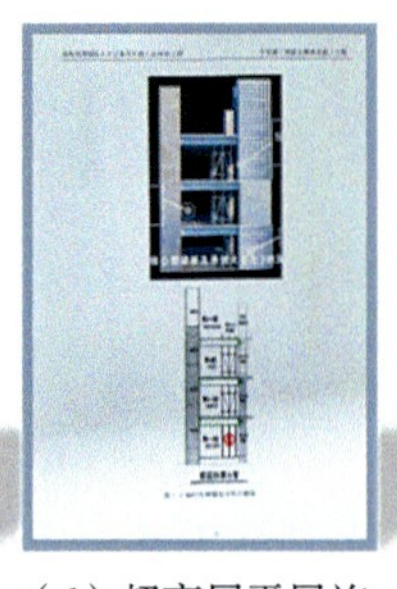
（d）超高层平层施工专项施工方案

（e）高支模专项施工方案

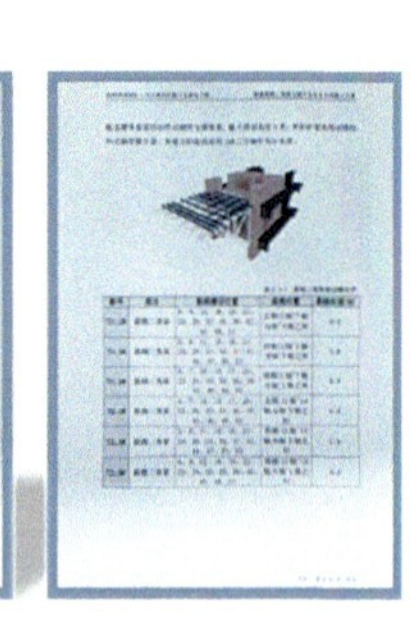
（f）悬挑架专项施工方案

图 7-29　方案模拟

（1）深基坑。如图 7-30 所示，深基坑开挖前，针对整体开挖顺序的部署和临建的部署进行 BIM 模拟分析；深基坑开挖后，针对场地土方开挖施工便道进行多方案的分析比选。

（a）土方开挖专题汇报会

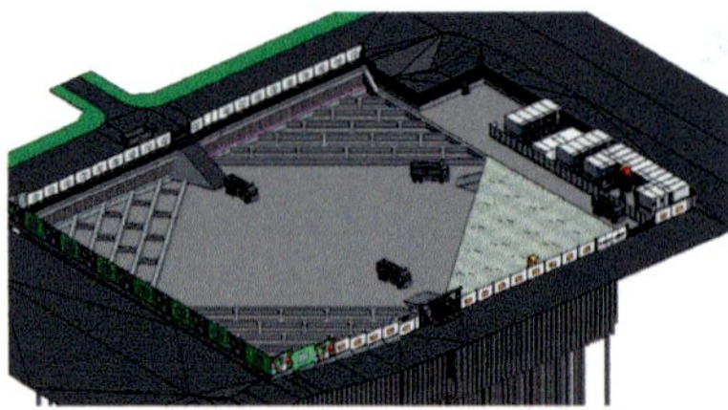
（b）第一层土方开挖汽车行走路线

（c）临时围挡拆改迁移路线

（d）第二层土方（单坡道）开挖汽车行走路线

土方开挖原设计方案模拟

南北方向进出土方案模拟

东南方向进出土方案模拟

南北方向（增加坡道斜长）进出土方案模拟

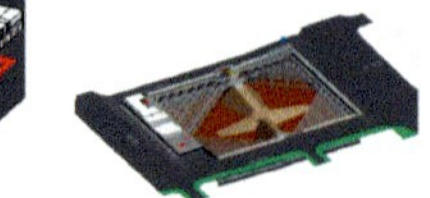
南北方向（增加坡道斜率）进出土方案模拟

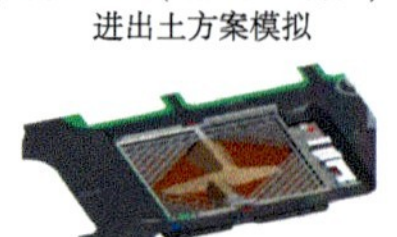
南北方向（调整坡道位置）进出土方案模拟

（e）进出土方案模拟

图 7-30　深基坑方案模拟示例

（2）坑中坑。小土方开挖阶段，建立坑中坑和复杂异形承台 BIM 模型，辅助技术方案编制及施工工序探讨（图 7-31）。

（3）拆换撑。基坑四个角落存在九道内支撑梁，通过 BIM 技术模拟整个内支撑拆除流程，强调先拆次梁后拆主梁，由外到内的拆除顺序。此外考虑主体结构板面标高不一致的情况，通过 BIM 技术提供必要数据，便于马镫选型（图 7-32）。

（4）架体。通过 BIM 技术对高度超高、梁截面超大、板厚度超厚区域进行快速判别，根据三维模型快速定位外架区域，大大提高工作效率（图 7-33）。

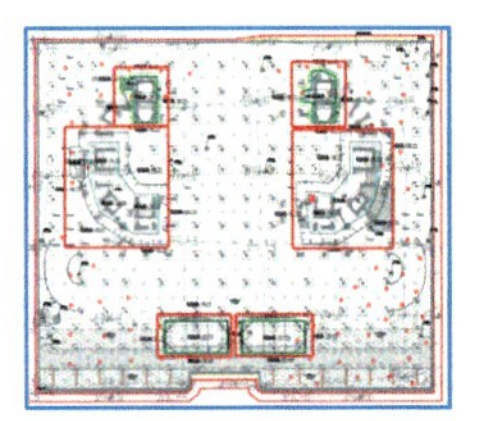
（a）6 个超大承台平面图

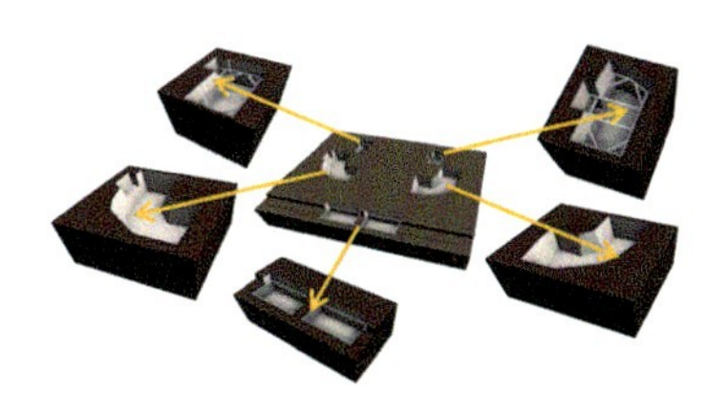
（b）坑中坑支护形式 BIM 模型图

（e）A1 区坑中坑微型桩支护

（f）A2 区坑中坑放坡支护

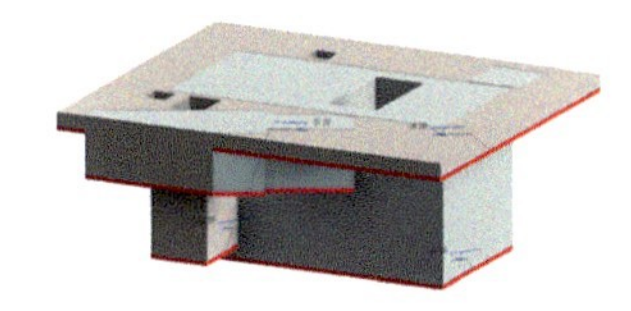
（c）大承台模型透视图

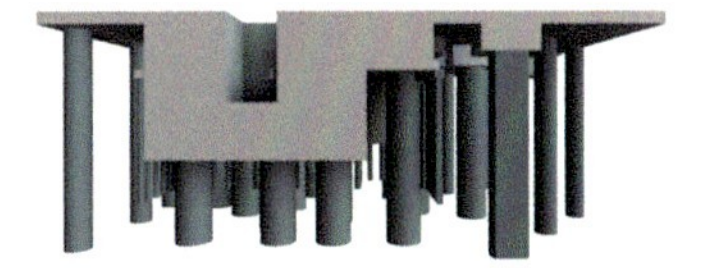
（d）大承台模型剖面图

（g）现场施工照片

（h）复杂承台施工

图 7-31　坑中坑方案模拟示例

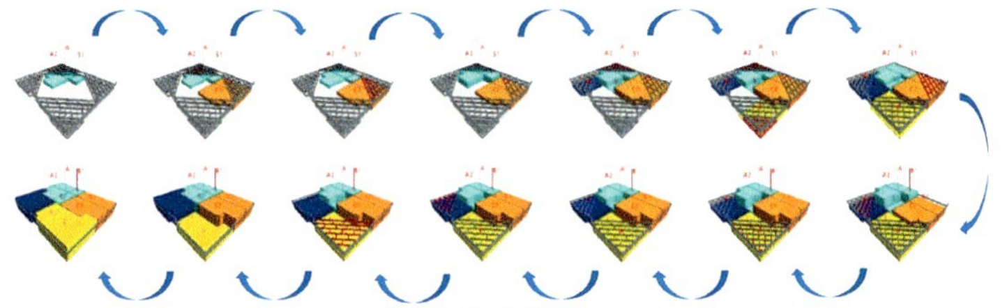
（a）拆换撑大流程

（c）马镫

（d）新型支撑

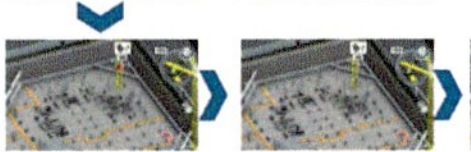
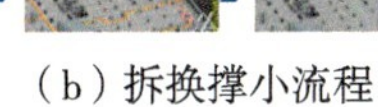
（b）拆换撑小流程

（e）现场施工马镫

（f）现场施工新型支撑

图 7-32　拆换撑方案模拟示例

（a）内架

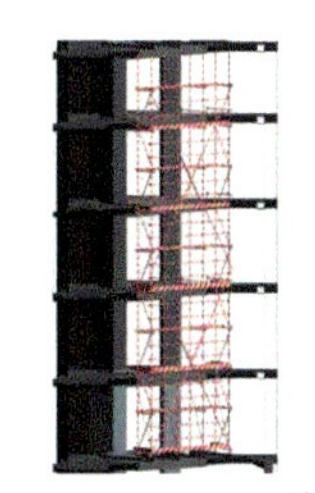
（b）悬挑外架

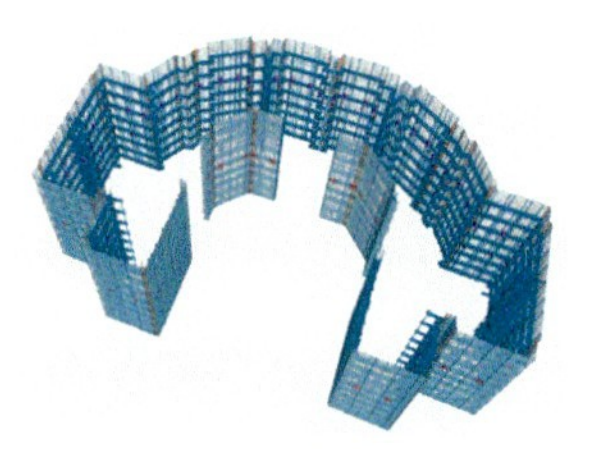
（c）爬架

（d）现场盘扣架体

（e）悬挑外架

（f）爬架

图 7-33　架体方案模拟示例

（5）平层施工。珑湾项目每栋塔楼包含5个核心筒，核心筒布置分散，彼此不相连，极易产生爬升不同步的问题；传统爬架施工困难，因此珑湾项目参考传统框架结构施工组织方式，考虑用“混凝土梁”施工方式施工“钢结构梁”，土建与钢结构同步施工，改变传统超高层建筑核心筒先行的施工工艺，并结合BIM技术对组织、工期、技术措施进行模拟分析，形成交底动画文件（图7-34）。

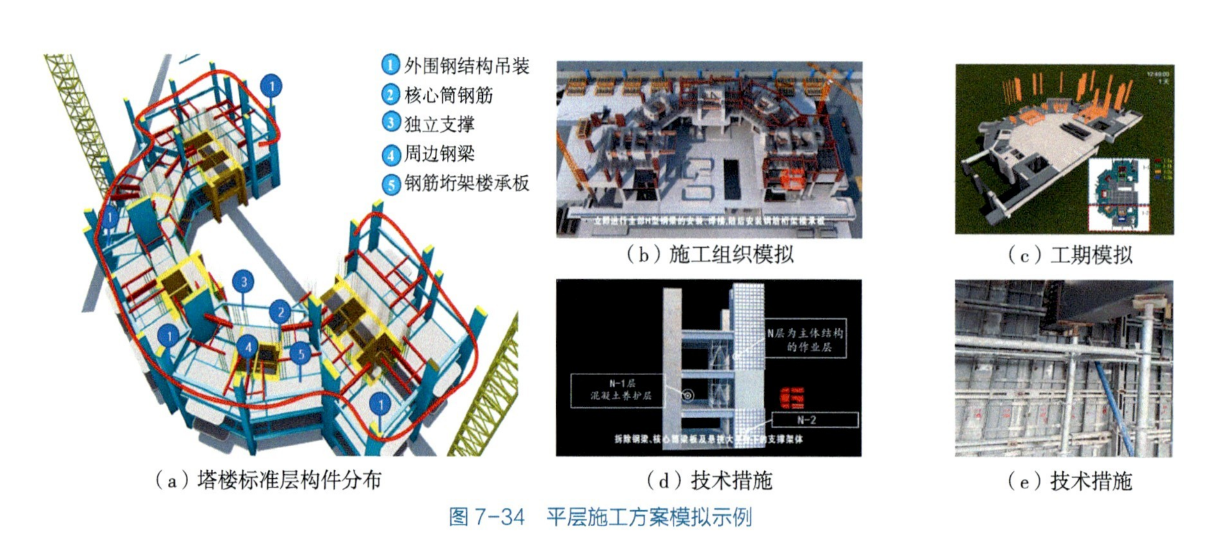

（a）塔楼标准层构件分布　（b）施工组织模拟　（c）工期模拟　（d）技术措施　（e）技术措施

图7-34　平层施工方案模拟示例

8. BIM安全分析与防护设计

通过BIM模型的应用，能够提前识别出现场潜在的危险源，从而进行针对性的安全防护设计。此外，利用BIM技术还可以生成详尽的安全材料明细表，这不仅方便材料的计划上报，也为安全人员在现场安全工作的执行提供了极大的便利（图7-35）。

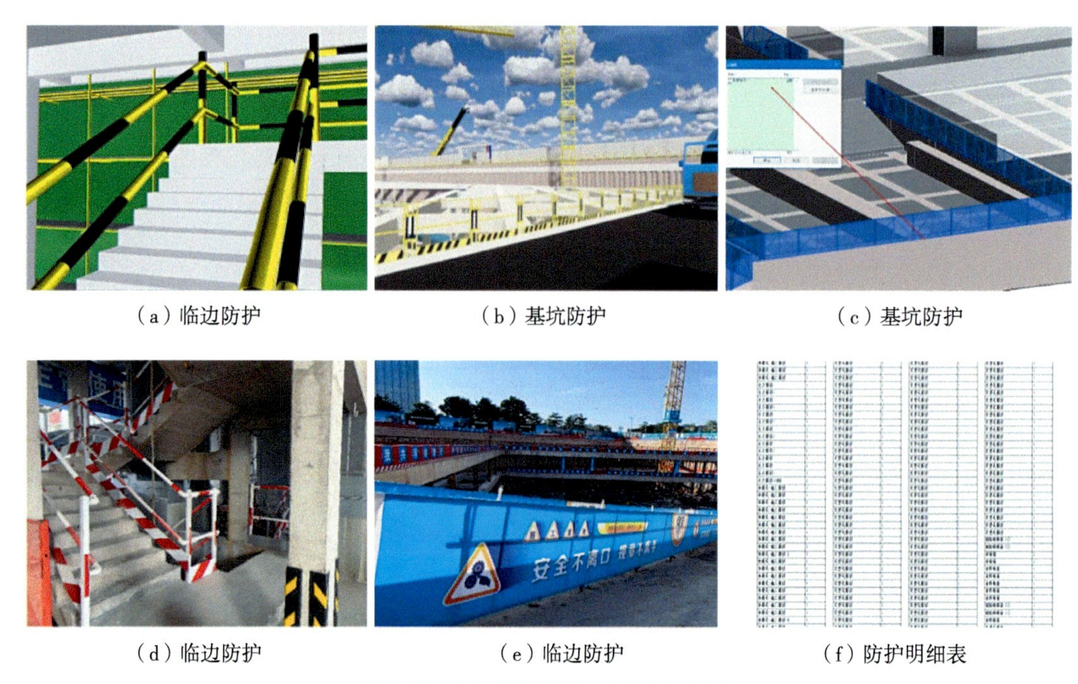

（a）临边防护　（b）基坑防护　（c）基坑防护　（d）临边防护　（e）临边防护　（f）防护明细表

图7-35　BIM安全分析与防护设计示例

9. 结构优化及结构算量

通过对主体结构的精准建模，过程中提出结构优化意见并进行三维出图，为现场提供技术支持。为解决混凝土强度等级复杂、分布混乱的问题，每次大方量板浇筑前出具混凝土强度等级分布图，避免施工错误，影响质量（图 7-36）。

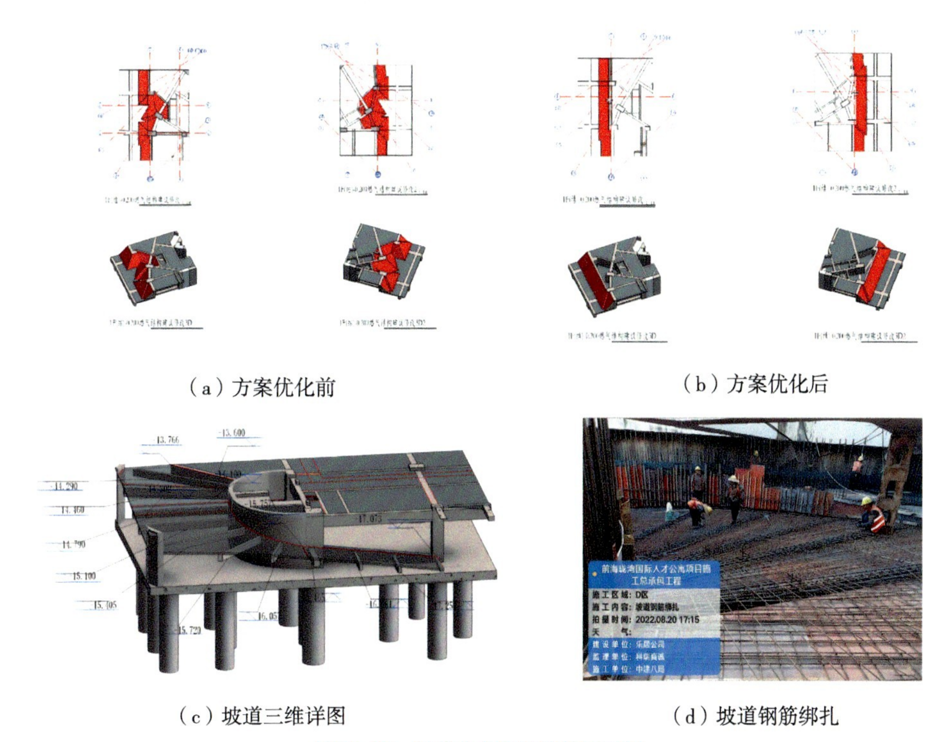

（a）方案优化前　（b）方案优化后

（c）坡道三维详图　（d）坡道钢筋绑扎

图 7-36　结构优化及结构算量示例

10. 深化设计

（1）二次结构深化设计。根据砌体结构施工方案，基于土建 BIM 模型，补充构造柱、反坎及其他专业提资（电梯、消防等），通过链接机电 BIM 模型，进行二次结构开洞，最终输出综合图纸指导现场施工，避免现场返工，提高施工质量。深化设计模型建立完成后，组织相关单位对二次结构深化模型及深化图纸进行集中讨论及二次优化，砌筑过程中进行现场抽查管控，保证深化设计成果得以落地，具体工作流程如图 7-37 所示。基于 BIM 的二次结构深化设计的价值在于：检查各专业空间对应情况；提高砌筑质量、避免二次剔凿；便于提取工程量、辅助商务算量；施工有依据、提高现场施工效率。

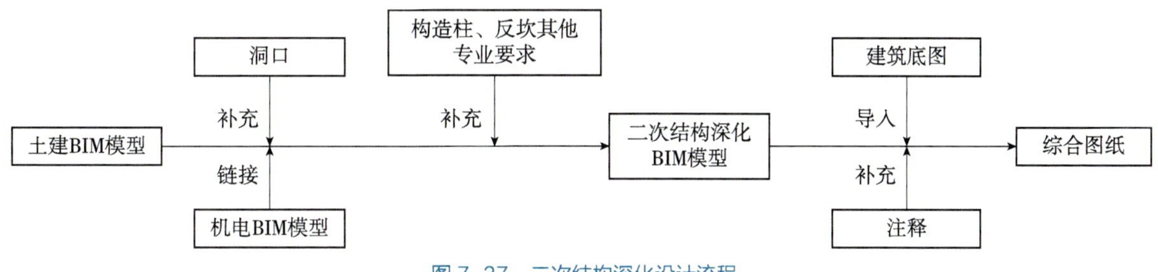

图 7-37　二次结构深化设计流程

（2）机电深化设计。以土建模型和设计机电模型为基础，对风、水、电、消防等管线进行综合排布，提高建筑物净高，输出净高分析报告、碰撞检测报告等。并与设计单位进行沟通，积极解决所涉及的管综排布问题，管综共优化59处，消除净高问题21项。工作流程如图7-38所示。

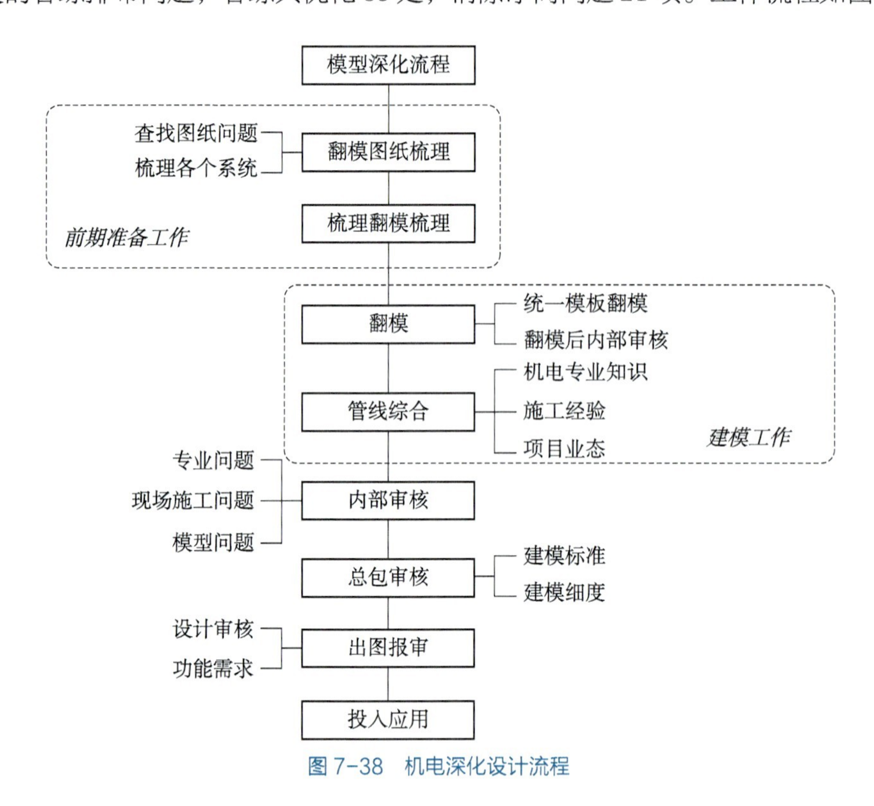

图7-38 机电深化设计流程

（3）钢结构深化设计。利用Tekla软件进行钢结构深化设计，建模过程中结合设计图纸进行细化，分批次导出材料清单，形成深化报审图，经设计院确认后下发钢结构加工图，工厂启动加工。工作流程如图7-39所示。

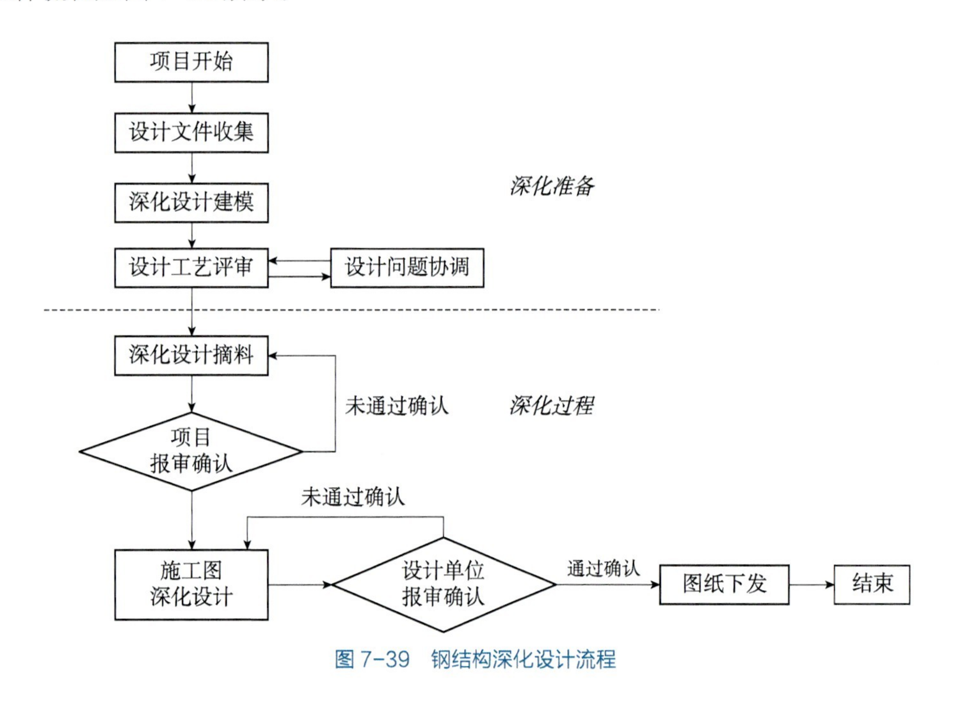

图7-39 钢结构深化设计流程

（4）幕墙深化设计。基于土建 BIM 模型和幕墙蓝图，通过 Rhino+Grasshopper（GH）对幕墙进行深化设计。检查各专业间空间对应情况，通过 BIM 技术实现下料、摘料出加工图，辅助现场施工（图 7-40）。

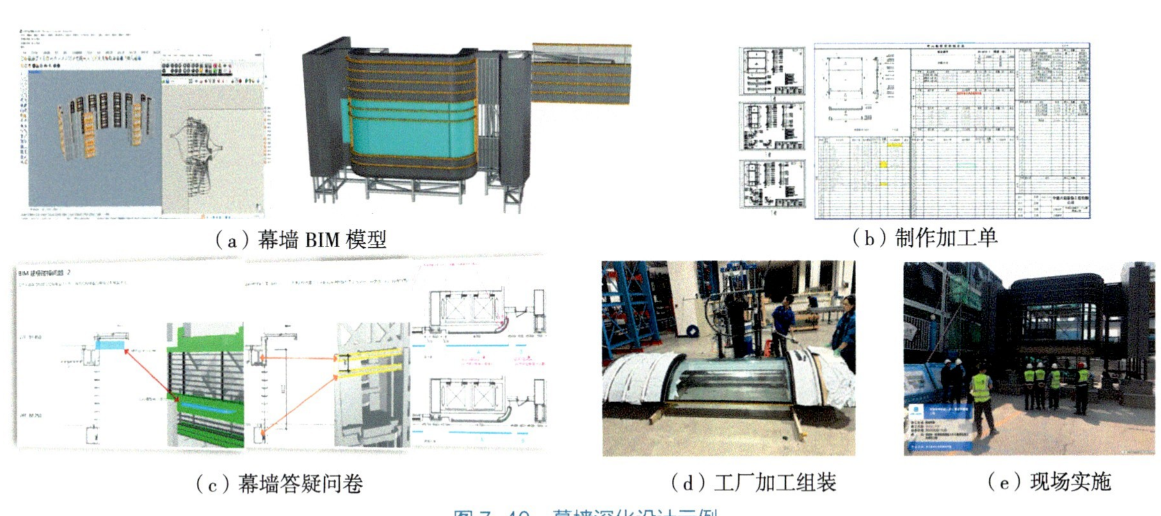

（a）幕墙 BIM 模型　（b）制作加工单

（c）幕墙答疑问卷　（d）工厂加工组装　（e）现场实施

图 7-40　幕墙深化设计示例

7.3.3　基于BIM的智慧工地建设

1. 建设依据

施工现场存在诸多问题，①管理困难，环境复杂，存在安全盲点，通过人眼无法兼顾全局；外来人员非法闯入危险区及仓库等场所，监管困难。②事故频发，施工人员安全意识薄弱，对施工过程中采用安全措施存在侥幸心理；违规操作酿成重大安全事故，对企业社会形象造成负面影响。③财产安全，现场的建筑材料、建筑设备等财产安全，容易发生材料、设备失窃事件；建筑工地数量多、较分散，事后取证难。鉴于这些复杂情况，建立信息化、智能化、标准化管理的智慧工地以解决这些问题非常有必要。

根据《国务院办公厅关于促进建筑业持续健康发展的意见》（国办发〔2017〕19 号）、《关于加强建设工程安全文明施工标准化管理的若干规定》（深建规〔2018〕5 号）、《建筑工程施工现场监管信息系统技术标准》（JGJ/T 434—2018）、《深圳市“智慧工地”施工现场硬件配置技术指引》《住房城乡建设等部门关于加快新型建筑工业化发展的若干意见》等文件、标准的要求，以新型建筑工业化带动建筑业全面转型升级志在必行。这些文件对智慧工地配置及建设提出了相关要求，比如需要配置视频监控系统、起重机械监测系统、实名制与分账制管理系统、用电监测系统、扬尘监测系统、车辆识别系统、综合网关系统等，智慧工地建设是推动项目健康发展、保障施工安全和环境保护的必要举措。

2. 建设目标

“BIM+ 智慧工地”将现场系统和硬件设备集成到一个统一的平台，将产生的数据汇总和建模形成数据中心。基于平台将各子应用系统的数据统一呈现、形成互联，项目关键指标通过直观的图表形式呈现，智能识别项目风险并预警，对问题追根溯源，帮助项目实现数字化、系统化、智能化，为项目经理和管理团队打造一个智能化“战地指挥中心”，从而实现以下子目标：

（1）增强监管力度。通过视频监控分析、智能安全帽巡检执法以及平台各项分析数据，实现远程监管。采用信息化工具让管理变简单，大大提高了项目管理人员对劳务班组及工人监管的力度。

（2）提高管理效率。随时随地掌握项目的进展情况，监控现场的施工动态，及时发现问题并督促劳务分包及时整改隐患，杜绝各种违规操作和不文明施工现象，促进安全生产和工程质量管理。

（3）提升本质安全。安全监测传感设备及 AI 技术，可以帮助项目管理团队及早发现并消除质量安全隐患。预防了安全事故的发生，是一种新颖有效的安全管理措施，降低了安全管理风险。

（4）提升竞争力。将智慧化大数据集成与分析打造成为珑湾项目对外展示的一张名片，大大提升企业品牌效应。

3. 整体部署与架构

利用 BIM、物联网、大数据和云平台等信息技术，通过万物互联的方式在智能终端设备上实现项目的远程监控，使人与人、物与物、人与物互联。另外，应用“智慧工地”相关技术，可以监管各个施工部门的每项工作状况，使项目的安全建设得到良好的保障。智慧工地部署架构如图 7-41 所示。

4. 应用内容

随着物联网、5G、BIM、人工智能、智慧视频监控、无人机等新兴技术和装备的快速发展，构建智慧工地是实现珑湾项目有效管控现场复杂性的关键手段。包括现场视频监控和自动报警、

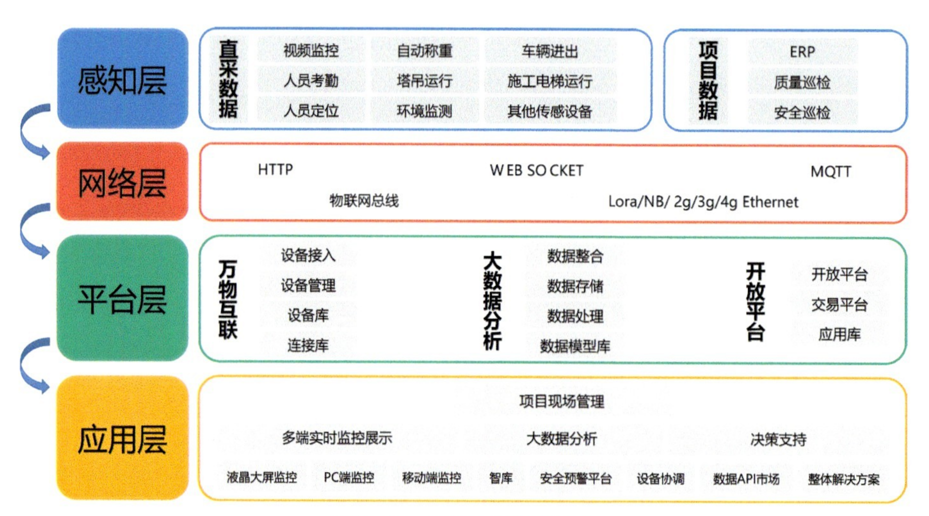

图 7-41　智慧工地部署架构

现场人脸识别和人员风险管理、智慧安全管理、机械设备管理、物资跟踪管理、工程计量管理、形象进度管理、质量安全跟踪、问题提报及即时解决、基于 BIM 的数字孪生等功能。智慧工地为项目管控提供了多种信息来源方式，为决策提供了高质量信息支撑。

（1）现场视频监控和自动报警

通过现场视频监控系统，按照统一技术规范，将视频信号采集至视频监控云服务，对重要施工点、物料堆放区、重点机械设备等实行全天候实时高清视频监控，可以随时通过 Web 端和 APP 端实时展示。对于紧急事件的现场情况，可通过移动摄像满足相关人员查看细节、掌握事故现场的最新状况。同时可以自动识别视频监控系统的信号异常情况，准确报告故障时间和故障位置，实现故障自动报警。

（2）现场人脸识别和人员风险管理

建立人员信息管理系统，采集劳务人员身份信息及人脸数据形成人员信息数据库后，可在施工现场通过人脸识别打卡设备实现考勤管理及门禁管理等功能。在考勤管理方面，利用手机 APP，将人脸识别门禁打卡与手机 GPS 移动打卡结合进行考勤，可以有效防止人员违章顶替作业等现象。收集考勤数据自动生成考勤统计报表，为工资结算管理提供基础，并支持按照标段或者班组来查看某天的考勤汇总数据（出勤人数、出勤率等），或查看具体某位建筑工人的考勤详情（工种、签到时间、签退时间等）。在门禁管理方面，通过智慧工地建设，可以查看和调整各类现场人员的进出权限，能够为不同类别的人员授予不同的通过权限，便于进行分类管理，并通过现场的人脸识别设备判断是否允许来者进入特定场所，在后台对来访人员数据进行自动统计、分组汇总和信息反馈。

结合定时打卡制度、GPS 定位系统以及数据统计分析系统可以实现对现场人员的轨迹监控及风险管理。通过完善的工地作业打卡制度，可以确定和统计某一时间点工地各区域的包括进场登记总人数、实时在线人数、离线人数、离场人数以及离场原因等人员作业情况，也可以查看工地人员各打卡时间点的终端信息，包括设备状态、当前位置等信息，并且结合统计分析功能获得人员的轨迹图像。在人员风险管理方面，可以在深基坑临边、未安装栏杆的阳台周边、无外架防护的层面周边以及危险性较大的区域安装红外测距装置，对靠近危险区域的人员进行自动预警，避免安全事故的发生。

（3）智慧安全管理

为提高施工现场的安全性，需要确保施工现场的设计结构合理，使其能够承受给定的荷载，可以安装传感器以监控操作并提供故障警告和结构健康监控。结合数字模型模拟，可以模拟出几种故障模式，再现实际测量信号，同时模拟和测量信号的比较也有助于识别故障模式。由于现场作业的复杂程度高，物料、机械与人力等生产要素流动性大，可以利用红外线与视频监控方式监控施工作业过程，监控范围包括动火作业、高支模、吊装作业等危险程度较大的分部分项工程，结合人员管理与机械设备管理，重点突出指定的风险程度较大的工序施工，使得工程的安全生产活动得到更有力的保障。

智慧工地建设允许在后台录入工程应急预案，并可通过网页端和手机端快速查阅相关文档，为处理应急事务提供即时参考。手机 APP 可以提供现场事故记录功能，并将消息实时推送到管理部门以及对应的处理部门；可以提供事故处理预案查阅，事故处置情况（抢救、报告、责任、处理）记录工作；支持对现场事故进行分类，按照事故类别（工伤事故、生产（工艺）事故、爆炸事故、火灾事故、质量事故、设备事故、环境污染事故等）进行统计，将统计结果提交标段项目经理部和相应管理部门，提供管理决策辅助。

（4）机械设备管理

通过对机械设备安装定位标签，并设置二维码作为其唯一身份证码，可以实现对机械设备的监测管理。操作人员可以扫描二维码获取设备信息，管理人员可以实时监测所有机械设备的运行计划、运行时间、操作人员、工作区域、轨迹路径等关键信息，以安排机械设备的进出场时间。通过设备实时监测系统统一管理设备的运行数据，结合 GPS 定位系统智能划定电子围栏，对超出运行计划、运行区域或运行数据异常的机械设备自动发出预警信息，并立即通知管理中心采取相应措施，降低施工风险。

在设备巡检及维保方面，可以设置设备巡检及维保跟踪模块，成立维保巡检与跟踪团队，维保团队在进行日常巡检时在系统上实时标注存在异常的设备、更新设备维保信息，并跟踪设备的运行和维保过程。操作人员在使用设备时若发现存在问题或隐患，可以通过拍照或录制视频实时记录并通过手机客户端上传至系统，同步通知维保团队和相关责任人员及时跟踪处理。

（5）物资跟踪管理

通过 BIM 技术与 3D 激光扫描、视频、照相、GPS、移动通信、RFID、互联网等技术的集成，可以实现对现场物资的实时跟踪。对工地现场所有重要物资安装带有传感接收器的定位标签并编号，物资储存定位系统与定位标签实时关联，通过定位标签传感功能可以实现物资的精准定位。将定位标签与物资名称、规格、出厂信息、责任单位、使用计划等详细信息进行关联，管理人员通过物资信息监控窗口可一键查询工地现场所有物资的关键信息，可基于编号、关键词等信息快速找到对应的物资，并可结合作业人员、目标物资的实时位置进行路径安排，依托导航系统和定位标签实现工地物资运输路线智能规划并完成运输。在物资运输过程中，依托于现场的监控摄像头，管理人员可以全方位、多角度监控物资运输情况，在物资运输出现异常时也可以直接调用就近的摄像头快速查明异常情况，及时做出安排和调度。

（6）工程计量管理

智慧工地建设允许支付证书设置、施工计量、施工暂定计量、监理计量、计量台账查询等工程计量管理功能。对于建设过程中各工程合同的分期计量支付，各类用户按设定的业务流程进行计量支付的申报审批，计量的工作量作为工程合同支付的依据；根据中间计量单中录入的数据，自动生成完善的计量报表；对清单支付报表、中期支付证书、工程变更汇总表、价格调整支付表、索赔支付表、违约支付表、计量支付传递单等进行统一管理，按照分配的单据流程逐级审批核准，生效后的计量数据为以后支付、竣工结算做好铺垫。

此外，结合 BIM 模型以不同颜色形式展现计量支付进度，提供计量支付实时数据查询和统计，按照设置的监控指标对各工程计量进行分组、跟踪、监控，满足不同管理层次的需要，实现工程计量的准确监控。

（7）形象进度管理

智慧工地建设支持项目进度智能规划及形象进度管理功能，可以根据项目 BIM 模型及各工序标准工期自动生成项目总体进度计划和各工序分解进度计划。依托在工地现场合理位置布置的摄像头，可以以二维报表视图、BIM 模型立体形象视图和二维形象进度视图三种方式展现工程项目全局及各关键楼栋的实时进度情况及计划进度情况，同时显示当前项目状态、下一阶段项目关键节点、当前预测完成时间和总体施工计划等关键信息。其中项目当前预测完成时间为项目实际进度与工期经验值之和，其中项目实际进度由相应项目责任人每日汇报更新，若预测完成时间滞后于施工计划则进行预警。

智慧工地建设还支持在建造过程中对存在风险或影响进度的关键工序路线进行提前预警和原因分析。可以对进度计划数据和现场数据不同维度进行比对分析，并通过图形化展示技术，实时展示关键线路及其进度计划完成情况。对于关键线路工程，可以提供专项计划管理功能，方便业主对关键工程进行更有针对性的进度监控。通过实际与计划的对比，领导决策层可以通过报表数据及时发现问题并调整计划，对工期滞后的工序采取有效的纠偏措施。

（8）质量安全跟踪

智慧工地建设允许对于质量、安全等综合管理数据进行跟踪，实现实时动态更新和在线展示，并设置在线预警阀值。结合 BIM 模型和 RFID 等测量技术工具，能够对物料、设备、消防安全系统等进行立体可视化的追踪、记录、分析等管理，实现安全隐患、质量隐患的跟踪监测。针对质量检查有问题的工序或分部分项工程，能够进行跟踪预警，督促相关单位限时进行整改，整改结果能够及时反馈，供相关人员查看。

此外，针对施工现场人员进行危险位置跟踪、判定与预警。运用物联网、GIS 等技术对施工人员和设备进行定位，实时获取施工人员和设备的具体位置，同时对各自所处环境的安全性能进行判定与评估。一旦出现安全隐患，就会及时发出预警信息和警报。例如计算出施工人员所处的位置是否处于危险范围，并计算出明确的安全临界值，一旦双方距离持续缩小，可以在第一时间提示施工人员，实现施工现场人员的安全跟踪与预警工作。

（9）问题提报及即时解决

通过智慧工地建设上报工作中发现的问题，可以大大缩短解决问题的时间和流程，提高工作效率。操作人员或巡检人员在工作中发现异常状况或安全隐患时，先确定问题重要程度、整改期限、安全问题责任人和整改人，再在手机 APP 或网页端中填写问题类别、问题描述、整改要求、现场照片或视频等信息并上传，发起问题整改流程，提交后可实时跟踪问题的整改和解决过程。整改人完成问题整改后，填写整改落实情况、同类问题防治措施、整改后的现场照片等，等待管理人员进行验收。管理人员验收通过后，完成问题整改流程。管理平台将问题解决的全过程信息进行归档处理，并自动生成整改通知单和整改情况回复单等报表。

（10）基于 BIM 的数字孪生

数字孪生以 BIM 为基础，反映了物理对象与其虚拟模型之间的双向动态映射，其基础架构包括三个部分，即基于 BIM 技术的数字表示、模型与物理环境交互的通信机制、数据处理模块。数字孪生与其在物理空间中的目标对象之间的状态同步依赖于实时的双向数据通信，目前主要通过传感器和物联网技术实现。物联网是基于互联网的扩展网络，物理对象通过传感设备按照一定的协议和标准接入互联网，实现智能识别和管理。主要的传感硬件基础设施包括 RFID、NFC 和传感器网络等。在建设现场，需要接入物联网的物理对象包括场地空间、边界、道路、设施、设备、材料和人员等，设置传感设备采集各种实时数据并上传到网络空间中的数字孪生体。通过传感技术，数字孪生可以很好地协助各类管理活动的进行，包括现场监控、设备管理、资产管理、供应链管理、安全分析、排放和能源管理等。如可以借助标签识别系统实时跟踪材料和工人位置、借助 GPS 定位和测量工作并跟踪生产进度、借助智能传感器网络监测施工质量等（图 7-42）。

（a）劳务实名制管理

（b）轻量化 C8BIM 平台

（c）大型设备监测系统

（d）施工现场视频监控

（e）钢丝绳检到位

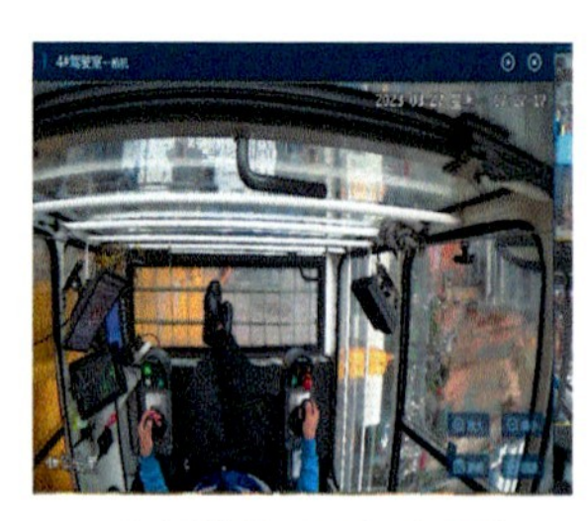
（f）塔吊司机行为监控

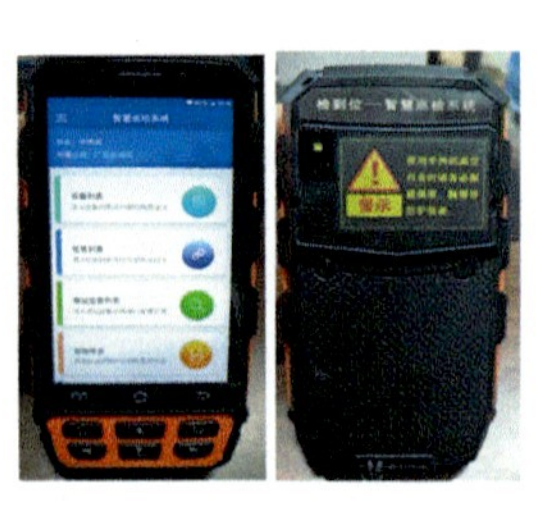
（g）智慧巡检系统

（h）VR 智慧展厅

图 7-42　智慧工地建设应用案例

7.4 智能施工技术

在珑湾项目的建造过程中，所采用的智能施工技术，尤其是构配件的工厂化生产、施工的机械化操作以及平层施工的创新应用，极大地提升了施工过程的自动化和标准化水平。这些技术的集成不仅优化了建造流程，还提高了施工效率和质量保证。工厂化生产允许精确控制构件质量，确保施工速度与安全；施工机械化通过高效的机械设备减少了人工依赖，提高了施工效率；而平层施工的创新则通过优化施工流程，提高了建造精度和时间效率。

7.4.1　构配件生产工厂化

1. 钢构件智能生产线

智能下料中心，采用集中控制，实现切割作业无人化（图7-43）。首先，下料中心对板材进行集中下料，集中储存，之后通过柔性分配，在部分区域完全实现上料、切割、下料、余废料回收全流程“无人化”作业，有效降低辅助时间和等待时间。最终实现效率提高35%，人员减少14%。

图7-43　钢构件智能生产线

2. 部件加工中心

部件加工中心（图7-44）对AGV、立体库、机器人进行了成功应用，这是对行业加工模式突破性的变革。在集中对零件进行二次加工后，通过AGV车智能管控物流转运。采用机器人自动焊接的方式进行简单焊接，有效提高部件生产效率，而人工装焊工作区进行复杂牛腿拼装焊接，增加生产柔性。最终实现设备数量减少52%，劳动定员仅为之前的13%。

图7-44　部件加工中心

3. 幕墙智能生产线

幕墙工程的主要型材均由工厂加工完成后运至现场，单元式玻璃幕墙在工厂完成拼装，简化现场施工，减少工人投入，幕墙智能生产线如图 7-45 所示。

加工阶段

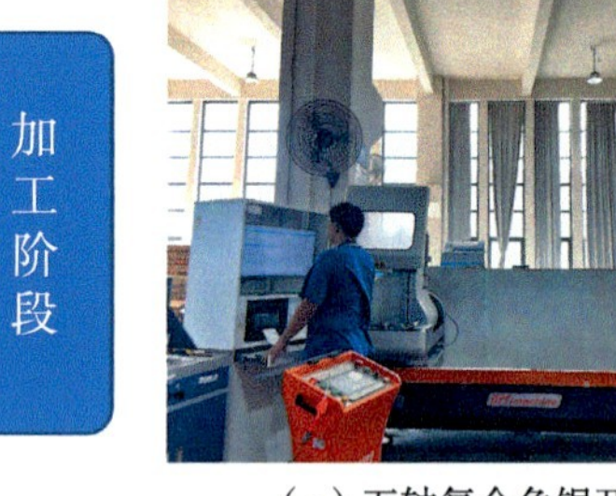

（a）五轴复合角锯开料

（b）三轴加工

（c）五轴加工

组装阶段

（d）自动化生产线

（e）标准化组装

（f）标准化组装

图 7-45　幕墙智能生产线

7.4.2　施工机械化

1. 钢构件焊接机器人

钢构件焊接机器人（图 7-46）可实现轻量化设计，易搬运、易安装，实现即插即用的效果。免编程、免示教，简单易上手。设备操作员只需要向机器人示教焊接起点和终点，设备即可自动运行识别坡口参数进行焊接，能够有效降低人力成本和人工劳动强度。相比传统的人工焊接效率提升 50%，用工成本节约 60%。

2. 墙面处理机器人

DF061 墙面处理机器人是一款集墙面粗打磨、抹腻子、腻子细打磨、乳胶漆喷涂功能于一体，最高施工高度 6 米的智能墙面处理机器人。

机器人在经过激光测距传感器、惯性测量单元等传感器的 SLAM 算法构建三维户型地图后，再根据户型地图进行定位，然后通过 AI 算法规划出智能、高效的墙面作业路径，可以高质量、高效率、智能化地完成墙面的打磨、抹刮腻子和漆面粉刷。应用场景包括住宅、厂房、仓库、教室、办公楼等 0~6 米建筑墙面的处理。优势如下：

（1）高质高效。单位时间作业效率比人工提高 1.5~5 倍，整体作业效率提高 5~10 倍，施工质量高，标准化、统一化。

（2）降低成本。人工成本降低 50%~80%，材料成本降低 15%~50%。

（a）人工焊接打底

（c）机器人系统布设

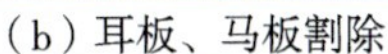

（b）耳板、马板割除

（d）机器人自动焊接

图 7-46　钢构件焊接机器人

（3）精准智能。32 个传感器构建机器全局感知能力，毫米级成像技术；自动生成作业路线，三维自动导航及自动调节平衡；AI 深度学习智能识别场景；APP 远程操作及远程观察数据。

（4）稳定可靠。行进、升降、作业一体的八轴联动机器人；多自由度异形机械臂，机械臂提升能力达到 80 公斤，施工恒定保持力达到 240 公斤；施工单位自主设计的 AGV 小车，行进精度达毫米级；自主设计的 2 级联动升降系统，精度达到 0.1 毫米级。

（5）产业升级。人工无须高空作业；施工现场干净、有秩序；体力劳动工人向智慧产业工人过渡；劳动密集型产业向机械化、自动化升级。

3. 智能抹灰机

智能抹灰机（图 7-47）用于墙体普通抹灰、石膏作业，前端通过采用机械喷涂、智能抹压结合的方式达成高质高效的工作模式；后端配置砂浆泵实现无人化上料。智能抹灰机通过挂平板及自平衡功能确保施工质量。智能抹灰机工效实测 49.4 平方米 / 小时，人工综合单价 8.8 元 / 平方米；水泥砂浆抹灰的价格区间为 18~20 元 / 平方米；项目中所使用的抹灰机的暂定单价在 10 万 ~15 万元 / 台。假设按水泥砂浆抹灰的成本 18 元 / 平方米和抹灰机的价格 15 万元 / 台进行计算，当抹灰施工面积达到 16，304 平方米时，可实现抹灰机的成本回收。

4. 电梯井爬升式布料机

电梯井爬升式布料机（图 7-48）是混凝土布料设备，与混凝土泵配合使用完成建筑施工中的混凝土浇筑作业。本项目选用型号（HGY32 混凝土布料机）工作范围达 32 米，覆盖整栋塔楼。HGY32 混凝土布料机由塔身、爬升装置、回转机构、上下支座、臂架、液压装置和电气系统等部件组成。通过控制液压油缸实现臂节的运动（伸展、折叠），只需 1 人即可操作；可根据

（a）机械喷涂（砂浆）

（b）智能抹压（砂浆）

图 7-47　智能抹灰机

图 7-48　电梯井爬升式布料机

操作人员发出的运动方向指令，自动控制布料机的大、小臂联合运动，实现出料口跟随操作人员进行移动，整个布料过程操作简单、便捷。

该布料机配备有液压爬升装置，可在建筑物内的电梯井内随楼层的升高向上爬升，以减少每次混凝土浇筑时吊运和安拆布料机的工作量，提高施工效率。液压系统设有安全溢流阀，防止工作机构过载；工作油缸上装有平衡阀和液压锁，保障工作安全；回转机构设有回转限位器，防止连续回转。

7.4.3 平层施工创新

1. 窄空间多框筒超高层钢混组合结构平层施工与管理提升

本项目每栋塔楼包含 5 个核心筒，核心筒布置分散，彼此不相连，传统“核心筒先行”方案实施困难，因此本项目参考传统框架结构施工组织方式，考虑用“混凝土梁”施工方式施工“钢结构梁”，土建与钢结构平层施工，改变传统超高层建筑核心筒先行的施工工艺（图 7-49）。可以解决以下技术难点，①小核心筒爬模无法安装；②小核心筒塔吊无法爬升；③多核心筒塔吊大臂避让问题；④核心筒作业工人应急疏散问题；⑤核心筒与大悬挑结构施工缝问题；⑥核心筒与周边楼板施工缝问题。

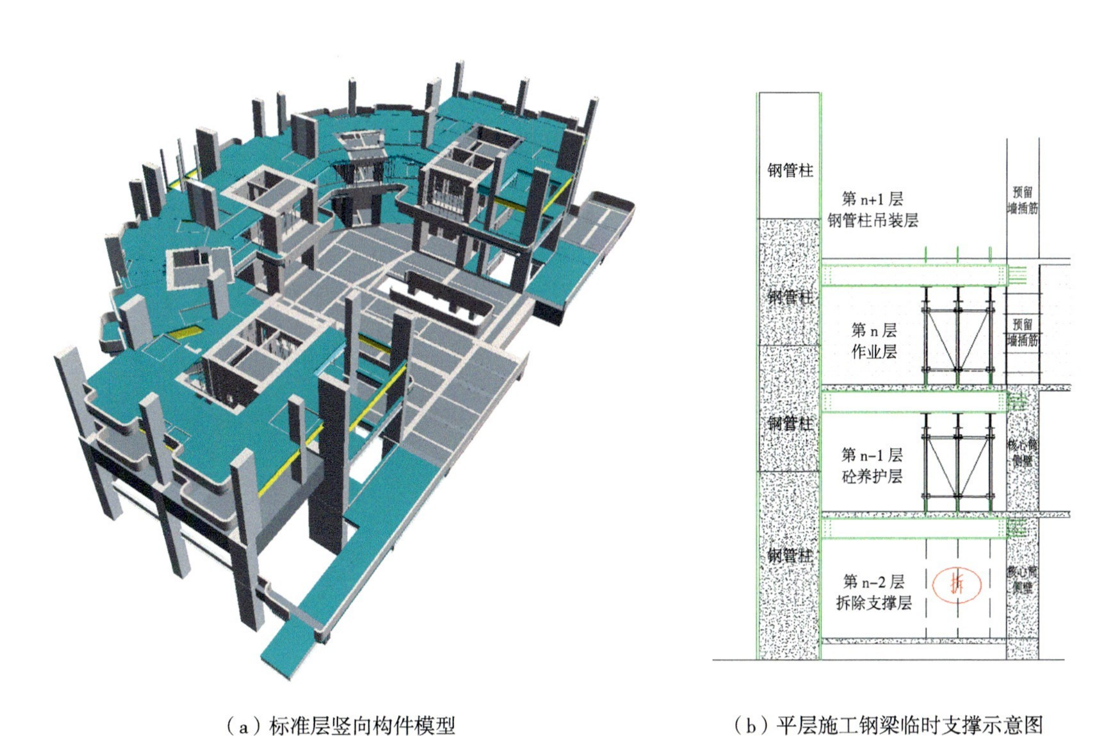

（a）标准层竖向构件模型　　（b）平层施工钢梁临时支撑示意图

图 7-49 “混凝土梁”施工方式示意图

结合 BIM 技术对组织、工期、技术措施进行模拟分析，形成交底动画文件。BIM 模拟施工示意图如图 7-50 所示。

通过创新平层施工技术，项目团队最终实现平层施工“六天一层”。

2. 平层施工管理提升

以平层施工区域划分为基础，为细化流水组织，将每栋塔楼分为两个流水段；分解各流水段工序，统计各分部分项工程量（图 7-51）。

以工序穿插为基础，将每日计划分解到小时，对每一个时间段涉及的施工部位进行逐项细化，精确到暗柱、埋件等具体构件，便于现场管理人员、劳务班组通过该计划掌握施工重点，按计划推进，施工计划示意图如图 7-52 所示。

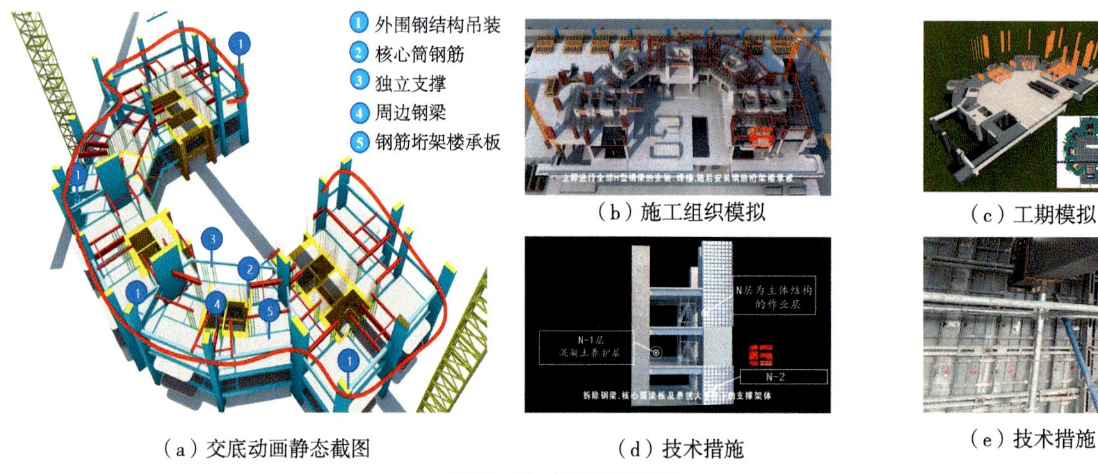

（b）施工组织模拟　（c）工期模拟

（a）交底动画静态截图　（d）技术措施　（e）技术措施

图 7-50　BIM 模拟施工

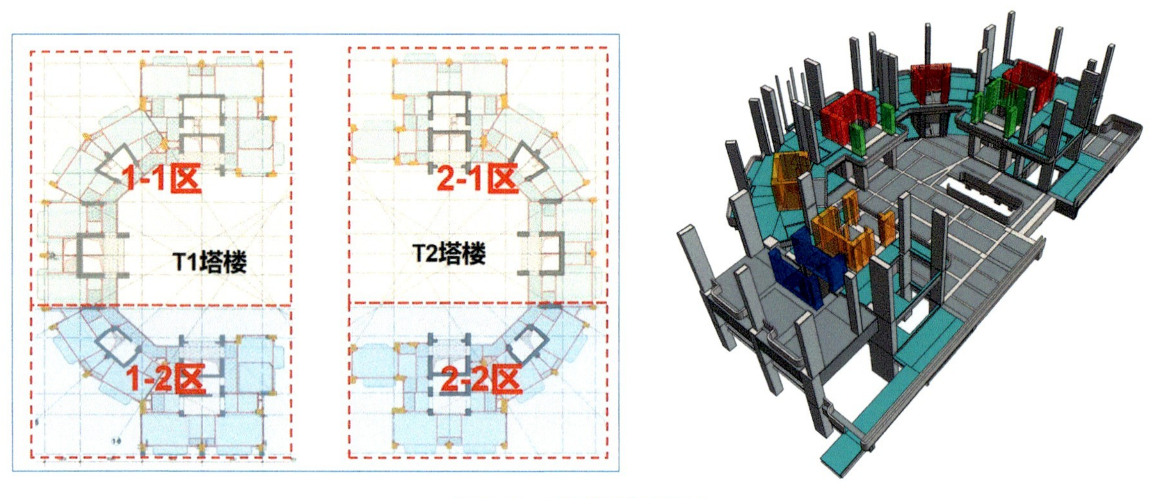

图 7-51　平层施工区域划分

日期		第一天							第二天					
时间		6：00-7：00	7：00-9：00	9：00-10：30	13：30-15：30	15：30-18：00	19：00-22：30	22:30-24:00	6：00-7：00	7：00-9：00	9：00-10：30	13：30-15：30	15：30-18：00	19：00-22：30
工序	核心筒墙、柱钢筋绑扎	YBZ8-13	YBZ8-13	YBZ8-13	YBZ5-7\14	YBZ5-7\14								
	钢结构埋件				MJ1-5a\MJ1-5\MJ2-5a\MJ2-2\MJ3-3\MJ3-5a\MJ3-7\MJ3-2（12个）		MJ1-4\MJ1-5a\MJ2-7\MJ3-5a\MJ3-7\MJ4-7\MJ4-8\MJ4-5a\（6个）							
	核心筒铝模安装						YBZ8-13	YBZ8-13	YBZ5-7\14	YBZ5-7\14				
	核心筒梁钢筋								YBZ8-13	YBZ5-7\14				
	核心筒砼浇筑（板下）										1-3#核心筒	1-3#核心筒	1-3#核心筒	
	钢梁支撑	1#-3#核心筒	1#-3#核心筒	1#-3#核心筒										
	钢柱吊装	2根钢柱	2根钢柱	3根钢柱	2根钢柱	3根钢柱	4根钢柱	11根钢柱						
	外围钢梁吊装								3根钢梁	6根钢梁	8根钢梁	6根钢梁	7根钢梁	5根钢梁
	墙柱外侧模板拆除													
	核心筒周边钢梁吊装													
	楼承板铺设													
	楼板钢筋绑扎													
	幕墙机电预留预埋及吊模													
	楼板及钢管混凝土浇筑													

图 7-52　施工计划示意图

通过穿插作业加快推进工期节点，在确保安全、质量不打折扣的情况下，积极推行“两尺、一线、一图”实测实量专项活动，提高现场施工进度，加快推动项目建设，实现提前近两月封顶。

3. 错层大悬挑景观阳台策划

地上三层在①、③、⑤号核心筒设置悬挑景观阳台，最大悬挑长度 4.95 米，且沿塔楼内侧螺旋上升式设置，单个核心筒每隔三层悬挑一次。方案设计在待浇层下一层结构外墙设置型钢悬挑外挂三角支撑平台，用于搭设上部支撑体系及外防护。采用统一悬挑架的尺寸，以便作为标准件进行周转使用。错层大悬挑景观阳台施工示意图见图 7-53。

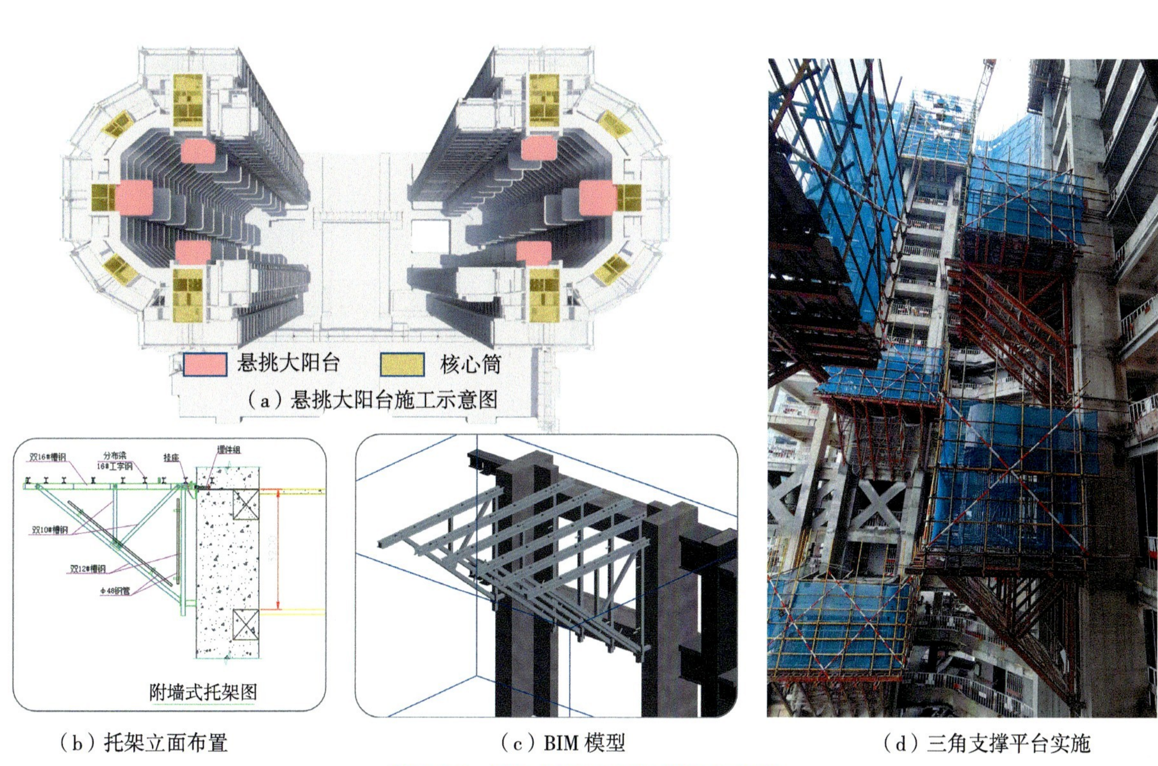

（a）悬挑大阳台施工示意图

（b）托架立面布置　（c）BIM 模型　（d）三角支撑平台实施

图 7-53　错层大悬挑景观阳台施工示意图

CHAPTER 8

第 8 章 前海珑湾国际化人才社区运营管理创新

在前海全面深化改革开放的背景下，珑湾项目团队以其前瞻性的运营管理理念与策划，致力于打造国际化高品质人才社区。本章梳理前海珑湾如何在运营管理上进行创新。从运营管理的前置参与到资产管理的精细化，再到基于数字孪生的智慧运维，每一步都彰显了其对卓越品质的不懈追求。特别是其独特的数字孪生智慧运维系统，不仅提高了管理效率，更赋予了社区智能化的服务能力。此外，社区还致力于提供高品质服务，构建国际化生活服务体系，让每一位居民都能享受到科技带来的便捷与舒适。通过这些创新举措，珑湾项目不仅提升了人才社区的整体运营水平，更为未来社区的可持续发展奠定了坚实基础。

8.1 运营管理前置

“投、建、管、运”一体化是对投资、建设、运营与管理的统筹协调与安排，在建设阶段考虑运营需求，以运营需求为导向，统筹考虑设计规范、建设规律与运营要求，使设计、建设与运营职能并重。通过运营管理前置，实施统一协调管理，实现各部门与各参建方之间的有效沟通和信息共享，最大限度地实现设计、建设与运营目标的协调统一。

当前，国内一些住房项目存在着设计、建设、运营脱节的现象，突出表现为：设计方依照国家相关设计标准进行设计，但并未充分考虑住户的实际居住体验；工程前期建设方占据主动，运营方后期被动接受，导致项目功能欠缺、运营成本与难度增加、运营效率低下、住户居住体验不佳、商业等配套设施收益较差、无法实现项目的保值增值与难以打造良好的项目品牌形象等一系列问题。从逻辑上看，建设是运营的基础，运营是项目建设的目的与出发点。人才社区不仅需要把控设计与建设的质量与投资，还需要注重投入使用后运营与维护成本。人才社区，尤其是高品质国际人才社区定位高、规模大、系统复杂、需要满足住户更为多样化的需求。如何将运营管理融入设计与建设当中，保证项目建成后能够充分满足住户需求，降低运营成本，实现社区增值与品牌打造，是关系国际人才社区高质量发展的重要课题。

8.1.1 运营管理前置阶段与任务

具有专业经验的运营团队和第三方运营顾问，能够在项目不同阶段，从后期运营视角对项目的环境布局、功能规划、楼宇设计、材料选用、设备选型、配套设施、管线布置、竣工验收、房屋租赁等多方面提出有益的建设性意见，以确保项目设计和建造质量，为项目投入使用后的运营管理的顺利开展创造条件。

1. 初步设计阶段

初步设计阶段运营前置的主要工作包括：①对项目平面户型图设计、户型面积及配比等方面提供运营意见；②审查项目机电系统设计图纸、计算书和技术规范要求及设备清单，并提供控制策略及运营意见和建议。机电系统包括但不限于：暖通和空调、强电和弱电、电梯、紧急和备用供电、消防和电梯安全、结构管线、服务机房、背景音乐和公共广播、停车系统；③对项目前台、后勤用房、垃圾房、后勤物流动线等提供配置标准，协助对后勤用房进行规划排布、审查设计图纸、并提供运营意见；④对项目配套服务空间如餐厅、健身房等的提供配置标准、对项目配套服务空间设置区域合理性进行评估、审查设计图纸、技术规范要求及设备清单，并提供运营意见；⑤对项目建筑设计、室内设计、装潢设计、灯光照明设计、声学设计、景观设计、标志标识及车库引导设计等，提供配置标准、审查设计图纸、技术规范要求及设备清单，并提供运营意见。

2. 施工图设计阶段

施工图设计阶段运营前置的主要工作包括：①审查项目施工设计图纸、技术规范要求、设备选配、维护方法说明及材料的适用性和耐用性等，并提供运营意见；②对项目核增空间等的有效利用提出运营意见。

3. 样板房阶段

样板房阶段运营前置的主要工作包括：①提供家具、窗帘、床上用品和工艺品在内的软装及洁具、厨房设施、天花、墙面、地面在内的硬装，以及其他室内细节的有关标准规范，协助完成室内设计工作；②基于后期运营需求提出客房主题规划意见；③对户内装修设计图提供运营意见，包括平面图、立面图、效果图、配色等；④对及户内样板房软硬装、家具，设备等的规格、款式、搭配效果、装修工艺提供运营意见。

4. 项目运营筹备阶段

项目运营筹备阶段运营前置的主要工作包括：①对项目导视标识设计安装提供运营意见；②对项目各类招标涉及运营需求的招标文件提供运营意见；③提供开业所需各类营业用品物料清单；④营销推广；⑤外包服务。

8.1.2　运营管理前置实践

珑湾项目运营团队参与前期项目定位、设计等多个关键环节，为项目设计方案的成熟与完善提供运营意见。团队凭借丰富的实践积累，对项目的多个方面进行了细致考量。此处选取梯户比与户型配比、动线设计、户型设计这三个核心方面进行介绍。

1. 梯户比与户型配比

梯户比是指电梯数和每层楼住户数的比例。这一比例不仅影响住户的日常生活体验，还关系到整个社区的舒适度和便利性。项目团队对深圳及国外类似标杆项目进行深入调研，并结合项目自身设计进行梯户比调整，体现了对住户体验的高度关注和专业性。

最初的设计方案只在建筑中间位置设置一个核心筒用于布置电梯，虽然结构简洁，但日常使用电梯时，人员会过于集中，导致电梯使用高峰期的拥堵和长时间等待。此外，住户在出入时容易相互干扰，会降低私密性。

经过优化后的方案设置了三个核心筒，每个核心筒服务四户住户。这样的设计调整显著降低了每部电梯等待的人数，有效提升了住户的出行效率。同时，多个核心筒的布局也使得住户在出入时能够减少相互干扰，增强了私密性。这不仅提升了住户的日常生活体验，也符合高端人才住房设计的发展趋势。通过借鉴深圳及国外标杆项目的经验，项目团队从目标用户需求出发，将用户的居住体验需求前置融入项目设计中，为住户创造了一个更加舒适、便捷的居住环境。

户型配比是指在房地产项目的整体规划中，不同户型所占的比例。它涉及项目的整体定位、目标客户需求以及市场趋势等多个方面。合理的户型配比可以充分考虑居住者的需求和生活习惯，提高住宅的舒适度和实用性。

针对户型配比，珑湾项目在结合户型配比相关政策基础上，从项目定位出发，详细了解国内一线、国际一线城市标杆项目，深入分析用户户型面积、不同房间功能及体验的需求等，同时结合本项目目标客群的年龄段、家庭结构、日常生活及工作的场景分析，放大部分功能，在对户型总面积有要求的前提下，创新性地提出了 1+1、2+1 房概念。

2. 动线设计

动线设计是指根据空间的特点和使用者的需求，规划人们在不同空间内移动时的行走路径和流程。其核心目的是优化空间的利用率，提升人们在空间中的体验感和便利性。

珑湾项目团队对于动线的优化主要集中在竖向动线优化、接待大堂的动线优化、停车区域的动线优化以及商业部分的动线优化。竖向动线优化主要目的是将社区住户与商业客户的动线加以区分，避免两类用户动线的交叉混乱；接待大堂动线优化主要目的是提升服务效率及更好展示项目形象与特色；停车区域动线优化主要目的是避免社区住户与停车场使用人员之间的流线交叉、提高空间的利用率和消除安全隐患；商业部分动线优化主要目的是提升铺位的通达性、入口等关键动线节点的明显度。通过动线设计的优化，住户的出行体验得以提升、项目视觉效果得到改善、潜在安全隐患得以消除。

3. 户型设计

户型设计是房地产项目中至关重要的环节，它直接决定了居住者的生活质量和空间体验。在具体的设计方案调整中，项目团队总结出以下设计经验：①保证主卧的舒适性。国际化人才社区的客户往往对居住体验有较高要求，因此主卧作为最重要的体验空间，需要得到充分的重视。此外，过道宽度至少需要 0.4 米，既能保证通行的顺畅，又能避免空间过于拥挤。②次卧可按书房进行设计。国际化人才社区客户一般都是外派员工或海外人才，根据对目标客群居住需求的分析提供舒适的居住及居家工作空间，因此次卧可预留多种可能，满足书房及单人卧室最小尺度要求即可。③配置更多储物空间。需要满足长期出差人群或外派人群的储物需求，尽量加大储物功能。④保证客厅的尺度和舒适性。客厅作为另一个重要的体验空间，需要优先保障其尺度。在设计中应充分考虑空间（梁）对客厅的影响，避免出现空间布局不合理或视觉上的压抑感。通过合理的空间规划和布局，可以营造出宽敞、舒适的客厅环境，提升住户居住体验。

8.2 资产管理

《国际基础设施管理手册》（IIMM）对资产管理的定义是：“资产管理是一种以最经济有效的管理为基础，为当前和未来的消费者维持资产所需服务水平的行为。”经济合作与发展组织（OECD）对资产管理的定义是：“一个系统化的过程，为满足公众期望所需的更有组织性和更灵活的决策方法提供决策工具。将经济推理和充分的工作案例与工程原则相结合，并维护、改进和运营资产。”可以看出，资产管理是通过优化资源分配、维持资产的最高工作效率、满足服务对象的多样性需求、确保投资回报最大化，实现资产的保值与增值。

资产管理作为人才社区管理的重要组成部分，涉及一系列活动，其核心是维持资产的高工作效率，旨在确保建筑物资产的有效利用、维护和增值。有效的资产管理对人才社区项目的成功实施至关重要。对于全周期自持运营的住房项目，资产管理活动是资产保值增值的关键。通过合理科学的规划，可以提高建筑物与设施的使用寿命，延长其服务期限。此外，全面资产管理可以避免建筑设施使用过程中的浪费和资源不均衡现象，降低成本。同时，资产管理还能优化设施的日常维护，提高运营效果。

制定资产管理策略是人才社区项目资产管理的重要环节，应当包括资产的采购、使用、维护以及报废或更新的全过程。在此过程中，考虑资产的成本效益分析至关重要。合理的策略不仅能确保资产的良好维护，还能在长期内节省成本。资产管理策略主要涉及采购高效能且成本适中的设施、制定定期维护计划来防止设施故障、采用最新技术提高效率等。

资产管理涉及资产采购和验收的过程。资产采购应按照规定程序进行，包括制定采购计划、招标、比选等过程，最终确定供应商并签订合同。对于所购置的资产，应按照标准验收程序进行检查和确认，确保符合要求后方可投入使用。

设施维护也是确保人才社区项目资产最高工作效率的关键。有效的维护计划能够减少意外故障、延长设施使用寿命，避免由于设施故障而导致的项目延期和成本超支。维护管理包括基于时间的定期维护、基于不确定性分析的预测性维护、基于使用状态的预防性维护以及基于应急处理的紧急维护等，同时，对于资产的维护和保养工作，应建立相应的信息管理系统，记录维护内容、人员、时间等信息，以便日后查询和追溯。

引入现代技术是提高资产管理效率的重要途径。资产管理系统、BIM 技术和物联网技术可以优化资产监控和维护过程，保证资产信息的实时更新和准确性，提高决策的数据驱动性。资产管理系统能够提供一个集中的平台来监控和管理所有的资产，可以跟踪资产的位置、状态、维护记录等信息，帮助管理者做出更合理的维护和更新决策。BIM 技术和物联网技术则通过在设施上安装传感器来收集性能数据，可以用来监测设备的健康状态，实现故障的早期发现和预防性维护。

资产管理的成功不仅依赖于策略和技术，还取决于项目团队的能力。因此，对项目团队进行培训，也是确保资产管理计划得以有效实施的关键。培训内容应包括资产管理系统的使用、资产维护的最佳实践、及时识别和解决问题的方法等。此外，鼓励团队之间的沟通和协作也非常重要，资产管理涉及多个部门和团队，通过良好的沟通，能够保障资产管理策略的有效执行。

资产管理是一个复杂而重要的过程，涉及多个环节和方面。通过有效的资产管理，可以保障人才社区建筑和设施的良好运行与长期使用，为项目的成功实施和可持续发展提供有力支持。

8.2.1 运营交接管理

运营交接是正式开展运营管理之前的重要工作环节，确保交接过程顺利进行对于项目的可持续发展和顺利运营至关重要。合理的交接管理可以确保项目顺利移交给运营团队并持续运营，从而实现项目目标和利益最大化。同时，交接过程中的充分沟通和明确责任有助于减少后期的纠纷和误解。

1. 确定交接范围

基于对合同的深入分析，明确项目交接所包含的任务范围，清晰划分项目各参与方的职责和权限，梳理交接流程、制订详细的交接计划，并列出具体的交接成果清单。同时明确交接工作的具体内容，以确保项目交接的全面性和系统性，避免工作重叠或遗漏。在明确责任范围的基础上，组建专业的交接团队熟悉现场环境及建筑运维状况，同时建立交接项目运维管理体系及标准，保证交接内容符合运营要求与标准，最终完成项目的顺利交接。

2. 实施项目交接任务

（1）制定交接管理方案。通过现场勘查和调研，制定详细的项目交接管理计划。明确各项业务工作职责与界面，制作具体的业务操作指导文件，确保后期运维团队整体能力符合运维要求。

（2）建立交接管理体系。构建现场质量管理体系框架，明确项目交接管理方针、管理目标及持续改进机制。建立流程制度体系，制定工单处理、预防性维护、备品备件管理等流程，确保流程标准化，提升运维效率。编制运维操作手册和记录文件，为后期运维提供标准化的操作指导。

（3）开展技术尽职调查。组建由多专业工程师组成的技术尽职调查团队。通过文档资料查阅和现场检查测试，全面了解项目现场的技术状况和运维需求。编制尽职调查报告，并提出整改策略和措施，确保所有不符合项得到及时整改。

（4）确立绩效考核标准。明确项目服务级别协议，并将其逐步分解。制定明确的绩效考核标准，确保服务达标有据可依，促进运维团队高效运作。

8.2.2 设施资产维护

国际设施管理协会（IFMA）对设施管理的定义是“以保持业务空间高品质的生活和提高投资效益为目的，以最新的技术对人类有效的生活环境进行规划、整备和维护管理的工作”。为了保持设施的高效率、安全可靠运行，应通过设施信息管理系统监测设施工作状态，并制定完善的设施运行维护机制。

1. 设施运行与维护、维修管理

设施维护是设施管理的重要内容，对设施安全高效运维、延长使用寿命有着重要作用。因此，应建立完善的设施运行与维护机制：

（1）预防性维护。包括定期进行的计划检查、测试和维护任务，防止设备故障、减少停机时间并延长资产的使用寿命。预防性维护任务包括清洁、润滑、调整和更换零件，以保持设施和设备处于最佳状态。

（2）维修保养。包括修理或更换发生故障或失灵的设备或系统。维修保养通常是针对故障或停机而启动的，目的是尽快恢复设施的正常运行。

（3）预测性维护。包括利用数据和先进的分析技术来预测设备或系统可能出现故障的时间，以便在故障发生前采取积极的维护行动。预测性维护可以帮助防止意外故障、减少停机时间并优化维护计划和资源。

（4）紧急维护。包括解决需要立即关注的紧急和关键维护问题，如设备故障、泄漏或其他紧急情况。紧急维护的目的是最大限度地减少突发故障的影响，确保人员和住户的安全。

（5）例行维护。包括每天或每周执行定期任务和检查，如检查和补充消耗品、监控设备性能和进行目视检查，以尽早发现和解决潜在问题。

2. 设施管理信息系统

珑湾项目的设施管理信息系统主要由物联网集成管理平台、信息设施系统和建筑设备管理系统三部分构成，每个部分各有其侧重点。

（1）物联网集成管理平台

物联网集成管理平台作为集中控制平台，将建筑的各个智能设备系统的控制管理集成在一个管理界面上。平台提供了构建智慧管理建筑的关键能力，为业务集成提供数据接入、数据分析存储、通用工具和业务逻辑服务，同时达成汇聚公共能力、支撑上层业务能力、支撑水平业务扩展能力的目标。

建筑内所有智慧应用均基于智能化管理平台构建，采用微服务技术架构实现，低耦合模块化的方式开发，平台技术架构为分层架构，按垂直位置，从高到低为“应用层、数据资源层、中台层、接入层”，支持“云 + 边 + 端”技术路线。

（2）信息设施系统

信息设施系统用于对来自建筑内外的信息实施接收、存储、处理、交换、传输，实现便利、快捷、有效的服务目标，涉及语音电话、数字通信、多媒体业务，包括通信接入网络、移动通信室内覆盖系统等。

（3）建筑设备管理系统

一是，建筑设备监控系统。该系统对建筑内各机电设备进行监控，优化系统运行控制、收集分析运行数据、故障自动报警，以延长设备使用寿命、节省能耗、简化管理、确保安全。主要包括送 / 排风机、空调末端设备、给排水系统、变配电系统、公共区域智能照明系统、电梯系统。

二是，建筑能效监管系统。该系统用于用户端水表、电表、空调冷量表远程抄表管理。电表计量方面配置网关服务器，访问电力监测系统获取数据集成到能源管理系统。系统分为系统管理层、通信管理层、现场层三层结构，结构及功能要求单元化以提高系统可靠性，能够实现前端计量表数据采集、查询，收费单据打印以及系统用户、网络设备和前端计量表的设置功能。

三是，系统功能。主要包括：系统管理功能模块，主要面向系统管理员，具体包括用户管理、角色管理、权限管理和系统日志；能耗实时监测模块，用于对建筑的能耗进行实时监控，从总体上实时了解建筑当前的能耗状况，随时掌握建筑能耗是否存在异常情况；异常情况报警模块，主要功能是根据管理制度和用电用水用空调管理制度对不合理用电用水或用空调情况进行报警；能耗统计模块，主要功能为建筑能耗统计，能耗统计进一步划分为用电量统计、空调用冷量统计和用水量统计；能耗分析分模块，提供建筑能耗分析，包括建筑能耗百分比分析、建筑能耗逐时 / 日 / 月 / 年分析等。

3. 系统及设施

项目的系统、设施及功能如表 8-1 所示。

项目系统、设施及功能 表 8-1

系统/设施	功能
供电系统	①供电电源从城市电网引来两路独立的20千伏高压电源，合环供电。当任一路电源损坏时，另外一路电源可以满足整幢大楼的所有用电需求 ②低压侧采用分段联络方式，电气联锁，平时分列运行，当一路电源失电时，另一路电源可带大部分负荷 ③整个变配电系统选用一套电力管理系统，系统对整个供配电系统进行智能化管理，使整个系统更加安全可靠，同时通过智能化监控，实现各个变配电房无人或少人值班 ④有关供电系统的工程包括以下方面：动力配线工程、室内照明及灯饰安装工程、泛光照明工程、景观照明工程等
等电位措施	①在每层电气垂直竖井内设置等电位联结线，在正常情况下不带电的金属器件均须与等电位联结线可靠相连；另在一些场所设置局部等电位联结 ②一般插座回路均设置漏电保护开关
防雷及接地系统	提供对全部楼宇的保护，并按国家规范要求安装
电梯	每栋塔楼6部客梯+1部消防梯，并可到达地下室
消防广播系统	在消防安保监控中心安装广播前端控制及分区话筒等设备，当有紧急事故（如火灾、地震等）发生时可切换至紧急广播状态，以便及时疏散人群
手机信号覆盖（室分系统）	系统要求由通信供应商提供：在大楼内设分布式移动通信中继传输系统，能有效地克服楼内屏蔽所造成的信号盲区，保证楼内各类手机（包括中国移动、中国联通、中国电信的手机）通信时可靠的传输质量
车库自动计费系统（车牌自动识别系统）	车辆统一管理： ①在地下车库出入口安装一套车库管理收费系统，对停车用户进行停车时间的统计和自动收费 ②采用车牌识别技术，对前端摄像机抓取到的车辆图片进行分析，进而从中提取诸如车牌号（英汉字符及数字）、车牌颜色、车型、生产厂家、车辆颜色等信息，实现准确锁定车辆身份，并与相应车辆的道路行驶信息联系起来，最终实现对上路车辆的智能自动管理 ③实现无卡进出，统一收费，并支持微信、支付宝等便捷支付方式
消防	①消防安保控制中心位于首层，并可直通室外，方便紧急状况使用 ②设置火灾报警及联动控制系统、自动喷淋系统、消防栓水系统、消防报警电话、防排烟系统、气体灭火系统，实现了早期火灾探测。自动报警以及联动控制相关消防设备的功能，在火灾时进行扑救或控制，有效控制火灾蔓延，并防止烟气进入建筑疏散通道，保障人员安全疏散

续表

系统/设施	功能
视频监控系统	①视频监控系统的设计、安装遵循有关国家规范、标准、规定的具体要求 ②监控中心设置在消防安保控制中心，位置在首层；采用统一的工作平台将监控、报警集成 ③各监控探头安装于各楼栋公共区域。保证有充足的并且先进的电脑硬盘录像机录像。数字系统图像资料存储方便，回放清晰
入侵报警系统	在重要机房等处安装各自相对应的报警器、手动或脚踏报警按钮、门磁报警器等，报警信号送至消防安保控制中心，并与电视监控设备联动，显示报警区域、报警时间，自动记录，保存报警信息功能，以保障客人的人身及财产安全
保安巡更系统	①电子巡更系统的管理主机设置在消防安保控制中心 ②公共楼梯走道区域设置巡更点位
双向无线对讲系统	①采用多频率双向无线电对讲系统 ②设置一套双向中继台对讲主机装置，主机设备设在消防安保控制中心，保安人员、员工手持对讲机用于巡逻和通信使用
自来水供水系统	①确保饮用水和烹饪用水的水质标准符合政府部门发布的健康标准要求 ②在市政管网压力允许的情况下，充分利用市政给水管网的水压，以达到节能、节电、避免二次污染的目的
中水系统	室外海绵调蓄池的水经过处理后补充地下室中水水箱用水，商业冲厕及绿化给水采用中水水箱给水供水，绿色节能
排水系统	①雨水接收排放系统：提供完整的雨水排放系统，并把收集的雨水、空调机冷凝水和地下水排放到市政雨水系统 ②大楼使用的排水系统：商业及配套室内采用污、废合流制，住宅采用污、废分流。提供具有完整透气系统的生活污水及废水管道系统。厨房排水经隔油池处理后，与粪便污水汇集，排入化粪池；经化粪池处理后再排入市政污水系统，排放的污水达到有关部门的指标

8.3 基于数字孪生的智慧运维

BIM 在设计和施工阶段的应用不仅提高了项目设计与施工管理的效率，同时也为后续运维管理奠定了坚实的基础。BIM 模型不仅记录了建筑的三维几何形态，还包含了多种非几何信息，包括结构信息（结构体系、梁柱尺寸、荷载分布、承载力特性、材料强度等），机电信息（电气线路走向、设备型号规格、容量、管道尺寸、阀门位置、系统连接等），给排水信息（管道类型、直径、坡度、水力计算、洁具及设备布置等），暖通空调信息（风管走向、空调机组位置、送风口排风口布局、系统运行参数等）和法规与标准遵守情况（防火等级、隔声隔热、无障碍设施、绿色建筑指标等）。项目竣工后，这些信息和 BIM 三维模型将继续用于数字化运维管理，包括设备维护、能耗分析、空间使用状况追踪等。总之，基于数字孪生的智慧运维管理有助于降低运维成本，促进项目的可持续发展。

珑湾项目特殊的建筑结构和高度使得消防管理成为智慧运维的重点。在珑湾项目中，建筑包括地下三层、地上裙楼和两栋高达 180 米的 53 层塔楼，是典型的超高层建筑。高层建筑的消防安全事关财产和人员生命安全，传统的消防管理方式难以满足高效预警、快速响应和精确处置的需求。因此，基于数字孪生的智能消防管理系统成为解决珑湾项目运维挑战的必要选择，需要运用新一代信息技术、BIM 和物联网等新技术优化运维状态并加强管理控制。

8.3.1 运维管理综合策划

在珑湾项目中，数字化运维管理的核心在于通过充分应用设计和施工阶段的 BIM 模型，并结合 BIM 和物联网等技术，建立智慧运维系统，实现对建筑消防系统的智能化管理。

1. 系统建设目标

珑湾项目的智慧运维系统旨在响应深圳市数字孪生先锋城市建设行动计划，应用数字孪生技术提升建筑运维效率，并重点关注消防安全管理。该系统在符合国家对高层建筑消防安全的严格标准要求的基础上，致力于实现以下目标：

（1）避免投资浪费。使设计和施工阶段的 BIM 模型在运维阶段充分发挥价值，避免模型资产的闲置。同时，合理利用机电和智能化建设成果，与 BIM 模型对接整合，通过 BIM 可视化技术提升运维效率。

（2）提高建筑消防安全水平。利用 BIM+ 物联智能化管理手段，显著降低火灾发生的可能性，增强建筑整体防火能力，降低火灾造成的经济损失和人员伤亡。

（3）提升应急响应速度。依托智能化消防管理系统，迅速启动应急预案，大幅缩减从火警探测到初期扑救的时间间隔，从而在最大程度上抑制火势发展。

（4）优化消防资源配置。利用精确的数字化数据支持，合理调配消防资源，避免不必要的投入，节省人力和物力成本。

（5）可持续发展。使智慧运维系统能够为物业管理和消防安全维护提供持续的技术支持，以确保项目长期运维管理的安全性和价值。

2. 系统需求分析

考虑到珑湾项目的现状以及传统高层建筑消防管理系统存在的不足，智慧运维系统需要解决以下需求：

（1）火灾报警联网化。传统的火灾报警系统通过总线连接，只能在消控室管理。智慧运维系统需要使用物联网技术，将火灾报警系统联网化，使其不再受限于消控室管控，从而更好地管理高层建筑的消防安全。

（2）火灾报警可视化。传统的火灾报警系统由消防主机控制。为了更好地实行数字化管理，智慧运维系统需要整合物联网和 BIM 技术，使火灾报警信息可以在 BIM 空间中可视化显示，帮助运维管理人员快速确定报警位置。

（3）火灾报警远程确认。智慧运维系统需要具备消防报警远程确认功能，以便有效减少误报。通过联动视频，运维管理人员可以查看报警点周围的各种场景，了解火情，并确认报警信息的真实性，以便进行实时的指挥和应急疏导。

（4）消防资源可调度。在大楼里，有很多消防设施，比如消防管道、消火栓、消防通道、传感器和报警器等。为方便统一管理这些资源，掌握其数量和分布，智慧运维系统需要具备高效资源调度能力来支持高层建筑的消防应急管理。

（5）消防事件可管理。智慧运维系统需要具备实时监测功能，从而在确认消防事件之后即可立即执行应急预案以指导操作，并且该系统还需要具备对所有消防事件进行统计分析的能力。

3. 系统范围界定

作为建筑的 BIM 消防管理平台，珑湾项目智慧运维系统的任务是收集、存储、处理和展示火灾报警数据，从而为智能化消防服务提供必要的基础数据支持和智能决策分析辅助。具体而言，该系统应具备以下功能。

（1）实现消防报警与安防监控的联动管理。通过实时火警监测预警功能，一旦该系统探测到火警信号，应立即向物业管理中心发送警报，并通过弹窗准确标示火源位置，同时自动展示周边摄像头的实时画面，为快速响应和决策提供关键的实时信息支持。

（2）管理火警应急响应预案。事先建立各类应急处置预案以应对可能发生的火警场景，在确认火灾报警的真实性后，该系统应调用预设预案指导现场人员快速定位消防资源，执行预先制定的灭火救援和人员疏散流程。此外，该系统还应包括火警模拟演练功能，允许在日常训练中模拟真实的火警报警场景和预案，以帮助运维管理团队增强实战经验和协同配合能力。

（3）数据统计和可视化分析。该系统应具备对消防设备的运行状况和火警事件历史进行全面跟踪和分析的能力，通过生成可视化报告来帮助运维管理人员全面了解消防情况，持续优化和调整消防管理策略。

4. 系统架构设计

珑湾项目智慧运维系统以智能化集成系统（IBMS）和 BIM 模型为基础，通过整合五大业务模块，实现了系统的高效运行。底层 IBMS 系统和 BIM 模型提供了基础模型和数据支持。通过结合物联网和轻量化引擎技术，该系统整合了 BIM 轻量化、消防资源可视化、安消联动管理、消防应急管理以及数据可视化管理五大业务模块。图 8-1 展示了系统的整体架构。

该技术架构包括四个层级。

（1）感知层。也称为基础设施层，由珑湾项目的弱电智能化系统构成，为楼宇管理提供基础支持。

（2）平台层。旨在建立开放共享的建筑操作平台系统，为智慧化运维管理提供灵活、高效、安全的基础支持。

（3）场景应用层。依托平台层的功能，开发 BIM 运维、消防管理、应急管理等各种业务应用，以实现数据的共享和统一。

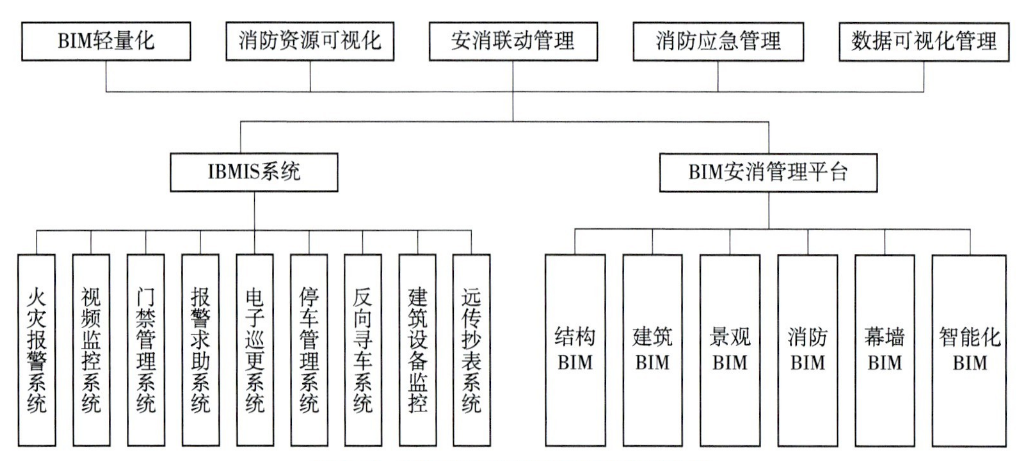

图 8-1　琉湾项目智慧运维系统整体架构图

（4）展示层。采用 HTML、VUE、JSON、CSS、AJAX 等技术，通过数据的输入和输出以 BIM 可视化门户的形式展示 SaaS（Software-as-a-Service 软件即服务）服务层的业务功能。

8.3.2　数字孪生运维管理系统的建立

1. BIM 轻量化

为了建立基于数字孪生的智慧运维系统，需要首先对 BIM 模型进行轻量化处理。项目施工阶段的 BIM 模型包含大量建筑信息和详细的三维数据，文件往往体积庞大。尤其是在复杂工程项目中，文件大小可能达到数百兆或数吉。这些大文件在处理、传输、加载和实时交互过程中会对计算机硬件配置、网络带宽和软件性能提出挑战，因此可能降低工作效率和用户体验。为了进行 BIM 轻量化处理，相关的技术包括以下方面：

（1）模型大小优化。通过去除不必要的几何细节、简化模型结构、采用 LOD（Level of Detail）层级细节技术，将模型根据不同视距和用途分为不同精细化程度的版本，减少模型文件的大小，加快数据传输和加载速度。

（2）几何细节简化。针对复杂模型通过网格简化、组件合并、减少面数等方式，减少模型几何复杂度，使其更适合在低端硬件或网络环境中快速渲染和交互。

（3）数据压缩。采用高效的数据压缩算法对模型文件进行压缩处理，减少存储占用，同时确保解压后数据的质量和渲染速度不受太大影响。

（4）按需加载与流式传输。将大型 BIM 模型拆分成若干个较小的部分，根据用户需求和视窗范围动态加载和卸载模型数据，减少内存占用，提高系统响应速度。

（5）属性信息精简。只保留对当前视图或任务关键的非几何属性信息，对非必需属性进行暂时隐藏或移除，减轻数据处理负担。

（6）缓存机制。采用缓存技术，预先计算和存储常用的视图和操作结果，加速后续访问和操作的速度。

为了满足对智慧运维系统的轻量化图形库和组态元件库要求，所进行的 BIM 轻量化处理主要包括以下措施：

（1）分区域拆解建模。按照地块和楼层分区域建立 BIM 模型，确保每个区域都有独立的模型，并明确定义区域的粒度。对于某些运维监控数据或设备点数过多的楼层或地块模型，进一步细分为更小的区块来建立链接模型，并最终整合成一个完整的模型。此外，对多层建筑和设备模型进行内部拆解操作，自定义拆解方向、移动距离和移动时间，以便更好地管理和维护楼层模型和内部设备信息。

（2）分专业建模。在区域模型的基础上，为每个专业分别建立对应的链接 BIM 模型。这些链接模型将整合各专业的信息，确保运维管理系统能够全面、准确地反映项目的各方面运行情况，为综合运维管理提供可靠的数据支持。

（3）整体外形与内部模型的链接关系。在整体建筑外形模型基础上，按照内部区域、楼层以及楼层内区域分别建立链接的 BIM 模型，从而确保运维管理人员可以通过远程监控确定建筑内部的哪个区域出现了问题，并可以点击该区域进入内部链接模型，查看具体的设备信息。举例来说，当运维管理人员从整体外形模型的角度查看一栋建筑时，只能看到其外观信息，但当点击具体楼层时，就能进入该楼层内部的链接模型，从而查看详细信息。

（4）定义构件目录结构。在定义模型的层高目录时，对构件主体进行约束定义，以确保构件目录结构的准确性，从而有效地管理模型中的各个构件，并确保其在目录中的正确位置。这有助于使运维管理人员更方便地查阅和管理模型，提高工作效率，减少错误发生的可能性。

（5）网格简化。通过去除不必要的细节和合并相邻区域等方式来减少模型中的三角网格数量，从而降低模型的细节和数据量，实现模型的优化和简化。这一措施预计可实现减面 60% 以上的效果。

采用上述处理方法可以保持模型的主要信息完整准确，同时降低数据量和计算复杂度，提升智慧运维系统的效能。这些措施使系统能够在有限的硬件资源下更快地加载、渲染和交互，以更好地满足不同的运维管理需求，为跨部门、跨地域的多方合作提供更高效的数字化支持。将经过轻量化处理的数字模型用于地图背景，并显示组态元件的状态和动画，然后将其整合打包用于地图组态，可以为运维管理人员提供可视化和交互式的环境。

2. BIM 交互性

BIM 的交互性是珑湾项目智慧运维系统建设过程中的关键一环。在 BIM 模型的基础上，对消防等运维资源进行分类、标记和可视化交互，可以更好地展示建筑结构和消防设施分布，从而帮助运维管理人员方便地查看消防设备的位置和布局信息，使他们能够更有效地监控和管理建筑设施的状态和运行情况。为了实现这种 BIM 交互性，珑湾项目主要采取了以下措施。

（1）创建 BIM 模型目录树

交互式的 BIM 模型目录树可以展示 BIM 模型的层次结构，帮助用户直观理解模型组织结构，并快速定位构件。类似于 Windows 资源管理器中的文件目录树，交互式 BIM 模型目录树能够清晰地显示模型中各个部分的楼层、房间和构件等层级关系。通过交互式目录树，运维管理人员可以快速找到模型中的特定构件，只需点击目录树中的节点，就能在三维视图中聚焦对应的构件，方便查阅相关信息。此外，该目录还支持根据构件类型、楼层和区域等条件进行过滤和搜索，用户可以根据需要在目录树上筛选出符合条件的构件集合。交互式 BIM 模型目录树的使用使得模型组织结构更为清晰，用户可以快速定位并查阅所需信息，有助于提高项目运维管理的效率。

（2）提供模型测量工具

通过使用测量工具，用户可以在 BIM 模型上进行精确的几何尺寸测量，从而辅助各种运维操作。珑湾项目中实现的模型测量包括以下功能。

一是距离测量。通过捕捉模型上的端点、线条以及面，迅速计算并显示它们之间的直线距离，从而帮助运维管理人员检查设备之间的间距、核实设备位置，并确保 BIM 模型与实际设备位置的一致性。

二是最小距离测量。用于寻找模型中两个构件或多个构件间的最近距离，帮助分析设备间的冲突，以及管线间距等问题，从而更好地规划维护和保养工作。

三是角度测量。用于测量模型上任意两点连线与第三点所形成的夹角，从而帮助验证设备的安装角度和位置，确保设备的安装符合设计要求，提高设备运行的效率和安全性。

（3）提供剖切操作

通过提供剖切操作，可以提高用户的操作效率，帮助其更直观地查看模型内部的构件和构造信息。对于运维 BIM 模型来说，即使经过了轻量化处理，其体量仍然很大，其中的构件也很多。通过配置剖切盒来设定剖切区域，可以从不同的方向和位置对 BIM 模型进行剖切。通过拖拽剖切盒的边角或中心点，用户可以自由调整剖切的位置和角度。剖切后的模型会在视图中显示出清晰的剖切面，同时保留被剖切部分以外的其他结构的透明效果，用户可以清晰地看到剖切面之后的模型结构。剖切操作可以为智慧运维系统提供查看模型内部信息的高效方式。

（4）提供漫游模式

在漫游模式中用户能够在 BIM 模型中进行沉浸式浏览和虚拟漫游，有助于用户更好地理解和展示建筑物的空间布局和使用场景。具体来说，珑湾项目中模型的交互式漫游功能包括以下方面：

一是路径规划与设定。用户可以创建和编辑漫游路径，通过定义一系列相机视角位置和过渡顺序，模拟人在建筑物内部或外部行走的路径。

二是三维空间导航。允许用户在不同空间之间移动，并通过键盘或鼠标控制其前进、后退、转向、上升和下降等动作，帮助用户全方位、多角度地查看模型。

三是镜头控制与速度调节。用户可以自主控制镜头的移动速度，并根据需要暂停、继续或重播漫游过程，从而根据讲解节奏和观众需求进行灵活调整。

四是实时渲染与交互。支持高质量的实时渲染效果，确保模型细节清晰可见，并允许用户与模型进行切换楼层、开启或关闭构件，以及查看属性等交互操作。

（5）提供小地图导航

通过小地图导航可以帮助系统用户快速定位和导航。在智慧运维系统中，每个楼层都有一个由其关键构件投影生成的小地图，用于在三维模型界面上提供一个简化版的模型鸟瞰视图，清晰地展示模型的整体布局和用户当前视角所在的相对位置。小地图导航功能有助于提高用户的浏览效率和使用体验。珑湾项目智慧运维系统的交互式小地图具备以下功能：

一是全局概览。显示模型的总体布局，包括楼层结构、房间分布和走廊位置，帮助用户快速了解模型的结构和空间组织。

二是实时定位。随着主窗口中三维视图的变化实时更新，显示当前的视点位置和朝向，帮助用户清晰地了解自己在模型中的当前位置。

三是导航辅助。用户可以直接在小地图上选择并跳转到模型的任何区域，无须手动滚动和平移，快速定位到感兴趣的部分，提高模型浏览和数据检索的效率。

四是比例缩放与视图切换。用户可以根据需要调整小地图的显示比例，查看更多的细节或整体结构。此外，小地图还支持楼层视图切换，方便用户在多楼层模型之间进行快速切换。

（6）展示构件详情

为深入了解 BIM 模型中单个构件的详细信息，系统用户可以查看选定构件的所有属性信息。这些信息来自原始 BIM 模型中的元数据，包括构件类型、尺寸、材质和制造商等。此外，构件详情展示功能还能关联相应的构件二维图纸和设计文档，如 CAD 图纸、技术规格书和安装手册等，以便用户在查看构件信息时进行更深入的研究和参考。通过构件详情展示功能，用户可以更全面地了解单个构件的特性和相关信息，有助于更好地进行运维管理工作。

8.3.3　数字孪生在运维过程中的应用

基于数字孪生的智慧运维系统在珑湾项目中扮演着关键角色，利用数字孪生技术实时链接建筑的虚拟模型与实际建筑，为项目运维管理提供了全新的解决方案。在智慧运维系统中，轻量化且具有交互性的 BIM 模型成为运维管理者的宝贵资源。他们可以在虚拟环境中模拟实际情况，快速发现问题并作出有效应对。利用数字孪生技术，运维管理者能够实现更智能、高效、精准的安全消防联动管理、消防应急管理和消防资源可视化管理，从而提升珑湾项目运维管理的效率和安全性。

1. 安消联动管理

珑湾项目的智慧运维系统集成了安全防范和消防监控功能，以实时监测消防设备的火警状态并快速处理应急响应。在发生消防事件后，管理人员可以通过该系统及时获取告警信息，迅速定位告警位置并能联动处理，从而有效降低火灾造成的损失，保障人员和财产的安全。在珑湾项目中，智慧运维系统在安全消防联动管理方面主要具备以下三项功能。

（1）实时火警监测与自动告警

智慧运维系统利用物联网技术链接各种消防设备，实时接收和解析火警信号，从而提升消防管理的效率和准确性。一旦火警发生，平台将立即启动告警机制，以醒目的方式在系统主页面显示火警信息，包括触发火警的设备类型和具体位置等关键数据。通过数字孪生技术的应用，运维管理人员可以更及时地发现安全问题并采取必要的措施，提高项目运维的安全性和可靠性。

（2）火警位置精确定位与 BIM 模型标注

在火警发生之后，智慧运维系统将立即自动关联地理位置系统，将火灾地点准确标注在 BIM 模型上。这一功能可以帮助运维管理人员快速获知火源位置，并规划最有效的救援路径。通过精准定位与模型标注功能，消防人员可以迅速到达火灾现场，尽快控制火势，并帮助指挥中心做出及时决策。这种精确、高效的响应机制可以大大提升火灾处理的效率。

（3）视频监控联动与火场视频监控

智慧运维系统与建筑内部的摄像头网络深度集成，一旦接收到火警信息，即可自动调取火警附近位置的摄像头，使得系统能够实时捕获并播放火灾附近的视频画面，为现场指挥人员和应急救援队伍提供重要信息。通过观看实时视频，可以快速评估火势的严重程度、人员疏散的情况，以及火势可能蔓延的方向和路径。这些实时、可靠的数据有助于消防团队制定科学有效的救援方案，最大限度地减少火灾可能造成的损失。这项功能在提高消防应急响应的效率和准确性方面发挥着不可替代的作用，对于建筑物的安全管理至关重要。

2. 消防应急管理

智慧运维系统致力于设计全面高效的消防应急管理系统，旨在提升消防工作的效能，保障公共安全和住户的生命财产安全。该系统集成防区管理、消防事件管理、应急物资管理以及应急预案等四大关键功能模块，建立起一个全方位、智能化且实时响应的消防指挥平台。通过使用该系统，运维管理人员能够有效应对紧急安全事件，从而保障社区的整体安全。

（1）防区管理

智慧运维系统的三维地图功能使管理人员能够根据实际情况轻松设定防区边界。通过简单的拖拽或圈选等方式，管理人员可以在地图上准确勾画出防区范围，并明确指定各区域的防火或安全防区归属。在每个防区内，系统支持关联各种消防设备，如烟感探测器、温感传感器和手动报警按钮等，并实时监测设备状态和故障警告信息。运维管理人员可以灵活地对防区进行布防或撤防操作。例如，在工作时间内布防办公区域，而在非工作时间或无人时段撤防，以减少误报的可能性。此外，系统还支持自动布防和撤防功能，可以根据预设的时间表自动执行布防或撤防计划，从而减轻操作压力。智慧运维系统的防区管理功能模块有助于保障项目安全防范工作的有序进行，通过简化操作和自动化功能减轻管理压力。

（2）消防事件管理

为有效管理消防事件，运维管理人员可以在智慧运维系统中设置事件名称，录入事件描述并处理数据，设定事件等级以启动相应的应急计划和响应机制。在处理消防事件时，运维管理人员需要根据实际情况自定义事件名称，确保其独特性和代表性，以便后续迅速辨识和检索相关的事件。此外还需要在平台录入详细的事件描述，处理过程并总结数据，以建立完整的事件记录。系统支持预设和自定义时间规则。例如，当温感传感器发出高温警报时，系统将自动发出警报通知。设定事件等级是评估事件严重性和紧急程度的重要标准，通过对消防事件进行等级划分，不同等级的事件将启动相应的应急计划和响应机制，以确保重大消防事件能够得到迅速、准确和高效的处理。通过消防事件管理模块，运维管理人员可以有效管理消防事件，确保火灾响应的及时性和准确性。

（3）应急物资管理

应急物资管理功能可以提高项目的应急响应的效率和安全性。为了有效应对紧急情况，在智慧运维系统中设立了一个动态的应急物资数据库，包含多种物资类型，如灭火器材、防护装备、应急食品和医疗用品等。该数据库不仅支持物资信息的简单存储，还支持各种操作。例如，管理人员能够随时更新物资的入库、出库、使用情况、剩余量以及有效期等信息。通过这些功能，运维管理人员能够实时了解物资状况，随时调配资源以应对不同的紧急情况，从而帮助他们更加高效地管理应急物资。建立动态的应急物资数据库不仅简化了物资管理流程，还提高了项目的应急响应效率，有助于确保人员和建筑物的安全。

（4）应急预案管理

在智慧运维系统中，管理人员可以根据实际情况创建多种类型的应急预案，有助于提高应急响应的效率。应急预案类型包括火警、设备故障和人员疏散等。在创建预案时，管理人员需要填写预案的基本信息，包括名称、事件和描述等。在意外发生时，系统会根据预案内容预先指派适当的应急响应人员，并明确其职责，以确保在紧急情况下能够及时到位，分工明确。此外，系统还会根据预案需要预先设定物资清单，包括灭火器材、防护设备和医疗救护物品等，以确保充足的物资准备。最后，系统还会设置与预案相关的消防设备、监控系统和通信系统等联动，以确保在预案启动时这些系统能够自动响应，提高应急响应的速度。因此，利用应急预案管理功能，运维管理人员可以全面筹备各类紧急情况，确保在关键时刻迅速而有效地做出应对。

除上述功能外，应急预案管理还支持消防预案的虚拟和真实演练，并可根据时间设置定时演习，从而提升预案的执行效能。在虚拟模式下，系统将模拟执行消防预案但不对实际设备产生控制指令，仅在系统内按照联动规则模拟展示其他页面的联动控制内容，用于测试预案流程和人员熟悉度，并排查预案中的潜在问题。在真实模式下，系统将根据联动规则发送控制指令到相关设备，改变设备的实际运行状态，以检验预案可行性和人员操作能力。在定时演练模式下，系统支持定期的预案演习，以维持和提升相关人员的应急处置技能和团队协作能力，同时评估设备状态和预案效果。智慧运维系统通过虚拟、真实演练和定时演习，可以促进人员技能的全面发展和应急预案的持续改进。

3. 资源可视化管理

智慧运维系统的资源可视化管理功能为项目运维管理提供了有效的技术支持。三维渲染引擎模块支持基础三维可视化架构引擎框架，可以提供楼宇系统主视觉相关的三维数字孪生模型的制作、轻量化和渲染功能，包括建筑外观和单层室内模型，以及对模型的效果处理。视觉设计模块支持 UI 界面、动画、数据图表和粒子效果的设计，以及场景搭建设计。此外，该系统还可以与第三方系统进行软件数据的对接，支持 HTTP/HTTPS 协议和 Json 规范数据格式的解析。使用该功能处理建筑外观模型，可以创建可视化三维场景。系统的可视化数据分析功能包括项目总体概括、建筑概述、设备和系统对接数据分析、停车和人员通行数据分析、告警事件分析以及能源数据分析等。通过综合分析项目运行情况，运维团队可以全面了解建筑系统的安全性、能耗和通行情况等，从而为运维管理提供决策支持。珑湾项目智慧运维系统的资源可视化管理模块在消防管理方面主要具有以下功能。

（1）消防资源分布及数量实时追踪与智能更新

智慧运维系统的资源可视化管理功能可以利用 BIM 技术对消防资源进行分类和数量管理。建筑内的主要消防资源包括消防管网、消火栓、消防通道、消防传感器、消防报警点等。可以在 BIM 模型内对消防资源进行分类管理，也可通过 BIM 构件树管理消防资源，提供对设备的检索定位和 BIM 信息查看。利用 BIM 技术可以将消防资源以三维模型的形式清晰呈现，通过简单地点击按钮即可快速展示消防资源的位置和连接关系。这一功能可以帮助运维管理人员轻松定位消防设备，检查管道通畅情况，并在火灾发生时为迅速确定疏散路径和灭火策略提供决策支持。通过 BIM 模型，消防资源的分布和数量管理变得更直观、高效，不再依赖于平面图纸或文字表格，而是以交互式的三维形式展示。该功能可以使消防设施的规划、安装、调试、检修和维护等工作更具针对性和可预见性。

在引入物联网技术后，智慧运维系统可以实时跟踪各类消防设备的数量变化。一旦有新设备添加或旧设备移除，传感器网络会立即捕捉并记录这些变化，并及时更新数据库中设备的位置和数量信息。这种实时管理机制有助于确保消防设备的合理布局和足够数量，为火灾应急救援提供准确、实时的设备分布信息。

（2）设备设施运行状态监测与健康管理

智慧运维系统利用物联网技术，可以实时监测消防设备的运行状态和健康状况，利用监控网络提供全面消防资源运作信息。通过将温感探测器、烟感探测器和消防报警器等智能感应设备深度融合，形成精细化的消防监控网络。在实时状态下，物联网传感器将捕捉并同步每个消防设备的工作状态信息到 BIM 模型。该模型持续更新，以展示每个设备的运行状态，例如温感探测器的环境温度、烟感探测器的烟雾浓度读数以及消防水系统的水压状态等重要指标。系统使用仪表盘图形显示整体消防设施的完好率，通过该可视化界面，运维管理人员能够全面了解建筑内消防资源的运作情况和健康状况，实现对潜在火灾隐患的全面监测。这种监测功能能够及时准确地识别建筑内的消防安全问题，确保火灾在最早期被发现并得到及时处置，从而有效提高建筑消防安全管理水平和初期火灾控制能力。

（3）火灾情况实时统计

智慧运维系统的火灾情况实时统计模块可以帮助运维管理人员制定有效的预防措施。该系统可以记录并显示在过去的任意时间段内发生的火警次数（如每日、每周、每月等）。为了解火警发生的频率波动和潜在的规律，系统能够利用动态图表（如柱状图或折线图）展示时间序列数据。因此，运维管理人员可以直观地观察火警发生情况随时间的变化趋势。此外，系统还支持自定义时间段，以满足不同场景下的火警数据分析的需求，从而帮助管理者准确评估火警风险、发现火警发生的潜在季节性规律，进而采取针对性的预防和资源调度策略。这一功能不仅提供实时数据展示，更为管理者提供了深入了解火警趋势和规律的工具，为火灾情况下的有效决策提供了重要支持。

综上所述，珑湾项目通过基于数字孪生的安消联动管理、消防应急管理和消防资源可视化管理等应用案例，为运维管理提供了更加智能、精细的解决方案。

8.4 高品质服务

8.4.1　高品质服务理念

高品质服务作为一种商业经营理念，强调以客户为中心，通过提供卓越、个性化、全方位的服务来满足客户的需求和期望，从而建立良好的客户关系，实现持续的业务增长和品牌价值提升。珑湾项目的服务定位对标高端服务式住宅标准，实现拎包入住及全方位服务管理。本项目的高品质服务理念如下。

（1）客户导向。高品质服务的核心是以客户为中心。珑湾项目深入了解客户需求、喜好和期望，以此为基础提供个性化服务，从而建立长期稳定的客户关系。

（2）卓越品质。高品质服务意味着服务的卓越性，包括产品的质量、服务的效率、员工的专业水平等方面。珑湾项目不断提升自身的品质标准，追求完美，以赢得客户的信任和满意。

（3）全方位服务。高品质服务不仅仅关注产品的质量，还包括服务的全方位覆盖。从购买前的咨询与建议到售后的维护与支持，珑湾项目提供全程关怀，确保客户在整个服务过程中都得到满意的体验。

（4）诚信与透明。高品质服务建立在诚信和透明的基础上。珑湾项目员工真诚对待客户，诚实守信，遵守承诺，建立起可靠的信誉和声誉。

（5）持续改进。高品质服务不是一成不变的，而是需要不断改进和提升的。珑湾项目持续接收客户的反馈意见，不断优化产品和服务，以满足客户不断变化的需求和期望。

8.4.2 典型案例借鉴

选择新加坡达士岭组屋项目、香港尚珑高奢服务式公寓项目、上海逸兰金桥服务式公寓三个高端住房作为典型案例，对其高品质服务特色进行了总结，以供珑湾项目参考借鉴。

1. 新加坡达士岭组屋项目

新加坡达士岭组屋项目为居民打造了安全、舒适、便利且充满活力的社区环境，为居民提供全方位的高品质服务。该项目的高品质服务特点可概括如下。

（1）丰富多彩的社区活动。该项目积极组织各类社区活动，如社区庭院音乐会、艺术展览、居民联谊会等，为居民提供丰富多彩的文化娱乐活动。这些活动不仅促进了居民之间的交流和互动，也增强了社区的凝聚力和归属感。

（2）绿色环保与可持续发展。该项目倡导绿色生活和可持续发展，通过推广垃圾分类、倡导节约用水和节能减排等举措，引导居民养成环保的生活习惯。项目内设有绿化带和公园，为居民提供宜人的自然环境，也为城市增添绿色空间。

（3）便利的生活配套。该项目周边配套设施完善，包括超市、商店、餐厅等，为居民提供便利的生活购物场所。此外，该项目靠近地铁站和公交站，公共交通便利，方便居民出行。

（4）安全保障与社区治理。该项目注重社区安全和社区治理，建立了 24 小时安保巡逻制度，加强社区安全管理和防范措施。项目还建立了社区自治委员会，由居民代表参与社区治理和事务决策，增强居民对社区的归属感和参与度。

2. 香港尚珑高奢服务式公寓项目

香港尚珑高奢服务式公寓项目旨在为来港学生及青年提供超高品质的服务式居住体验，是目前全香港唯一超高端整栋全新住宅服务式公寓。该项目的高品质服务特点可概括如下。

（1）专业的酒店式物业管理。尚珑公寓与香港富豪酒店集团携手合作，由该集团提供专业的酒店式物业管理。富豪酒店集团是香港最大的酒店集团之一，管理超过 9500 间客房及约 80 间餐厅，一直为旅客提供优质的酒店服务，是亚洲最杰出的酒店品牌之一。

（2）全面的家居服务。公寓为住户提供每周一次的清洁服务，让住户享受更加舒适和整洁的居住环境。除了基本的清洁服务外，公寓还致力于提供全方位的贴心服务，满足住户的各种需求。

（3）豪华的设施与装修。公寓配备定制化家私和高端家电设备，为住户提供便捷的生活体验。公寓以简约高雅的白灰色风格打造，采用镜面设计，整体空间格调高贵典雅。地面铺设仿木纹地砖，并镶嵌香槟金片，简约中蕴含奢华气质。公寓提供多种房型选择，包括开放式单位、一房单位和两房单位，各房间间隔四正宽敞，满足不同住户的需求。

（4）丰富的休闲设施。公寓设有面积约 1748 平方英尺（1 平方米约合 10.76 平方英尺）的住客会所，为住户提供休闲娱乐的场所。占地约 3276 平方英尺的空中花园分为六个区域，包括户外休息室、乒乓球区、瑜伽区、禅宗园林、儿童乐园和篮球健身区，为住户提供多样化的休闲活动空间。公寓内设有免费健身房，让住户在忙碌的生活之余也能保持健康。

（5）优越的地理位置。公寓位于西营盘皇后大道西 160 号，毗邻香港大学，地铁直达仅需 2 分钟，且有多条巴士及小巴路线经过，交通十分便利。项目位于传统名校网，名校林立，包括嘉诺撒圣心学校、英皇书院同学会小学、圣公会圣彼得小学等小学，以及英皇书院、圣保罗男女中学、乐善堂梁銶琚书院等中学。此外，附近还有多家国际学校，如加拿大国际学校及法国国际学校等。

3. 上海逸兰金桥服务式公寓项目

上海逸兰服务式公寓以其高品质的服务和独特的住宿体验而著称。该项目的高品质服务特点可概括如下。

（1）贴心的服务体验。公寓配有专职管家，为住客提供定制化的清洁、洗衣等服务，实现随叫随到的 24 小时贴心服务。公寓还提供定制化服务，如根据住客的口味和饮食需求提供餐饮服务，或者根据住客的商务需求提供会议室和商务支持等。

（2）健康与休闲设施。公寓内设有健身房、公共起居室、会议室等多功能空间，满足住客的健身、休闲、商务等需求。举办各类健康活动和休闲娱乐活动，如瑜伽课程、游泳比赛等，促进居民健康生活和社交互动。

（3）智能科技融合。引入智能家居系统，实现远程控制和智能化管理，提升居住舒适度和便利性。提供在线社区平台，方便居民交流互动、查询服务和报修维护，提高服务响应速度和效率。

8.4.3　高品质服务方案

珑湾项目详尽整理客户对居住的需求，并具象化到不同的场景中，再进行分类归纳，最终结合项目定位及客户潜在、超出预期的需求预判，从项目软硬装修配置、服务提供、底商配套等方面进行匹配，并基于目标客户的特征，制定项目个性化的增值服务内容，从全方位满足、超越客户的预期。珑湾项目力争引入港式酒店及住宅专业管理公司为项目提供运营管理，以港式高端服务标准为居住者提供高品质居住体验。珑湾项目的高品质服务方案可以概括为以下三点：优质的服务配套、卓越的服务体系、专业的服务团队。

（1）优质的服务配套。项目团队详尽分析标杆项目的配套情况，联动行业专业运营商深入供应链比对选材，力求配套设施的实用及体验，最大程度让用户可以体验到便捷、舒适、高效的服务。首先，本项目具有绿色宜居的生态环境。本项目公共空间以庭院概念设计建设，项目周边配套前海石公园、深港广场、桂湾公园等滨海休闲资源，共同打造绿色宜居的生态环境。其次，本项目具有国际化的医疗、教育资源。本项目300米范围内已有国际化社康中心在运营且距离南方医科大学深圳医院2千米、距离泰康国际医院4千米，项目周边已有国王国际学校、哈罗国际学校等多所国际学校，为国际人才居住提供了高品质的医疗、教育保障。最后，本项目具有潮流餐饮及高端旗舰超市等生活配套。本项目自带的1.2万平方米商业重点引入了全球美食餐饮、康养、休闲娱乐等商家，汇聚高颜值轻食餐吧和咖啡厅，山姆旗舰店距离本项目仅800米。丰富的生活配套可为人才提供国际化风味餐饮服务和高质量休闲社交环境、方便日常生活采购。

（2）卓越的服务体系。珑湾项目力求从全方位为住户提供卓越服务，包含租赁全流程服务体系、入住后日常服务清单提供及丰富的社区活动。此外，在增值服务上，从住户的日常生活需求、社交需求、学习及工作需求等入手，引入高质量服务提供商，携手满足用户多方面需求。同时，计划联动项目底商从文化、娱乐、艺术等更多层次入手组织联营会、展览会等活动，促进不同文化背景的人才交流，增加居住氛围感，促进国际人才交流融合。

（3）专业的服务团队。本项目具有完善的配套服务，提供工作日早餐。此外，引入金牌管家服务照料居住人日常个性化生活需求，并提供每周入户清洁、维保检修、布草更换等服务。同时，本项目注重用户安全和隐私，实现机器人送货并配置了24小时安保，营造安全私密的居住氛围。

8.5 智慧社区

8.5.1 建设理念

智慧社区理念是指利用先进的科技手段和智能化系统优化社区管理和居民生活的方方面面。这一理念的核心在于通过信息技术、通信技术、人工智能等技术手段，实现社区的智能化、便捷化、高效化和可持续发展。珑湾项目的智慧社区理念如下。

（1）客户体验优先。珑湾项目立志于打造前海人才住房“有安全感、有人情味、有品质”智慧社区。前海乐居坚持“快乐生活、共享乐居”的经营理念，为给前海人才提供舒适的居住环境，不断完善生态园人才社区软硬件设施。

（2）数字化赋能。珑湾项目通过数字技术赋能运营管理，实现线上化、数字化的运维服务。

（3）数据驱动决策。珑湾项目强调数据的重要性，通过数据标准化和可视化，借助大数据和人工智能技术，为业务分析、服务改进和决策提供科学依据。

（4）持续创新发展。珑湾项目旨在不断扩展增值服务，优化交互流程，提高客户体验，为客户提供更多元化、个性化的服务，推动项目的持续创新发展。

（5）可持续数字化转型。珑湾项目将信息化作为公司业务发展的驱动力，通过智慧运维实现数字化转型、运营管理效率的提升以及服务水平的提高。

8.5.2　建设措施

根据前海乐居的业务理念，珑湾项目通过构建线上智慧运维平台，将相关信息同步至该平台并保证信息全面、透明和及时，让客户在线上完成咨询预约、签约入住、申请维修、搬家、租约与租金管理等一系列活动，实现全业务流程线上化、数字化。

珑湾项目的智慧运维平台由前海乐居根据自身业务需求，自行规划，按照三年时间三期分阶段推进建设，最终配合成套智慧解决方案。2022 年前海乐居开展一期项目建设，并于 2023 年 11 月底实现了政策住房系统与市场化住房系统的线上化运营管理；2023 年开展二期项目建设，完善物业管理和综合服务功能。具体的项目按照前期准备、立项采购、需求设计、开发、测试和上线共六个阶段，具体的实施计划如表 8-2 所示。

智慧运维平台实施计划　　表 8-2

<table>
<tr><th>实施阶段</th><th colspan="2">工作内容</th><th>成果</th></tr>
<tr><td rowspan="2">前期准备</td><td colspan="2">①调研业务现状和梳理业务流程</td><td rowspan="2">调研报告、建设方案</td></tr>
<tr><td colspan="2">②编写平台功能清单和建设方案</td></tr>
<tr><td rowspan="3">立项采购</td><td colspan="2">①编写立项材料</td><td>系统采购任务书、功能清单、合同、建设方案、报价单</td></tr>
<tr><td colspan="2">②采购立项流程审批</td><td rowspan="2">采购立项及采购方案审批、结果公示、签订合同</td></tr>
<tr><td colspan="2">③签订合同</td></tr>
<tr><td rowspan="6">需求设计阶段</td><td rowspan="3">人才住房</td><td>①详细的需求调研</td><td rowspan="3">需求规格说明书（签字确认版）</td></tr>
<tr><td>②原型图及UI页面设计</td></tr>
<tr><td>③完成需求规格说明书的编制并确认签字</td></tr>
<tr><td rowspan="3">市场化住房</td><td>①详细的需求调研</td><td rowspan="3">需求规格说明书（签字确认版）</td></tr>
<tr><td>②原型图及UI页面设计</td></tr>
<tr><td>③完成需求规格说明书的编制并确认签字</td></tr>
<tr><td rowspan="4">开发阶段</td><td rowspan="2">人才住房</td><td>①平台的应用设计和数据库设计</td><td>功能平台框架搭建、系统功能开发完成，历史数据导入工作</td></tr>
<tr><td>②平台的功能模块实施开发</td><td>详细设计说明书</td></tr>
<tr><td rowspan="2">市场化住房</td><td>①平台的应用设计和数据库设计</td><td>功能平台框架搭建、系统设计完成</td></tr>
<tr><td>②平台的功能模块实施开发</td><td>详细设计说明书</td></tr>
<tr><td rowspan="4">测试阶段</td><td colspan="2" rowspan="2">人才住房功能测试</td><td>①人才住房功能测试</td></tr>
<tr><td>②人才住房功能编制产出测试报告</td></tr>
<tr><td colspan="2" rowspan="2">市场化住房功能测试</td><td>①市场化住房功能测试</td></tr>
<tr><td>②市场化住房功能编制产出测试报告</td></tr>
<tr><td rowspan="2">上线阶段</td><td colspan="2" rowspan="2">平台上线试运行</td><td>①人才住房功能上线试运行</td></tr>
<tr><td>②市场化住房功能上线运行</td></tr>
</table>

珑湾项目智慧运维平台分为PC管理端和微信公众号、小程序端两部分。PC管理端共九大功能模块，包括首页、基础信息、房源推广、选房系统、租赁管理、物业管理、租后监管、数据统计报表、系统管理九大功能模块。微信公众号提供小程序的入口，小程序端共六个功能模块，包括个人中心、首页、看房服务、租赁、物业服务、通知服务六个功能模块。智慧运维平台的功能清单如表8-3所示。

智慧运维平台功能清单 表8-3

终端类型	功能模块	工作内容
PC管理端	首页	首页
	基础信息	项目信息
		租赁资源
		客户信息
	房源推广	房源推广
	选房系统	选房管理
	租赁管理	合同管理
		租金收缴
		组务管理
	物业管理	报事保修
	租后监管	租后监管
	数据统计报表	房态图
		数据报表
		监管数据报送
	系统管理	人员组织机构管理
		权限管理
		数据管理
		业务参数管理
		流程管理
		消息管理
小程序端	个人信息	个人信息
	首页	首页
	看房服务	在线看房
	租赁服务	验房申请
		我的合同
		账单管理
	物业服务	报事保修
	通知服务	消息通知

8.5.3　建设成效

为深度对接“港澳所需”“湾区所向”“前海所能”，努力满足企业人才住房需求，吸引更多港澳同胞和国际人士来前海学习、就业、创业、生活，珑湾项目坚持“快乐生活、共享乐居”的经营理念，积极进行设计升级及功能空间改造，不断完善软硬件设施，着力打造集 VR 看房、智慧停车场、高空抛物监控等业务于一体的智慧社区，具体成效如下。

（1）租赁服务平台。构建线上租赁服务平台，将房源信息同步至该平台并保持信息全面、透明和即时。通过构建线上租赁服务平台，使客户能够在线上完成签约入住、费用查询支付、退房结算、维修报单、咨询投诉等一系列活动，提升租赁服务中各流程的效率。

（2）高空抛物监控设备。安装高空抛物监控，杜绝高空坠物隐患。防高空抛物系统依靠人工智能技术，对高空抛物智能监测，通过抛物轨迹回溯，快速确定源头，确认责任主体，提升监管力度。

（3）人脸识别系统。系统集“访客、门禁、可视对讲、人员通道”等功能于一体，使用 200W 网络高清摄像机，将人脸识别数据和现场抓拍人脸实时比对，有效杜绝外来无关人员进入及房屋转租借用等问题。系统还基于人脸识别数据，建立住户诚信档案，及时掌握房屋空置率情况，有效提高资源利用率。

（4）综合运营服务线上平台。微信公众号及小程序集成 VR 看房、预约搬家、保洁、美食及不动产、社保查询、动态信息更新等多项便民服务，全面满足住户各类居家生活需求。大数据分析，精准满足住户需求。根据线上综合运营服务平台收集到的住户使用数据，了解分析住户需求，有针对性地开展活动或开拓新功能，提供高质量精准对接服务。

（5）智慧停车场。建设智慧停车场，让住户实现智慧停车，一键找车。为解决住户停车难的问题，提供线上停车导航小程序，“一秒”精准查询车辆停放位置、空余车位。为解决停车位数量问题，建设智能停车库，提供智能停车服务，由机器人辅助停车提升停车效率及安全性。

（6）物业管理平台。构建线上物业服务平台，住户可以通过该平台申请报修、搬家、虚拟社区等服务，服务申请能够即时推送到有关部门处，使得运营管理可以迅速响应各种客户需求。

（7）物业服务监督平台。上线物业服务监督“随手拍”小程序，住户可通过小程序随时随地对物业服务进行投诉、举报或表扬，物业会第一时间安排专人跟进处理，及时解决问题，落实整改措施。投诉监督，一“拍”即达。

CHAPTER 9

第 9 章 国际化人才社区发展展望

随着项目竣工，珑湾国际化社区将投入运营，助力深圳前海打造人才聚集地，成为全球资源配置能力强、创新策源能力强、协同发展带动能力强的高质量发展引擎。本章将从国家战略出发，展望以珑湾项目为代表的未来国际化人才社区发展。顺应国家战略规划和深圳市人才住房政策，未来人才社区将以需求为导向、多元化、包容性发展。同时，本着绿色健康、智慧人文的原则，未来人才社区将是人与自然和谐共生的重要体现，城市与自然深度融合，打造极具弹性的可持续高品质社区，为粤港澳大湾区、国家乃至全球的可持续发展目标做出有力贡献。

9.1 落实国家战略，打造多元化国际化人才社区

国际化人才社区的建设需要与国家战略相匹配，要“因地制宜”。为落实国家战略，打造更多元化的人才社区，未来国际化人才社区建设应“筑巢引凤，提前布局”，优先服务区域发展需要的国际高端人才，立足人才需求，以配套先行，助力城市发展以及国际化城市名片的打造。前海珑湾国际化人才社区正是落实了前海规划和粤港澳湾区战略，从而有助于多元化国际化人才社区的打造。前海合作区战略目标的实现，离不开人才。促进深港合作、打造人才高地对于前海合作区的发展至关重要。根据《前海总规》，其目标之一是将前海深港现代服务业合作区打造成为高端创新人才基地，同时研究制定具有前海特色的国际高端人才和港澳地区人才住房政策，提供人才公寓、国际化社区等多元化住房。

落实国家战略是明确国际化人才社区的定位的前提。前海合作区将借助深圳市场化、法治化和国际化的优势与经验，推进深港融合发展，打造亚太地区重要生产性服务业中心、世界服务贸易重要基地和国际性枢纽港。《粤港澳大湾区发展纲要》定义前海为国际化城市新中心，发挥深港合作的引擎作用。前海定位提出新的发展要求，着重服务于港人港企。根据前海的目标定位和产业导向，前海人才住房优先面向符合前海金融、现代物流、信息服务、科技服务和专业服务等产业的人才，同时兼顾为前海发展提供公共服务的机关、企事业单位或者社会团体中的人才。因此，前海珑湾人才公寓项目将配租对象确定为港籍人才、境外高端人才和紧缺人才，既有利于发挥港澳独特优势，提升在国家经济发展和对外开放中的地位与功能，又充分体现了前海作为与香港合作的试验田在产业链中的价值，为国际化人才提供了大湾区优质生活基础设施、公共配套支持。

9.2 国际化人才社区的未来发展形态

国际化人才社区的建设关乎城市风貌和人才生活。重点发展人才社区的时代正式到来，未来前海合作区将打造全国独一无二的港人港企集聚区，推进片区形成港风港味浓郁的国际化、未来感新环境。在全球齐心协力对抗人类危机、实现可持续发展目标的未来，国际化人才社区的设计、建设和运营更应深入贯彻绿色、智慧、低碳的发展理念，以更高标准、更高品质以及更具包容性的面貌示人。

第一，人才社区融入自然。东方人自古把心灵寄托于自然，在天地之间寻求超越物质的、思想和情感的最高境界。城市中固然需要具有生态属性的自然，但也需要具备精神属性、社会属性的自然。在享受自然面前，人人平等。未来的国际化人才社区应当注重与自然环境的和谐共处，考虑绿色节能设计，提高空间绿地率，注重景观设计，创造宜居的社区环境。

第二，开放社区融于城市。社区即城市，集社区服务、教育、共享、人文、商业等不同业态于一体，各具特色的社区将不断丰富城市面貌。未来的国际化人才社区将打破传统的封闭社区模式，将社区与城市相连接。社区将能够提供商业设施、医疗设施、教育设施、文化娱乐设施等各类公共设施和服务，居民可以充分享受社区提供的便利。未来的社区运营将实现城市与社区的良性互动，提升居民的生活质量和幸福感。

第三，丰富的空间，宜人的尺度。聚落、缝隙、留白是社区里最迷人的个性。未来的社区设计将允许多样化的尺度和空间融合。在空间的设计方面，未来的国际化人才社区应灵活适应居民的多种需求，既可以考虑充分融入自然、艺术、文化等元素，也可以利用虚拟现实技术等创新科技为空间增加新的维度和体验。

第四，个性化设计，打造韧性社区。社会由个人组成，因此社会本身就是多元、丰富、复杂的组成体。让空间服务于人性就必须意识到个体的丰富。未来的国际化人才社区，不仅应该解决“居者有其屋”，更应该回答“理想的居住是什么”这个问题。在社会性层面，家的归属感、社区精神、公共空间的自由和管理，这些都是国际化人才社区不可缺少的要素。更重要的是，提倡长远的可持续发展，需提供足够空间供社区未来的更新和发展。无论是住宅还是公共空间，未来国际化人才社区可设计灵活适应不同功能的区域，能够根据需求重新配置和调整。

因此，总的来说，本书从产品设计、公共空间和社区服务运营三个方面，对国际化人才社区的未来进行展望：

（1）在产品设计方面，国际化人才社区将通过合理布局，提高空间利用率，增加空间灵活性；提供公共交流空间、人性化设计风格、科学技术与智慧设备，满足人们的生活品质需求，为国际化人才提供归属感。复合功能可变性的户内空间尤为重要，可通过设置多功能区，结合加长的起居空间尺度，进一步优化内部活动空间的生活体验。面向未来，对多媒体的开发也将成为户型发展的一种可能性方向，有助于在视听空间延展使用者的居家多维体验，例如将活动空间设定为健身模式时，利用全息投影、音响、新风系统模拟真实场景，让小空间延展出大生活。产品单元模块可通过灵活拆合可以形成标准层内面向独居者的多套数模式、面向不同家庭组合的家庭模式，满足使用者不同生活阶段的不同需求，高效利用标准层空间。

（2）在公共空间方面，社区的公共空间因其服务人群与开放性的不同，可以形成不同层次的生活功能。未来国际化人才社区应以合理的动线规划引流城市人群的活动与居住人群的活动交流，让社区成为活跃的城市空间，而不只是呆板封闭的居住小区。与城市形成共享空间，成为社区设计中的特征之一。未来，国际化人才社区设计将进一步针对目标群体使用需求与城市发展脉络，整合公区配套的集成运营，推动提升社区使用体验。高效利用的公共空间是生活的延伸，在高效严格的要求下，还可以通过扩大门厅、设置架空层、屋顶改造利用等方式，充分挖掘不计容的部分，也可以结合公共通道进行公区的品质设计。公区的多变性需求也引发了对可变空间设置的思考，通过平面与跨层的公共空间变化，可以此触发不同的运营模式，针对集会需求与演艺空间提供不同的场景，便于人们的生活交往。

（3）在服务运营方面，未来的国际化人才社区更重视私密性、开放性、安全性之间关系的平衡，更要考虑到功能与城市空间的包容性、易变性，更体现前瞻视野与城市更新内容的有机结合。为平衡居住空间的私密性与城市空间的分享功用，社区规划可划分开放的外部流动区与半围合的内部休憩区，以地形的起伏抬升与动线设置为城市聚落提供分享平台。通过有效的规范管理，有利于提升公共空间开放的比例，增加半公共空间层次，将居民活动还原成连续自然的过程，并为城市生活提供综合性的服务配套。在前海合作区，未来的社区运营对于以“香港味道”为特色的国际化微生态的形成至关重要，将打造宜居宜业宜游的深港优质生活区的示范样板。未来前海国际化社区建设将提质增效，港式服务、港式配套、港式工作环境将大幅提升，逐步建立与香港趋同的包容性生活氛围。

附录

国际化人才社区政策汇编（2024年）

2024 年前海与人才和人才住房相关的有效规范性文件如附表 1 所示。

2024 年前海与人才及住房相关有效规范性文件　　附表 1

政策名称	发布机构	发布时间	政策编号
国务院关于支持深圳前海深港现代服务业合作区开发开放有关政策的批复	国务院	2012年	国函〔2012〕58号
关于完善人才住房制度的若干措施	中共深圳市委深圳市人民政府	2016年	深发〔2016〕13号
关于促进人才优先发展的若干措施	中共深圳市委深圳市人民政府	2016年	深发〔2016〕9号
深圳市人才安居办法	深圳市人民政府	2020年	深圳市人民政府令〔第326号〕
深圳市公共租赁住房管理办法	深圳市人民政府	2023年	深圳市人民政府令〔第352号〕
深圳市前海深港现代服务业合作区人才住房管理暂行办法	深圳市前海管理局	2017年	深前海规〔2017〕3号
深圳前海深港现代服务业合作区境外高端人才和紧缺人才个人所得税财政补贴办法	深圳市前海管理局	2019年	深前海规〔2019〕2号
关于以全要素人才服务 加快前海人才集聚发展的若干措施	深圳市前海管理局	2019年	深前海党工委〔2019〕52号
深圳市前海深港现代服务业合作区管理局关于支持港澳青年在前海就业创业发展的十二条措施	深圳市前海管理局	2023年	深前海规〔2023〕7号

前海珑湾国际化人才社区项目大事记（2017—2024年）

- 2017年 -

2017 年 11 月 13 日，前海管理局 2017 年第三十九次局长办公会审议通过，原则同意由深圳市前海开发投资控股有限公司（于 2021 年更名为深圳市前海建设投资控股集团有限公司）全资设立深圳市前海人才乐居有限公司，注册资本金为 50 亿。

– 2018年 –

2018 年 10 月 19 日，为加快落实国家、省、市大力培育发展人才住房市场的战略部署，打造前海人才高地，主动引领人才住房市场健康、有序、繁荣发展，前海乐居以底价 5.42 亿元竞得前海合作区首宗自持人才住房用地（即珑湾项目，于 2019 年 10 月正式命名为“前海珑湾国际人才公寓”）。

– 2019年 –

2019 年 5 月，珑湾项目开展前期设计国际竞赛，共收到全球 66 家设计机构报名，涵盖包赞巴克事务所、福斯特建筑事务所等当今建筑界最知名的设计大师、事务所和设计院，竞赛耗时长达 2 个多月。在前海乐居各级领导鼎力支持和积极推动下，项目竞赛情况仅耗时 18 天便完成三级汇报并最终定标，确定由福斯特负责该项目的前期设计工作。

2019 年 6 月 25 日，前海乐居第一届董事会第四次临时会议以通信表决方式召开，审议《深圳市前海桂湾 T201-0109 宗地（原 04-05-01、04-05-02 地块）人才住房项目可行性研究报告（修编版）》的议案。

2019 年 6 月，前海乐居启动珑湾项目有奖征名活动，最终敲定“前海珑湾国际人才公寓”为项目预案名，并于 10 月 18 日成功通过建筑物命名审批。由此，“前海珑湾国际人才公寓”正式诞生。

2019 年 8 月 16 日上午，前海乐居举行珑湾项目建设启动仪式。建投集团党委委员、副总经理、前海乐居董事长李荣生出席，仪式由前海乐居副总经理闻家明主持，项目施工、设计、监理、勘察等单位相关领导、一线工人代表及前海乐居全体员工、前海乐居党支部全体党员同志近 60 人参加活动。

2019 年 12 月 26 日，珑湾项目基坑工程正式开工。

– 2020年 –

2020 年，前海乐居坚持“台账化、项目化、数字化、责任化”的四化要求进行设计项目管理，珑湾项目先后通过方案设计审查、装配式建筑认定评审、超限高层建筑工程抗震设防专项审查等，桩基工程完成 80%。

– 2021年 –

2021 年 3 月 16 日，前海前海乐居第一届董事会第九次会议召开，审议《前海珑湾国际人才公寓项目（原 04-05-01、04-05-02 地块）可行性研究报告（优化版）》议案。

2021 年 7 月 23 日，珑湾项目主体工程启动会在项目现场顺利举行，正式启动主体施工。

2021 年 12 月 24 日，珑湾项目局部地下室顶板浇筑，在关键线路上实现了局部地下室顶板出正负零的突破。

2021 年，珑湾项目分别通过第二次超限高层建筑工程抗震设防、消防设计、人防、给排水、燃气等专项审核，取得建设工程规划许可证、项目总承包工程施工许可证。

2021 年，前海乐居参赛作品“前海珑湾国际人才公寓项目——国际联合项目 BIM 数字化设计的探索与突破”分别荣获 2021 年第四届“优路杯”全国 BIM 技术大赛铜奖、第十届龙图杯全国 BIM 大赛设计组优秀奖、第十二届创新杯建筑信息模型（BIM）应用大赛居住建筑类 BIM 应用一等成果。

- 2022年 -

2022 年，珑湾项目主体施工进入高峰期，各专项设计同步推进，完成钢结构、幕墙等 7 项深化设计工作，T1 塔楼钢构施工至 24 层，混凝土结构施工至 22 层，T2 塔楼钢构施工至 19 层，混凝土结构施工至 17 层；完成固定资产投资 3.8 亿，完成率达 120%。

2022 年，前海乐居党支部在珑湾项目建立党员活动室在党员活动室开展党建知识学习等各项活动，充分发挥项目党员活动阵地作用，增强党员的荣誉感和归属感，让其成为凝聚党员群众的纽带。同年，珑湾项目被授予前海合作区党员先锋岗。

- 2023年 -

2023 年 3 月 25 日，前海乐居党员先锋队、珑湾项目建设、监理、总包及各分包单位在珑湾项目开展了“地毯式”大检查行动，旨在全覆盖无死角地揪出项目存在的安全问题和隐患，提升项目的安全管理能力。后续党员先锋队按季度开展安全检查活动，坚决做到安全管理中心前移。

2023 年 5 月 5 日上午，珑湾项目首块单元体幕墙顺利上墙安装，前海乐居全体领导班子成员参加了幕墙工程首挂仪式。随着外立面逐步穿上“新衣”，标志着珑湾项目幕墙工程将正式进入“大干快上”阶段，项目始终践行“精品”理念，力争打造成为城市精品工程。

2023 年 6 月 1 日，前海建投集团 2023 年“安全生产月”活动启动仪式在珑湾项目举行，党员先锋队联合前海建投集团安全质量部党支部开展志愿活动，以大局为先、服务为重，为大会顺利举办提供有力保障。

2023 年 7 月 21 日，为助力建筑工业化发展，推广项目创新型装配式建造工艺，展示项目智慧建造管理成果，应中国建筑业协会邀请，珑湾项目举办了“创新装配式建造工艺，助力建筑工业化发展”为主题的示范观摩活动，向全国各地行业同仁分享项目在智慧建造、科技创新等方面的探索经验。广东省住建厅科信处王瑞斌处长，市住建局、市质安站前海管理局等相关处室领导、建投集团相关领导及来自全国各建筑施工企业代表等共 300 余人参加了观摩交流活动。

2023 年 10 月 17 日，珑湾项目主体结构“喜封金顶”，经过各参建单位的共同努力，项目部对于进度的大力推动、积极协调，珑湾项目克服重重困难较计划提前近两个月完成封顶。主体结构封顶标志着项目进入全新阶段。

2023年，珑湾项目于4月荣获2023年度上半年“深圳市安全生产与文明施工优良工地（总包）”奖项，于5月荣获由Britishi Safety Council组织的2023年International Safety Awards（国际安全奖），于9月获得“羊城工匠杯”BIM技能大赛奖项，并于11月荣获第十二届龙图杯全国BIM大赛二等奖。

2023年11月，珑湾项目智能车库施工单位、擦窗机施工单位、自动扶梯安装单位、室内精装修单位以及智能化施工单位先后进场施工。

2023年11月28日，珑湾项目完成“深圳市建设工程安全生产与文明施工优良工地”初验和“广东省房屋市政工程安全生产文明施工示范工地”复验。

2023年12月25日，珑湾项目精装修样板间交付。

– 2024年 –

2024年1月，珑湾项目首台塔吊拆除完成，T1塔楼正式电梯（两台）通过特种设备验收，高低压变配电施工单位进场。

2024年3月，珑湾项目室外工程开始施工，柜体类家具供货及安装进场。

2024年4月，塔吊全部拆除完成，幕墙拉链口开始施工。施工电梯拆除，开始垂直运输设施转换。

2024年5月11日，珑湾项目主体结构分部工程验收完成。

2024年6月，珑湾项目公区精装修及景观绿化单位进场。

珑湾项目计划将于2024年12月竣工。

参考文献

[1] 安超 . 瑞典住房政策透视与启示 [J]. 兰州学刊，2015（6）：196-201.

[2] 方志刚 . 复杂装备系统数字孪生：赋能基于模型的正向研发和协同创新 . 机械工业出版社，2022.

[3] 陈余芳，黄燕芬 . 欧洲典型国家住房保障政策比较研究及启示：基于福利体制理论的视角 [J]. 现代管理科学，2016（11）：93-95.

[4] 陈烁 . 上海首个租赁住房项目启动供应，小布带你去“看房”[EB/OL]. 2021-7-27[2024-04-25]. https：//m.thepaper.cn/baijiahao_13767621.

[5] 付聪 . 建筑策划在前海珑湾国际人才公寓项目的实践 [J]. 住区，2021（2）：119-125.

[6] 高颖，许晓峰 . 服务设计：当代设计的新理念 [J]. 文艺研究，2014（6）：140-147.

[7] 黄燕芬，唐将伟 . 福利体制理论视阈下英国住房保障政策研究 [J]. 价格理论与实践，2018（2）：12-18.

[8] 黄燕芬，张超，杨宜勇 . 福利体制理论视阈下瑞典住房保障政策研究 [J]. 价格理论与实践，2018（8）：23-29.

[9] 李晴，钟立群 . 超高密度与宜居 新加坡“达士岭”组屋 [J]. 时代建筑，2011（4）：70-75.

[10] 李荣生 . 前海模式之街坊整体开发创新实践 [M]. 北京：中国建筑工业出版社，2023.

[11] 李翔宁，张子岳 . 百子湾公租房与社会住宅的 3 个议题 [J]. 建筑学报，2022（6）：26-31.

[12] 刘会英 . 立体营造的山水家园：百子湾公租房设计实践 [J]. 建筑学报，2022（6）：40-44.

[13] 刘新 . 可持续设计的观念、发展与实践 [J]. 创意与设计，2010（2）：36-39.

[14] 企业房地产与设施管理指南编委会 . 企业房地产与设施管理指南 [M]. 上海：同济大学出版社，2019.

[15] 屈张，庄惟敏 . 建筑策划“问题搜寻法”的理论逻辑与科学方法：威廉·佩纳未发表手稿解读 [J]. 建筑学报，2020（2）：37-41.

[16] 同策研究院 . 长租案例 | 张江纳仕国际社区，租赁住宅带动城市有机更新 [EB/OL]. 网易，2023-08-29[2024-10-23].https：//www.163.com/dy/article/IDAT4HNP05159MSJ.html.

[17] 王林尧，赵滟，张仁杰 . 数字工程研究综述 [J]. 系统工程学报，2023，38（2）：265-274.

[18] 吴晨，施媛，杨蕾，等 .《首都国际人才社区建设导则》的编制框架 [J]. 世界建筑，2020（2）：28-31.

[19] 有方媒体 .MAD 新作：百子湾公租房，何为“新”住宅？ [EB/OL]. 有方，2021-10-22[2024-10-23].https：//www.archiposition.com/items/29d546fca7.

[20] 张铭敏，胡月，李甘毅 . 基于 BIM 技术的电子招投标应用实践：以前海乐居桂湾人才住房项目为例 [C]// 中国图学学会建筑信息模型（BIM）专业委员会 . 第八届全国 BIM 学术会议论文集 . 深圳市前海数字城市科技有限公司；深圳市前海人才乐居有限公司，2022：6.

[21] 张敬书，刘占科，杨文伟，等 . 我国城市停车库建设的现状与选型建议 [J]. 工业建筑，2011（1）：73-76.

[22] 赵闫 . 自行式停车楼的适应性设计研究 [D]. 中央美术学院，2021.

[23] 郑慧瑾，张佳晶 . 以梦为马：MAD 与高目的社会住宅实践 [J]. 建筑学报，2022（6）：18-25.

[24] 郑媛 . 浅谈当代居民的生活方式与高密度社区生活空间的塑造：以新加坡典型高密度住宅“达士岭”组屋为例 [J]. 新建筑，2019（1）：46-49.

[25] 庄惟敏 . 建筑策划导论 [M]. 北京：中国水利水电出版社，2000.

[26] 庄惟敏，张维，梁思思 . 建筑策划与后评估 [M]. 北京：中国建筑工业出版社，2018.

[27] ADU-AMANKWA，N. A. N.，POUR RAHIMIAN，F. Digital Twins and Blockchain technologies for building lifecycle management[J]. Automation in Construction，2023，Vol.155：105-164.

[28] CAESAR C. Municipal land allocations：integrating planning and selection of developers while transferring public land for housing in Sweden[J]. Journal of Housing and the Built Environment，2016（2）：257-275.

[29] CHANG A，CHIH Y Y，CHEW E. Reconceptualising mega project success in Australian Defence：Recognising the importance of value co-creation[J]. International Journal of Project Management，2013（8）：1139-1153.

[30] HANANEL R，KREFETZ S P，VATURY A. Public Housing Matters：Public Housing Policy in Sweden，the United States，and Israel[J]. Journal of Planning Education and Research，2021（4）：461-476.

[31] LI，L.，YUAN，J.，TANG，M. Developing a BIM-enabled building lifecycle management system for owners：Architecture and case scenario[J]. Automation in Construction，2021（12）：103-114.

[32] OZTURK，G. B，Interoperability in building information modeling for AECO/FM industry[J]. Automation in Construction，2020（11）：103-122.

[33] TENG，Y.，XU，J.，PAN，W.，& ZHANG，Y，A systematic review of the integration of building information modeling into life cycle assessment[J]. Building and Environment，2022（1）：109-110.

[34] WEI Z，CHEN T，CHIU R L H，et al. Policy Transferability on Public Housing at the City Level：Singapore to Guangzhou in China[J]. Journal of Urban Planning and Development，2017（3）：50-51.